Homogenisierung lokaler Prozesscharakteristika für das Laserstrahlschmelzen

Homogenization of Local Process Characteristics for Powder Bed Fusion of Metal with Laser Beam

Von der Fakultät für Maschinenwesen
der Rheinisch-Westfälischen Technischen Hochschule Aachen
zur Erlangung des akademischen Grades eines
Doktors der Ingenieurwissenschaften
genehmigte Dissertation

vorgelegt von

Sebastian Rott

Berichter/in:

Univ.-Prof. Dr.-Ing. Dipl.-Wirt.-Ing. Johannes Henrich Schleifenbaum
Univ.-Prof. Dr.-Ing. habil. Gerd Witt

Tag der mündlichen Prüfung: 04. November 2022

ERGEBNISSE AUS DER ADDITIVEN FERTIGUNG

Sebastian Rott

Homogenisierung lokaler Prozesscharakteristika für das Laserstrahlschmelzen

Herausgeber:
Prof. Dr.-Ing. Dipl.-Wirt.-Ing. Johannes Henrich Schleifenbaum

dap Digital Additive Production | RWTH AACHEN UNIVERSITY

Bibliografische Information der Deutschen Nationalbibliothek
Die Deutsche Nationalbibliothek verzeichnet diese Publikation in der Deutschen Nationalbibliografie; detaillierte bibliografische Daten sind im Internet über https://portal.dnb.de abrufbar.

Sebastian Rott:

Homogenisierung lokaler Prozesscharakteristika für das Laserstrahlschmelzen

1. Auflage, 2022

Gedruckt auf holz- und säurefreiem Papier, 100% chlorfrei gebleicht.

Apprimus Verlag, Aachen, 2022
Wissenschaftsverlag des Instituts für Industriekommunikation und Fachmedien an der RWTH Aachen
Steinbachstr. 25, 52074 Aachen
Internet: www.apprimus-verlag.de, E-Mail: info@apprimus-verlag.de

CPI Druckdienstleistungen GmbH, Ferdinand-Jühlke-Straße 7 I 99095 Erfurt

ISBN 978-3-98555-131-6

D 82 (Diss. RWTH Aachen University, 2022)

Meinen Eltern in Dankbarkeit gewidmet

Danksagung

Die vorliegende Arbeit ist während meiner Tätigkeit als Doktorand und Verfahrensingenieur bei MTU Aero Engines AG in München sowie am Forschungscampus Digital Photonic Production der RWTH Aachen entstanden.

Mein besonderer Dank gilt Herrn Univ.-Prof. Dr.-Ing. Dipl.-Wirt.-Ing. Johannes Henrich Schleifenbaum für die Überlassung des Themas und seine fachkundige und motivierende Betreuung meiner Arbeit. Ebenso möchte ich mich bei Herrn Univ.-Prof. Dr.-Ing. habil. Gerd Witt für die Übernahme des Korreferats bedanken.

Darüber hinaus möchte ich mich bei meinen Kollegen für den umfangreichen Austausch, die persönliche Unterstützung sowie die entstandenen Freundschaften bedanken. Insbesondere Dr. Laura Borghoff, Johannes Casper, Robin Day, Dr. Kai Dietrich, Dr. Karl-Heinz Dusel, Katrin Friedberger, Dr. Andreas Jakimov, Dr. Lucas Jauer, Lisa Kersting, Dr. Jürgen Kraus, Friedrich Kuska, Dr. Alexander Ladewig, Christian Liebl, Carmen Mayer, Steffen Schlothauer, Alexander Reiß und Stephan Ziegler möchte ich meinen persönlichen Dank aussprechen.

Ebenfalls möchte ich meinen Studenten danken, ohne deren Einsatz und Kreativität die Erstellung dieser Dissertation so nicht möglich gewesen wäre. Ein besonderer Dank gilt hierbei Daniel Schiebel und Sebastian Urban, die mich über mehrere Jahre begleitet haben.

Abschließend möchte ich meiner Familie und meinen Freunden für den fortwährenden Rückhalt und die bedingungslose Unterstützung während der Anfertigung dieser Arbeit danken.

Kurzfassung

Das Laserstrahlschmelzen (englisch: Powder Bed Fusion of Metal with Laser Beam, PBF-LB/M) ist eines der serienmäßig verwendeten additiven Verfahren für die Fertigung komplexer Triebwerkskomponenten. Verfahrensbedingte konstruktive Möglichkeiten bieten Gewichtseinsparungen im Betrieb des Triebwerks und infolgedessen enormes Potential für zukünftige Triebwerksgenerationen.

Prämisse für die Verwendbarkeit von PBF-LB/M-Bauteilen in Luftfahrtanwendungen sind reproduzierbare und bauraumpositionsunabhängige Bauteilcharakteristika, wie beispielsweise die Dichte oder die Oberflächenrauheit, die nur eingeschränkt gewährleistet werden können. So können lokale Veränderungen innerhalb der Prozesscharakteristika, wie beispielsweise der Energieeinkopplung, des Pulverauftrages oder der Schutzgasströmung, eine Beeinflussung rissinitiierender Bauteilcharakteristika bewirken, wodurch das Ermüdungsverhalten beeinträchtigt wird.

Im Rahmen dieser Arbeit wird der Einfluss lokaler Prozesscharakteristika auf rissinitiierende Bauteilcharakteristika identifiziert, evaluiert und mittels Prozess- und Anlagenadaptionen beeinflusst. Während anfangs die Prozesscharakteristika mittels einer Homogenitätsanalyse hinsichtlich ihrer Bauraumpositionsabhängigkeit bewertet werden, erfolgt anschließend die jeweilige Einflussevaluation der Bauteilcharakteristika mittels Regressionsmodellen. Auf Basis der Erkenntnisse wird eine Synthese von Homogenisierungskonzepten inklusive der dazugehörigen konstruktiven Ausgestaltung durchgeführt. Abschließend werden die Veränderungen der Prozesscharakteristika durch die verwendeten Homogenisierungskonzepte quantifiziert und die Regressionsmodelle mit den Messergebnissen validiert.

Abstract

Powder Bed Fusion of Metal with Laser Beam (PBF-LB/M) is one of the additive processes used in series production of complex engine components. Process-related design options offer weight savings in engine operation and, as a result, enormous potential for future engine generations.

The premise for the usability of PBF-LB/M components in aerospace applications are reproducible and build platform-independent component characteristics, such as density or surface roughness, which can only be guaranteed to a limited extent. Thus, local variations within the process characteristics, such as energy input, powder application or shielding gas flow, can cause an influence on crack-initiating component characteristics, therefore affecting the fatigue behavior.

Within the scope of this work, the influence of local process characteristics on the crack-initiating component characteristics is identified, evaluated and influenced by means of process and machine adaptations. While the process characteristics are initially examined by means of a homogeneity analysis regarding their build platform dependency, the respective influence evaluation of the component characteristics is then carried out by means of regression models. Based on the results, a synthesis of homogenization concepts including the corresponding design is conducted. Finally, the changes in the process characteristics caused by the homogenization concepts used are quantified and the regression models are validated with the measurement results.

Inhaltsverzeichnis

Abbildungsverzeichnis

Tabellenverzeichnis

Abkürzungs- und Formelverzeichnis

Abkürzungsverzeichnis

Abkürzung	Beschreibung
IN718	Nickel-Chrom-Basis-Legierung 2.4668
OT	Optische Tomografie
PIV	Englisch: Particle Image Velocimetry
PBF-LB/M	Laserstrahlschmelzen Englisch: Powder Bed Fusion of Metal with Laser Beam
RS	Reflexionsschallverfahren
sCMOS	Englisch: Scientific Complementary Metal-Oxide-Semiconductor
V1	Regressionsmodell mit Prozesscharakteristika
V2	Regressionsmodell mit Prozesscharakteristika einschließlich Transformationen
V3	Regressionsmodell mit Prozesscharakteristika einschließlich Interaktionen
V4	Regressionsmodell mit Prozesscharakteristika einschließlich Transformationen und Interaktionen

Formelverzeichnis – Lateinisches Alphabet

Zeichen	Bezeichnung	SI-Dimension [1]
AIC	Akaike-Informationskriterium	1
A	Fläche	L^2
A_{BT}	Bauteilfläche	L^2
A_{Ges}	Gesamtfläche	L^2
a	Beschleunigung	$L \times T^{-2}$
BIC	Bayes-Informationskriterium	1
b	Regressionskoeffizient	1
b_0	Regressionskonstante	1
C_α	Bewertungskriterium	1
$\hat{C}$	Prüfgröße	1
c	Spezifische Wärmekapazität	$L^2 \times T^{-2} \times \theta^{-1}$
c_s	Schallgeschwindigkeit	$L \times T^{-1}$

c_w	Widerstandsbeiwert	1
$c_{w,A}$	Widerstandsbeiwertskoeffizient A	1
$c_{w,B}$	Widerstandsbeiwertskoeffizient B	1
$c_{w,C}$	Widerstandsbeiwertskoeffizient C	1
$c_{w,D}$	Widerstandsbeiwertskoeffizient D	1
c_∞	Relative Partikelgeschwindigkeit	$\mathrm{L} \times \mathrm{T}^{-1}$
$c_{\infty,F}$	Relative Strömungsgeschwindigkeit	$\mathrm{L} \times \mathrm{T}^{-1}$
$c_{\infty,y}$	Anteilige relative Partikelgeschwindigkeit entlang der y-Koordinate	$\mathrm{L} \times \mathrm{T}^{-1}$
$c_{\infty,z}$	Anteilige relative Partikelgeschwindigkeit entlang der z-Koordinate	$\mathrm{L} \times \mathrm{T}^{-1}$
$c_{\infty,0}$	Initialpartikelgeschwindigkeit	$\mathrm{L} \times \mathrm{T}^{-1}$
D	Ordinatendifferenz	zielgrößenabhängig
d	Partikeldurchmesser	L
d_{v10}	10 %-Perzentil der volumenbezogenen kumulativen Partikelgrößenverteilung	L
d_{v50}	50 %-Perzentil der volumenbezogenen kumulativen Partikelgrößenverteilung	L
d_{v90}	90 %-Perzentil der volumenbezogenen kumulativen Partikelgrößenverteilung	L
F	Monoton steigende Kopplungsfunktion	zielgrößenabhängig
F_G	Gewichtskraft	$\mathrm{M} \times \mathrm{L} \times \mathrm{T}^{-2}$
F_W	Widerstandskraft	$\mathrm{M} \times \mathrm{L} \times \mathrm{T}^{-2}$
f	Frequenz	T^{-1}
g	Gravitationsbeschleunigung	$\mathrm{L} \times \mathrm{T}^{-2}$
ΔH	Eingekoppelte spezifische Enthalpie	$\mathrm{M} \times \mathrm{L}^{-1} \times \mathrm{T}^{-2}$
H_v	Molare Verdampfungsenthalpie	$\mathrm{M} \times \mathrm{L}^2 \times \mathrm{T}^{-2} \times \mathrm{N}^{-1}$
h	Höhe	L
h_{eff}	Effektive Schichthöhe	L
h_s	Spezifische Enthalpie bei Schmelztemperatur	$\mathrm{M} \times \mathrm{L}^{-1} \times \mathrm{T}^{-2}$
h_{spat}	Prozessnebenprodukthöhe	L
i	Laufvariable / Index	1

k_B	Boltzmann-Konstante	$M \times L^2 \times T^{-2} \times \theta^{-1}$
$\vec{k}$	Einheitsvektor der z-Achse	1
l	Messlänge	L
$\vec{l}$	Laserstrahlvektor	1
M^2	Beugungsmaßzahl	1
MAE	Mittlerer absoluter Fehler	zielgrößenabhängig
MSE	Mittlerer quadratischer Fehler	zielgrößenabhängig
m	Partikelmasse	M
n_A	Anzahl an Flächen	1
n_E	Anzahl an Einzelmessungen	1
n_I	Anzahl an untersuchten Einflussgrößen	1
n_T	Anzahl an Transformationen	1
n_f	Anzahl an Rechteckschwingungen	1
n_k	Anzahl an Untergruppen	1
n_p	Anzahl an Parametern	1
n_s	Stichprobenumfang	1
n_x	Anzahl an exogenen Variablen	1
$\vec{n}$	Oberflächennormale	1
$OT_{40\,\%}$	Diskontinuitätskennwert der optischen Tomografie größer 40 %	1
$OT_{50\,\%}$	Diskontinuitätskennwert der optischen Tomografie größer 50 %	1
P	Wahrscheinlichkeit	1
P_L	Laserleistung	$M \times L^2 \times T^{-3}$
p	Druck	$M \times L^{-1} \times T^{-2}$
p_{dyn}	Dynamischer Druck	$M \times L^{-1} \times T^{-2}$
p_{rec}	Rückstoßdruck	$M \times L^{-1} \times T^{-2}$
p_0	Umgebungsdruck	$M \times L^{-1} \times T^{-2}$
R	Universelle Gaskonstante	$M \times L^2 \times T^{-2} \times N^{-1} \times \theta^{-1}$
R^2	Bestimmtheitsmaß	1
R_a	Arithmetischer Mittelwert	L
Re	Reynolds-Zahl	1

$RS_{20\,\%}$	Diskontinuitätskennwert des Reflexionsschallverfahrens größer 20 %	1
$RS_{80\,\%}$	Diskontinuitätskennwert des Reflexionsschallverfahrens größer 80 %	1
r_{Rohr}	Rohrinnenradius	L
S_a	Mittlere arithmetische Höhe	L
S_{dq}	Mittlerer quadratischer Gradient der skalenbegrenzten Oberfläche	1
S_{dr}	Entwickeltes Übergangsflächenverhältnis einer skalenbegrenzten Oberfläche	1
S_l	Ebene des Laserstrahls parallel zum Einheitsvektor $\vec{k}$ der z-Achse	1
S_n	Ebene der Oberflächennormale parallel zum Einheitsvektor $\vec{k}$ der z-Achse	1
S_z	Maximale Höhe	L
$s_x{}^2$	Stichprobenvarianz der exogenen Variable	zielgrößenabhängig
St	Stokes-Zahl	1
T	Temperatur	θ
T_m	Schmelztemperatur	θ
T_v	Verdampfungstemperatur	θ
u	Strömungsgeschwindigkeit entlang der x-Koordinate	$\mathrm{L} \times \mathrm{T}^{-1}$
$\bar{u}$	Mittlere Strömungsgeschwindigkeit entlang der x-Koordinate	$\mathrm{L} \times \mathrm{T}^{-1}$
u_{med}	Median der Strömungsgeschw. entlang der x-Koordinate	$\mathrm{L} \times \mathrm{T}^{-1}$
u_{q95}	95 %-Quantil der Strömungsgeschw. entlang der x-Koordinate	$\mathrm{L} \times \mathrm{T}^{-1}$
$\dot{V}$	Volumenstrom	$\mathrm{L}^3 \times \mathrm{T}^{-1}$
VIF	Varianzinflationsfaktor	1
v	Strömungsgeschwindigkeit entlang der y-Koordinate	$\mathrm{L} \times \mathrm{T}^{-1}$
$\bar{v}$	Mittlere Strömungsgeschwindigkeit entlang der y-Koordinate	$\mathrm{L} \times \mathrm{T}^{-1}$
v_L	Scangeschwindigkeit	$\mathrm{L} \times \mathrm{T}^{-1}$
v_{med}	Median der Strömungsgeschw. entlang der y-Koordinate	$\mathrm{L} \times \mathrm{T}^{-1}$

v_{q95}	95 %-Quantil der Strömungsgeschw. entlang der y-Koordinate	$L \times T^{-1}$
w	Strömungsgeschwindigkeit entlang der z-Koordinate	$L \times T^{-1}$
$\overline{w}$	Mittlere Strömungsgeschwindigkeit entlang der z-Koordinate	$L \times T^{-1}$
w_L	Laserstrahlprofil	L
w_a	Große Ellipsenhalbachse	L
w_b	Kleine Ellipsenhalbachse	L
w_{med}	Median der Strömungsgeschw. entlang der z-Koordinate	$L \times T^{-1}$
w_{q95}	95 %-Quantil der Strömungsgeschw. entlang der z-Koordinate	$L \times T^{-1}$
w_0	Taillenradius des Laserstrahls	L
x	Exogene Variable	zielgrößenabhängig
$\bar{x}$	Arithmetisches Mittel der exogenen Variable	zielgrößenabhängig
y	Endogene Variable	zielgrößenabhängig
$\hat{y}$	Approximierte endogene Variable	zielgrößenabhängig
z	Höhe	L
z_{max}	Maximale Höhe	L
z_{min}	Minimale Höhe	L
z_0	Taillenlage des Laserstrahls	L

Formelverzeichnis – Griechisches Alphabet

Zeichen	Bezeichnung	SI-Dimension [1]
α	Oberflächenpolarwinkel	1
β	Studentisierter Regressionskoeffizient	1
Γ	Plattformbelegung	1
γ	Strömungsuniformitätsindex	1
δ	Wärmeleitungsbedingung	1
$\delta_{\%}$	Normierte Wärmeleitungsbedingung	1
ε	Numerische Exzentrizität	1
ϵ	Stochastische Komponente	zielgrößenabhängig

ζ	Oberflächen-Laserstrahl-Relationswinkel	1
η	Thermische Absorptivität	1
η_{lin}	Linearer Prädiktor	1
θ	Divergenzwinkel	1
ϑ	Partikelflugwinkel	1
ϑ_0	Initialpartikelflugwinkel	1
κ	Wärmediffusivität	$L^2 \times T^{-1}$
Λ	Stetige Transformation	1
λ	Wellenlänge	L
λ_F	Mittlere freie Weglänge	L
μ_F	Dynamische Viskosität	$M \times L^{-1} \times T^{-1}$
Ξ	Partikelspannweite	1
ξ	Oberflächenazimutwinkel	1
π	Kreiszahl	1
ρ_F	Dichte des Fluids	$M \times L^{-3}$
ρ_M	Dichte des Materials	$M \times L^{-3}$
σ	Stoßquerschnitt	L^2
$\hat{\sigma}^2$	Varianz der Störgrößen	zielgrößenabhängig
τ	Lasereinwirkzeit	T
υ	Schweißrichtungswinkel	1
Φ	Sphärizität	1
φ	Scanwinkel	1
φ_{FO}	Scanwinkeleinschränkung	1
φ_ω	Scan-Strömung-Relationswinkel	1
χ	Laserstrahlazimutwinkel	1
ψ	Laserstrahlpolarwinkel	1
ω	Schutzgasströmungsrichtung	1

1 Einleitung

Neben den konventionellen Fertigungsverfahren ist die additive Fertigung in den letzten Jahren zum Zukunftsträger und Forschungsschwerpunkt geworden [2]. Der schichtweise Aufbau ermöglicht eine endkonturnahe Fertigung ohne Verwendung zusätzlicher Werkzeuge [3]. Insbesondere bei geringen Stückzahlen und komplexen Geometrien bieten additive Verfahren aufgrund der Gestaltungsfreiheit eine kostengünstige Alternative zur konventionellen Fertigung an [4]. Diverse Großunternehmen sehen inzwischen das Potential dieser Technologie, die eine nachhaltige Veränderung der industriellen Wertschöpfungskette bewirken kann [5].

1.1 Ausgangssituation und Motivation

Die Vorteile additiver Verfahren in der Serienfertigung von komplexen Bauteilen in kleinen Stückzahlen finden insbesondere in der Luft- und Raumfahrtindustrie großen Anklang [6]. Aufgrund komplexer Strukturen wären potenziell bereits mehr als 75 % konventioneller Triebwerkskomponenten durch additiv gefertigte wirtschaftlich substituierbar [7]. Insbesondere für die überwiegend verwendeten schwer zerspanbaren Materialien wäre durch die endkonturnahe additive Fertigung eine Reduzierung des Zerspanungsgrades um bis zu 97 % möglich [8].

Das Laserstrahlschmelzen (englisch: Powder Bed Fusion of Metal with Laser Beam, PBF-LB/M) ist eines der serienmäßig verwendeten additiven Verfahren für die Fertigung komplexer Triebwerkskomponenten [7]. Konstruktive Möglichkeiten wie beispielsweise Integralbauweise oder belastungsangepasste Auslegung bieten Gewichtseinsparungen im Betrieb des Triebwerks und infolgedessen enormes Potential für zukünftige Triebwerksgenerationen [9–11].

Durch Freiheiten in der Positionierung beliebiger 3D-Objekte innerhalb eines Bauraums und Verwendung von Laserstrahlung als formgebendes Element, benötigt das PBF-LB/M-Verfahren keine auf individuelle Fertigungsaufgaben angepassten Werkzeuge [3]. Prämisse für die Verwendbarkeit von PBF-LB/M-Bauteilen sind jedoch bauraumpositionsunabhängige Bauteilcharakteristika, die nur eingeschränkt gewährleistet werden können. So können lokale Variationen diverser Prozesscharakteristika, wie beispielsweise der Energieeinkopplung [12], des Pulverauftrages [13] oder der Schutzgasströmung [14], eine Beeinflussung der Bauteilcharakteristika bewirken.

Wie in Abbildung 1.1 dargestellt, werden im Bereich der Turbine vorwiegend Nickel-Basis-Legierungen verwendet [15]. Turbinenkomponenten erfahren im Betrieb große thermische und mechanische Beanspruchungen, wodurch eine Beeinflussung des Ermüdungsverhaltens auftritt [16]. Insbesondere bei additiven Verfahren wird das Ermüdungsverhalten allerdings durch mögliche Rissinitiierung beeinträchtigt [17]. Als wesentliche Mechanismen hierfür können Diskontinuitäten im Bauteil, wie beispielsweise Lagenbindefehler, oder die Oberflächentopografie identifiziert werden [18, 19].

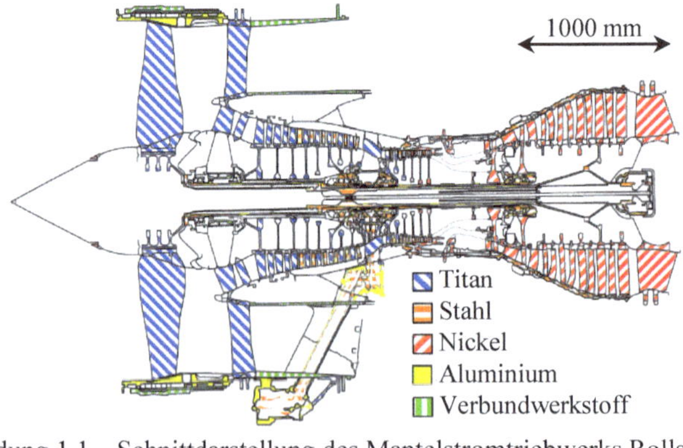

Abbildung 1.1 – Schnittdarstellung des Mantelstromtriebwerks Rolls-Royce Trent 800 inklusive der Hauptlegierungselemente in Anlehnung an REED [15]

1.2 Handlungsbedarf und Zielsetzung

Aufgrund der verfahrensbedingten Gestaltungsfreiheit bietet die additive Fertigung enormes Potential für zukünftige Triebwerksgenerationen [20]. Die dargestellte Ausgangssituation zeigt jedoch einen Handlungsbedarf in mehreren Bereichen auf.

Die verfahrensspezifische große Oberflächenrauheit von additiv hergestellten Bauteilen schränkt deren Leistungsfähigkeit ein [21]. Besonders die Ermüdungseigenschaften werden von der Oberflächentopografie definiert [22]. Eine Zunahme der Oberflächenrauheit führt tendenziell zu einer schnelleren Rissinitiierung [23]. Die resultierenden Kerbwirkungen führen zu einer Reduzierung der Festigkeitseigenschaften des PBF-LB/M-Materials um bis zu 60 % im Vergleich zu nachbearbeiteten Oberflächen [17]. Das Ermüdungsverhalten kann daher im Vergleich zur additiv gebauten Oberfläche durch zusätzliche Oberflächennachbearbeitungen wie Fräsen, Strahlen, Elektropolieren oder Wärmebehandlungen erheblich verbessert werden [24–26]. Die Entstehungsursache der PBF-LB/M-Oberflächenrauheit ist jedoch nicht vollständig verstanden [27].

Darüber hinaus kann das Ermüdungsverhalten ebenfalls durch Diskontinuitäten, wie beispielsweise Lagenbindefehler, beeinträchtigt werden. Eine Rissinitiierung kann durch die scharfkantige Geometrie von unvollständig umgeschmolzenem Material verursacht und die Festigkeitseigenschaften infolgedessen beeinflusst werden [28, 29]. Das Ermüdungsverhalten wird hierbei durch Morphologie, Anzahl, Größe und Lage der Diskontinuitäten beeinträchtigt [30, 31] und kann nur bis zu einem bestimmten Grad durch Nachbearbeitungsschritte wie dem Heiß-Isostatischen-Pressen angepasst werden [32, 33].

Die Notwendigkeit von Nachbearbeitungsprozessen steht jedoch im Kontrast zu den Vorteilen des PBF-LB/M-Verfahrens und limitiert dieses. Konstruktive Möglichkeiten wie beispielsweise Hinterschneidungen, integrierte Gitterstrukturen oder bionisches Design können unter diesen Voraussetzungen nur eingeschränkt umgesetzt werden. Teure Nachbearbeitungsprozesse reduzieren darüber hinaus die Wirtschaftlichkeit und infolgedessen die Umsetzung neuer Bauteile, weshalb Lösungen innerhalb des PBF-LB/M-Verfahrens zu bevorzugen sind [34, 35]. Ebenfalls ist eine vollständige Egalisierung des Ausgangszustandes durch Nachbearbeitungsprozesse kaum möglich [36].

Die beschriebenen Limitierungen in der Anwendbarkeit additiv hergestellter Triebwerkskomponenten aus Nickel-Basis-Legierungen bilden daher eine Motivation dieser Arbeit. Diese Arbeit soll einen Anteil dazu beitragen zukünftige additive Triebwerkskomponenten sicher gestalten und reproduzierbar fertigen zu können. Hierdurch soll eine Basis für die Anwendung von sicherheitsrelevanten additiven Bauteilen gelegt werden.

Für die Erreichung dieses übergeordneten Ziels soll im Rahmen dieser Arbeit die Bauraumpositionsabhängigkeit des PBF-LB/M-Verfahrens analysiert und reduziert werden. Die lokale Variation diverser Prozesscharakteristika des PBF-LB/M-Verfahrens resultiert in einer lokalen Beeinflussung der Bauteilcharakteristika. Obwohl die Bauraumpositionsabhängigkeit einzelner Prozesscharakteristika inzwischen partiell thematisiert wird, ist eine ganzheitliche Einflussevaluation dieser, inklusive derer Wechselwirkungen, ausstehend. Erst durch dieses Wissen kann die Verfahrenstechnik in zukünftiger Anlagentechnik adaptiert und die verfahrensbedingte Bauraumpositionsabhängigkeit reduziert werden.

1.3 Forschungsfragen und Vorgehensweise

Im Rahmen dieser Arbeit soll ein Beitrag geleistet werden, eine Bauraumpositionsunabhängigkeit zu ermöglichen und die Etablierung des PBF-LB/M-Verfahrens zu unterstützen. Hierfür sollen nachfolgend definierte Forschungsfragen systematisch weiterführend zum Stand der Wissenschaft und Technik beantwortet werden:

- Welche lokalen Veränderungen der Prozesscharakteristika des PBF-LB/M-Verfahrens haben in welcher Ausprägung einen signifikanten Einfluss auf resultierende Bauteilcharakteristika?
- Durch welche Prozess- und Anlagenadaptionen kann eine Homogenisierung der lokalen Prozess- sowie der resultierenden Bauteilcharakteristika potenziell erreicht werden?
- Kann mittels ausgewählter Prozess- und Anlagenadaptionen eine Homogenisierung der rissinitiierenden Bauteilcharakteristika erreicht werden?

Die Vorgehensweise der vorliegenden Arbeit wird für die Beantwortung der Forschungsfragen in acht Kapiteln strukturiert. Anschließend an die Einleitung in Kapitel 1 wird in Kapitel 2 der derzeitige Stand der Wissenschaft und Technik beschrieben. Insbesondere wird das Verfahrensprinzip des PBF-LB/M sowie dessen Prozessnebenprodukte und -störungen erläutert. Abschließend erfolgt eine Betrachtung verfahrensbedingter Bauraumpositionsabhängigkeiten. Im weiteren Verlauf werden in Kapitel 3 die verwendeten Materialien und Methoden dargelegt. Anfangs wird die Versuchsumgebung basierend auf der Versuchsanlage, dem Pulvermaterial, den Prozessparametern sowie der Schutzgasatmosphäre vorgestellt. Nachfolgend werden die verwendeten Messmethoden und -geräte für die Quantifizierung von Prozess- und Bauteilcharakteristika sowie die statistischen Analysemethoden dargestellt. In Kapitel 4 erfolgt die Versuchsvorbereitung und -definition. Dies basiert auf der Diskretisierung der Messposition und -dimension sowie der Versuchsdefinition der lokalen Prozess- sowie Bauteilcharakteristika. Die Beantwortung der ersten Forschungsfrage erfolgt anschließend in Kapitel 5, in dem der Einfluss lokaler Prozess- auf die rissinitiierenden Bauteilcharakteristika identifiziert wird. Während anfangs die Prozesscharakteristika auf Homogenität analysiert werden, erfolgt anschließend die jeweilige Einflussevaluation der Bauteilcharakteristika mittels Regressionsmodellen. Abschließend werden die Ergebnisse diskutiert und dem Stand der Wissenschaft und Technik gegenübergestellt. Auf Basis der Erkenntnisse und des gesteigerten Prozessverständnisses der Untersuchungen gemäß Kapitel 5 kann in Kapitel 6 die Synthese von Homogenisierungskonzepten angestrebt werden. Dieses Kapitel stellt die Beantwortung der zweiten Forschungsfrage dar. In diesem werden Homogenisierungskonzepte auf Basis von Bewertungskriterien in einer Nutzwertanalyse gegeneinander gewichtet. Anschließend erfolgt die konstruktive Ausgestaltung der geeigneten Homogenisierungskonzepte gemäß der vorherigen Gewichtung. Im darauffolgenden Kapitel 7 wird die dritte Forschungsfrage beantwortet. In diesem werden die Veränderungen der Prozesscharakteristika durch die Homogenisierungskonzepte quantifiziert und die definierten Regressionsmodelle mit den Messergebnissen validiert. Nach der separaten Validierung der einzelnen Regressionsmodelle der rissinitiierenden Bauteilcharakteristika erfolgt anschließend eine erneute Diskussion der Messergebnisse sowie der Modellgüte des Regressionsmodells. Im abschließenden Kapitel 8 werden die Erkenntnisse zusammengefasst sowie ein Ausblick zu weiterführenden Untersuchungen des Themengebiets dargelegt.

2 Stand der Wissenschaft und Technik

Das Grundprinzip additiver Verfahren basiert auf einem Aneinanderfügen einzelner Schichten. Diese werden auf Basis eines digitalen 3D-Objekts generiert und durch die Fertigungsanlage kumulativ aufgebaut. Aufgrund möglicher Restriktionen des gewählten additiven Fertigungsverfahrens ist im nächsten Schritt die Orientierung des digitalen 3D-Objekts zu überprüfen. Sogenannte Downskin-Flächen, deren Normalen-Vektor entgegen der Aufbaurichtung orientiert sind, können je nach gewähltem additivem Verfahren aufgrund der entstehenden Überhänge und fehlender Stützstrukturen beispielsweise in rauen Oberflächen und potenziellen Prozessabbrüchen resultieren [37]. Die dem gegenüberstehenden sogenannten Upskin-Flächen, deren Normalen-Vektor in Aufbaurichtung orientiert sind, weisen hingegen meist eine kleinere Oberflächenrauheit auf. Das orientierte 3D-Objekt wird in einem nächsten Schritt mathematisch in einzelne Schichten einer gewählten Schichthöhe unterteilt. In der anschließenden Fertigungsvorbereitung werden die präparierten Datensätze virtuell im Bauraum positioniert und sowohl bauteil- als auch anlagenspezifische Parametereinstellungen zugewiesen. Das anschließende additive Schichtbauprinzip basiert auf zwei Teilschritten [3, 4, 38]. Im ersten Teilschritt wird eine Schicht in einer Ebene generiert und in einem zweiten Teilschritt diese simultan oder sequenziell an die vorherige Schicht gebunden. Während die Konturierung innerhalb der Ebene durch die Genauigkeit der Schichtgenerierung definiert wird, entsteht aufgrund der Abstufung in Aufbaurichtung ein sogenannter Treppenstufeneffekt. Durch eine Verringerung der Schichthöhe wird die Abstufung zwar verkleinert, kann aber nie ganz vermieden werden.

2.1 Verfahrensprinzip des PBF-LB/M

PBF-LB/M als additives Fertigungsverfahren bietet die Möglichkeit, innovative Bauteile auf Basis eines schichtweisen Aufbaus aus einem digitalen 3D-Objekt zu erzeugen. Der Aufbau eines PBF-LB/M-Bauteils erfolgt hierbei mittels einer zyklischen Wiederholung dreier Prozessschritte [3, 4, 38]. Im ersten Prozessschritt wird eine Metallpulverschicht durch ein Auftragswerkzeug auf einer Substratschicht aufgetragen. Anschließend erfolgt im zweiten Prozessschritt entsprechend der Schichtinformationen eine lokale Umschmelzung mittels Laserstrahlung. Verfahrenstechnisch stellt dieser Prozessschritt ein Verschweißen des Materials mit der Substratschicht dar. Durch eine geeignete Parameterwahl kann ein vollständiges Aufschmelzen der Pulverpartikel, eine Anbindung an benachbarte Schmelzspuren sowie ein Verschweißen an die Substratschicht gewährleistet werden. Abschließend wird im dritten Prozessschritt die Bauplattform um die gewählte Schichthöhe abgesenkt und neues Pulver bereitgestellt. Bis zum Erreichen der maximalen Bauteilhöhe werden diese Prozessschritte zyklisch wiederholt, wie schematisch in Abbildung 2.1 dargestellt.

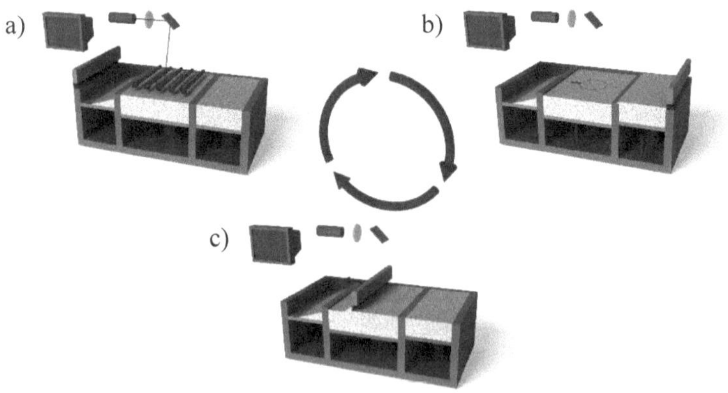

Abbildung 2.1 – Schematische Darstellung des Prozessablaufs beim PBF-LB/M bestehend aus den drei Prozessschritten a) Belichtung, b) Bereitstellung und c) Beschichtung in Anlehnung an GEBHARDT [3]

2.2 Prozessnebenprodukte und -störungen

Analog vieler konventioneller Laserschweißprozesse entstehen während des PBF-LB/M-Verfahrens Prozessnebenprodukte. Diese können sowohl den PBF-LB/M-Fertigungsprozess als auch resultierende Bauteilcharakteristika beeinflussen. Insbesondere eine Interaktion der Prozessnebenprodukte mit der Laserstrahlung können in Prozessstörungen resultieren.

2.2.1 Prozessnebenprodukte

Neben aus dem Laserschweißprozess bekannten Prozessnebenprodukten wie beispielsweise Metalldampf und Schweißrauch sowie Schweißspritzer können auch pulverbettbasierte Prozessnebenprodukte wie beispielsweise ausgeworfene Pulverpartikel auftreten. Um eine Beeinflussung des PBF-LB/M-Fertigungsprozesses zu unterbinden, sollte die Menge an Prozessnebenprodukten durch eine geeignete Parameterwahl reduziert oder durch eine Schutzgasströmung aus der Prozesskammer abgeführt werden [39–41]. Eine schematische Darstellung entstehender Prozessnebenprodukte kann Abbildung 2.2 entnommen werden.

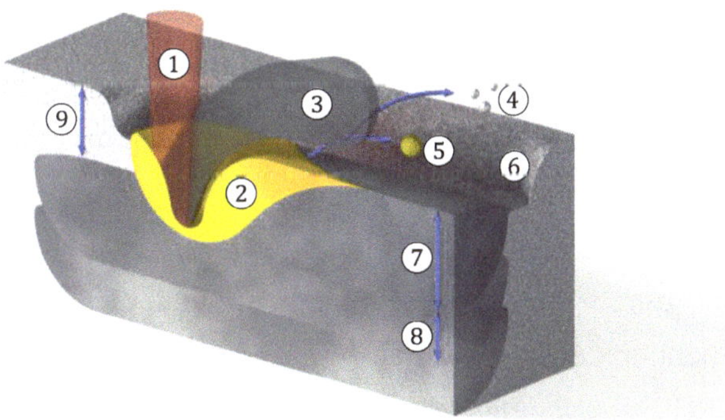

① Laserstrahl ④ Ausg. Pulverpartikel ⑦ Schmelzspurhöhe
② Schmelzbad ⑤ Spritzer ⑧ Schichthöhe
③ Metalldampf ⑥ Pulverbettveränderung ⑨ Pulverschichthöhe

Abbildung 2.2 – Schematische Darstellung potenzieller Prozessnebenprodukte während des PBF-LB/M-Fertigungsprozesses in Anlehnung an LADEWIG [42]

Metalldampf und Schweißrauch

Aufgrund der partiellen Überschreitung der Verdampfungstemperatur entsteht Metalldampf und Schweißrauch. Die Neigung des Metalldampfes wird beim Tiefschweißen durch die Frontwand der ausgebildeten Dampfkapillare definiert [43–45]. Die Frontwand der Dampfkapillare sowie die Verdampfungsrate kann durch die Energieeinkopplung verändert werden [46–50]. Der entstehende Rückstoßdruck der Dampfkapillare kann ebenfalls in einem Auswurf von Pulverpartikeln und infolgedessen in einer Pulverbettveränderung resultieren [51, 52]. Bei einem unzureichenden Abtransport gelangt Metalldampf und Schweißrauch in den Laserstrahlgang, wodurch der Schmelzvorgang beeinträchtigt werden kann [14]. Dies kann in einem vollständigen Abschirmen der Schmelzzone und Unterbrechungen der Schmelzspuren resultieren [53]. Insbesondere bei kleinen Scangeschwindigkeiten kann der Rückstoßdruck zu einem Auswurf des Metalldampfes und Schweißrauchs senkrecht oder sogar in Scanrichtung führen [39].

Ausgeworfene Pulverpartikel und Schweißspritzer

Beim PBF-LB/M-Verfahren entstehen Schweißspritzer durch partielle Überschreitung der Verdampfungstemperatur innerhalb des Schmelzbades. Ursache hierfür sind beispielsweise Unebenheiten in der Pulverschicht, die durch eine lokal größere Schichthöhe sprunghafte Temperaturanstiege innerhalb der Schmelze verursachen können [49]. Primär kann der Rückstoßdruck sowie die Frontwand der Dampfkapillare jedoch durch die Energieeinkopplung und die daraus resultierende Temperatur definiert werden [46, 48–50]. Infolgedessen können drei unterschiedliche Arten von ausgeworfenen Prozessnebenprodukten mit unterschiedlichen Partikelgrößen und -geschwindigkeiten entstehen [41, 54, 55].

Durch den Rückstoßdruck der Dampfkapillare ausgetriebenes, flüssiges Material bildet bedingt durch die Oberflächenspannung eine sphärische Struktur, die während der Flugphase erstarrt [38, 56]. Diese Schweißspritzer aus dem Schmelzbad weisen eine ähnliche chemische Zusammensetzung wie das verwendete Ausgangsmaterial auf und bilden porenfreie Partikel [38, 49, 57]. Potenzielle chemische Unterschiede bestehen in einer lokalen oberflächennahen Oxidation von Legierungselementen [54, 57]. Die Partikelgröße der Schweißspritzer kann hierbei die des ausgehenden Pulvermaterials um ein Vielfaches übersteigen [49, 54, 58].

Die zweite und dritte Art ausgeworfener Prozessnebenprodukte stellen heiße und kalte Pulverpartikel dar, die durch den Rückstoßdruck der Dampfkapillare mitgerissen werden. Die Temperatur der Pulverpartikel wird hierbei durch die Wärmeleitung am Metalldampf und Schweißrauch sowie durch Energieeinkopplung infolge einer Interaktion mit dem Laserstrahl definiert [41, 54, 59]. Neben der Temperatur können die ausgeworfenen Pulverpartikel ebenfalls hinsichtlich dem Partikeldurchmesser und der Austrittsgeschwindigkeit unterschieden werden [50]. Die Menge an ausgeworfenen Pulverpartikeln kann hierbei durch den Umgebungsdruck und der damit verbundenen Partikelbewegung auf Basis der einwirkenden Kräfte auf die umgebende Pulverschicht verändert werden [52, 60, 61].

2.2.2 Prozessstörungen

Eine mögliche Interaktion entstehender Prozessnebenprodukte mit der Laserstrahlung kann zu einer Beeinflussung des PBF-LB/M-Fertigungsprozesses und einer Verkleinerung der Energieeinkopplung führen. Die Auswirkungen dieses stochastischen Effekts können sowohl die Schmelzbadform als auch die -stabilität beeinflussen [62].

Prozessstörungen, die als Folge einer zu kleinen Energieeinkopplung auftreten, werden meist als Balling-Effekt bezeichnet. Der Begriff des Balling-Effektes wird in der PBF-LB/M-Literatur für unterschiedliche Effekte verwendet. Gemein haben diese, dass als Entstehungsmechanismus eine Kugelbildung aufgrund der Oberflächenspannung der Schmelze identifiziert werden kann [62]. Um im Rahmen dieser Arbeit eine Trennung der Effekte hinsichtlich ihrer Auslösungsursachen gewährleisten zu können, wird die Nomenklatur und Klassifizierung von LADEWIG übernommen.

Balling-Effekte des Typs 1

Das Aufbrechen einer Schmelzspur in einzelne Kugeln wird neben dem Balling-Effekt des Typs 1 ebenfalls als Plateau-Rayleigh-Instabilität bezeichnet. Entstehungsursache ist eine eingeschränkte Benetzbarkeit der Substratschicht durch die Schmelze aufgrund der Oberflächenspannung [56]. Eine schematische Darstellung kann Abbildung 2.3 entnommen werden. Die Schmelzbadstabilität kann durch das Verhältnis zwischen Schmelzbadlänge zu -umfang definiert werden [63]. Insbesondere bei großen Scangeschwindigkeiten wird die Schmelzbadstabilität kleiner [64–66]. Die Schmelzbadstabilität kann hingegen durch die Schmelzbadtiefe vergrößert werden [67]. Durch weitere anliegende Einzelspuren kann die Benetzung ebenfalls beeinflusst und die Schmelzbadstabilität vergrößert werden [68].

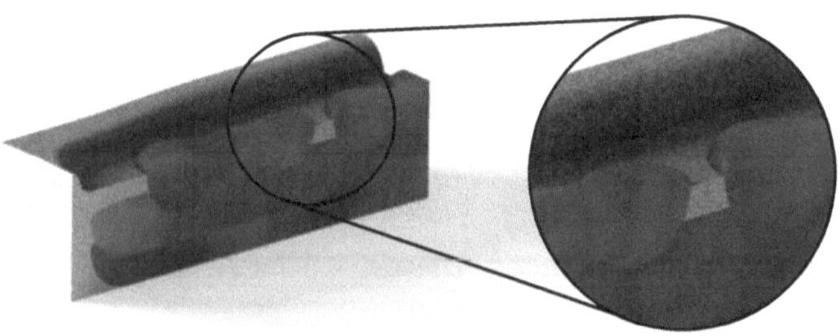

Abbildung 2.3 – Schematische Darstellung von Balling-Effekten des Typs 1

Balling-Effekte des Typs 2

Durch eine Veränderung der Prozessparameter wird die Schmelzbadstabilität sowie der Dampfkapillare beeinflusst. Infolgedessen können flüssige Schweißspritzer im Mikrometerbereich aus dem Schmelzbad austreten [69, 70]. Ein mögliches Verschweißen dieser Prozessnebenprodukte an bereits erstarrtem Material resultiert in sogenannten Balling-Effekten des Typs 2, wie in Abbildung 2.4 schematisch dargestellt.

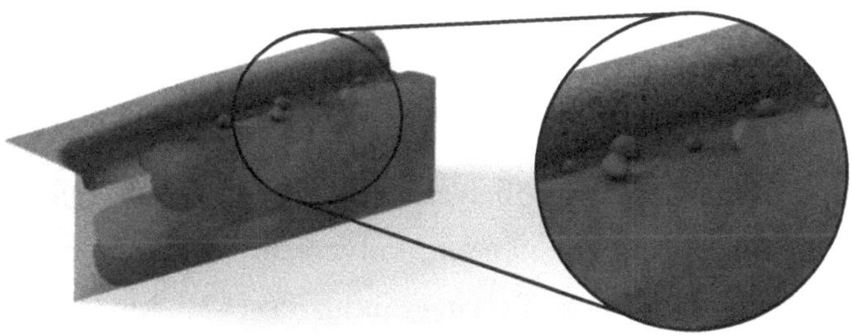

Abbildung 2.4 – Schematische Darstellung von Balling-Effekten des Typs 2

Balling-Effekte des Typs 3

Abschließend werden Balling-Effekte des Typs 3 infolge einer Beeinflussung des PBF-LB/M-Fertigungsprozesses durch Prozessnebenprodukte induziert. Gemäß LADEWIG et al. kann hierbei zwischen zwei Entstehungsmechanismen unterschieden werden. In beiden Varianten können die entstehenden Kugeln jedoch die Schichthöhe um ein Vielfaches übersteigen und potenzielle Lagenbindefehler induzieren [42].

Im Vergleich zu einem ungestörten Schmelzprozess (vgl. Abbildung 2.5a) entstehen Balling-Effekte des Typs 3a durch eine Interaktion der Laserstrahlung mit Metalldampf und Schweißrauch, wodurch eine partielle Absorption und Reflexion der Laserstrahlung entsteht (vgl. Abbildung 2.5b). Durch diese Veränderung der Energieeinkopplung erfolgt eine Umschmelzung der Pulverschicht, die Substratschicht wird hingegen nicht oder nur unzureichend umgeschmolzen [42, 71].

Aufgrund der Oberflächenspannung der Schmelze entsteht eine Kugelbildung mit partieller Anbindung an die Substratschicht wie schematisch in Abbildung 2.5 dargestellt (vgl. Abbildung 2.5c).

Abbildung 2.5 – Schematische Darstellung für a) einen ungestörten und b) einen durch Interaktion der Laserstrahlung mit Schweißrauch beeinflussten Schmelzprozess sowie c) die entstehende Kugelbildung bei Balling-Effekten des Typs 3a

Balling-Effekte des Typs 3b werden hingegen durch eine Beeinflussung der noch zu belichtenden Pulverschicht durch ausgeworfene Pulverpartikel und Schweißspritzer induziert [42]. Als Ursache hierfür kann ein unvollständiger Abtransport von Prozessnebenprodukten durch die Schutzgasströmung oder eine Streifenvorschubrichtung in Schutzgasströmungsrichtung genannt werden. Bei einer Agglomeration der Prozessnebenprodukte erfolgt eine lokale Vergrößerung der Pulverschichthöhe (vgl. Abbildung 2.6a), sodass die Energieeinkopplung für eine vollständige Umschmelzung der Pulver- und Substratschicht nicht ausreichend ist (vgl. Abbildung 2.6b). Die resultierende Kugelbildung wird schematisch in Abbildung 2.6c dargestellt.

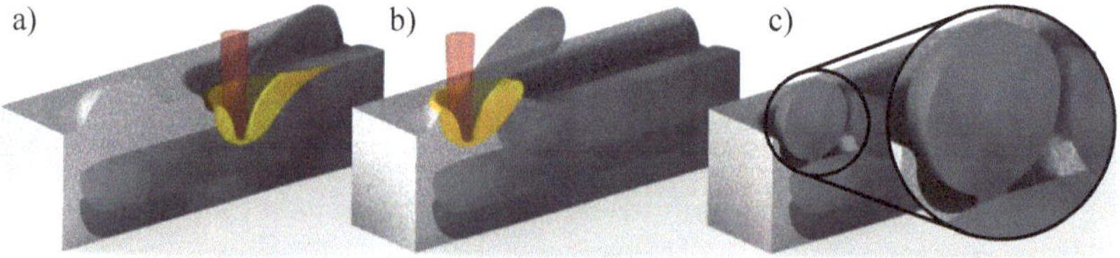

Abbildung 2.6 – Schematische Darstellung für a) einen ungestörten und b) einen durch lokale Vergrößerung der Pulverschichthöhe beeinflussten Schmelzprozess sowie c) die entstehende Kugelbildung bei Balling-Effekten des Typs 3b

2.3 Verfahrensbedingte Bauraumpositionsabhängigkeit

Neben der systematischen Beeinflussung der Bauteilcharakteristika durch eine softwaretechnische Einstellung der Fertigungsparameter, entsteht durch eine verfahrensbedingte Bauraumpositionsabhängigkeit eine zusätzliche Beeinflussung. Im Weiteren werden die bauraumpositionsabhängige Ausbildung der rissinitiierenden Bauteilcharakteristika Diskontinuitäten sowie Oberflächentopografie vorgestellt.

2.3.1 Diskontinuitäten

Eine Klassifizierung und Beschreibung von Materialunregelmäßigkeiten an metallischen Werkstoffen von Schweiß- oder schweißähnlichen Prozessen, wie dem PBF-LB/M, erfolgt gemäß DIN EN ISO 6520-1 in sechs Hauptgruppen [72]. Hierbei wird zwischen Rissen, Hohlräumen, festen Einschlüssen, Bindefehlern, Form- und Maßabweichungen sowie sonstigen Unregelmäßigkeiten unterschieden. Die klassischen drei Materialunregelmäßigkeiten beim PBF-LB/M-Verfahren sind gemäß ZHANG et al. sphärische Hohlräume, Bindefehler sowie Risse [73].

Da singuläre Prozessstörungen, die Balling-Effekte verursachen, eine lokale Verkleinerung innerhalb der Energieeinkopplung bewirken, stellen insbesondere die verfahrensbedingten Lagenbindefehler eine der lokalen Materialunregelmäßigkeiten des PBF-LB/M-Verfahrens dar. Unvollständig umgeschmolzenes Material wie Lagenbindefehler können durch die scharfkantige Geometrie eine Rissentstehung verursachen. Die Festigkeitseigenschaften des PBF-LB/M-Materials werden infolgedessen beeinflusst [28, 29]. Die stochastische Verteilung beeinflusst darüber hinaus die Streuung der Ermüdungseigenschaften, was die Anwendung des PBF-LB/M-Verfahrens einschränken kann [73].

Lagenbindefehler können primär auf eine Beeinflussung der eingekoppelten Enthalpie zurückgeführt werden. Neben einer systematischen Anpassung der Fertigungsparameter kann im Verfahren ebenfalls eine stochastische Beeinflussung entstehen. Exemplarisch kann eine lokale Verschmutzung des Schutzglases genannt werden, wodurch eine Veränderung der Fokuslage entlang der z-Achse entsteht [74, 75]. Folglich entsteht eine Veränderung des Strahldurchmessers in der Bauebene und der Intensität, wodurch Lagenbindefehler entstehen können [74, 76]. Darüber hinaus kann durch eine Verschmutzung des Schutzglases ebenfalls eine Verschiebung der Fokuslage innerhalb der xy-Ebene entstehen [77]. Ist infolgedessen eine Anbindung an benachbarte Schmelzspuren sowie ein Verschweißen an die Substratschicht nicht gewährleistet, entstehen zwischen den Schmelzspuren Bindefehler [78]. Abschließend kann im Bereich der Energieeinkopplung der Einfluss des Laserstrahlauslenkung genannt werden. Dieses bauraumpositionsabhängige Verhalten kann durch eine Veränderung der projizierten Fläche des Laserstrahls erklärt werden. Mit steigendem Abstand zur Position des orthogonal eintreffendes Laserstrahlprofils kann eine bauraumpositionsabhängige elliptische Veränderung des rotationssymmetrischen Laserstrahlprofils entstehen. Infolgedessen wird sowohl die Schmelzbadform als auch die -stabilität beeinflusst und Lagenbindefehler können auftreten [79–81].

Der Einfluss des Pulverauftrages auf Diskontinuitäten und insbesondere Lagenbindefehler kann primär auf Unregelmäßigkeiten in der aufgetragenen Pulverschicht zurückgeführt werden. Beispielsweise können Kollisionen des Auftragswerkzeugs mit Bauteilen oder beschädigte Auftragswerkzeuge in lokalen Abweichungen der effektiven Schichthöhe resultieren [82]. Infolgedessen entsteht eine lokale Vergrößerung der Pulverschichthöhe, sodass die Energieeinkopplung für eine vollständige Umschmelzung der Pulver- und Substratschicht nicht ausreichend ist. Dies stellt den Entstehungsmechanismus von Balling-Effekten des Typs 3b dar. Prozessnebenprodukte, die auf einem Bauteil landen, können mit diesem Verschweißen und in Balling-Effekten des Typs 2 resultieren. Folglich können in der nächsten Schicht Lagenbindefehler entstehen [83]. Darüber hinaus kann die Oberflächenrauheit und -welligkeit der Substratschicht ebenfalls in lokalen Veränderungen der effektiven Schichthöhe resultieren, wodurch wiederum Lagenbindefehler entstehen können [84].

Der Einfluss der Schutzgasströmung auf Diskontinuitäten basiert primär auf der Interaktion der Laserstrahlung mit Prozessnebenprodukten. Während die Interaktion mit Metalldampf und Schweißrauch in Balling-Effekten des Typs 3a resultiert, entstehen durch eine Beeinflussung der effektiven Schichthöhe durch nicht entfernte Prozessnebenprodukte Balling-Effekte des Typs 3b [42]. Das vorherrschende Strömungsprofil und infolgedessen der Abtransport von Prozessnebenprodukten werden an PBF-LB/M-Anlagen durch die verwendeten strömungsführenden Komponenten sowie die Gestaltung der Prozesskammer definiert. Durch eine Anpassung der strömungsführenden Komponenten kann eine Schutzgasströmungsuniformität und folglich eine Reduzierung der Wahrscheinlichkeit einer Interaktion mit Metalldampf und Schweißrauch angestrebt werden [14, 85–88].

2.3.2 Oberflächentopografie

Nach GALY et al. wird standardmäßig der Energieeintrag in die Bauteilkontur zur Oberflächenbeeinflussung angepasst [89]. Diese Variation resultiert klassisch aus der Anpassung der Laserleistung sowie der Scangeschwindigkeit [13, 90, 91]. Der Energieeintrag kann ebenfalls durch den Laserstrahldurchmesser auf der Bauplattform oder die sogenannte Skywriting-Einstellung variiert werden [76, 91, 92]. Ungeachtet dessen ist diese Variation des Energieeintrags von der Struktur unter der zu fertigenden Schicht abhängig. Aufgrund der Variation der Wärmeübertragung entstehen zudem je Parametereinstellung unterschiedliche Rauheitsminima bei verschiedenen Überhangwinkeln [19, 91, 93]. Dies kann beispielsweise durch die Verwendung eines Laserleistungskorrekturfaktors basierend auf der vorherrschenden Wärmeleitung kompensiert werden [94].

Als Folge der Variation der Wärmeübertragung kann die Rauheit durch anhaftende Pulverpartikel, insbesondere auf Downskin-Flächen, beeinflusst werden [95]. Darüber hinaus kann die Pulverbettcharakteristik die resultierende Oberflächenrauheit auf unterschiedliche Weise beeinflussen. Die Pulverpartikelgrößenverteilung hat einen Einfluss aufgrund der anhaftenden Pulverpartikel. Größere Partikel führen tendenziell zu einer höheren Oberflächenrauheit [96]. Durch Konzepte der Pulverentfernung vor der Belichtung der Bauteilkonturen kann das Ausmaß der Pulveranhaftungen sowie die resultierende Rauheit verkleinert werden [97]. Aufgrund der Pulversegregation während des Beschichtungsprozesses kann das Verhalten von Pulveranhaftungen allerdings ebenfalls bauraumpositionsabhängig auftreten [13, 98, 99]. Zusätzlich kann die gewählte Schichthöhe zu einer Variation der Oberflächentopografie führen [100, 101].

Der Transport von Schweißspritzern in Schutzgasströmungsrichtung kann zu einem ähnlichen Verhalten wie bei größeren Pulverpartikeln mit einer daraus resultierenden Zunahme der Oberflächenrauheit führen [102, 103]. Nach LADEWIG et al. kann die Schutzgasströmung aufgrund von Prozessnebenprodukten und Balling-Effekten die Oberflächenrauheit beeinflussen [42]. Auch die Art des Schutzgases kann die Schmelzbaddynamik und damit die resultierende Oberflächenrauheit beeinflussen [104].

KLESZCZYNSKI et al. weisen eine bauraumpositionsabhängige Variation der Oberflächenrauheit dem Einfluss des Laserstrahls zu [12]. In ihrer Arbeit wurde angenommen, dass der Laserstrahlwinkel in Kombination mit unterschiedlichen Oberflächenorientierungen zu einer unterschiedlichen Oberflächenrauheit führen kann. Dieses bauraumpositionsabhängige Verhalten in Bezug auf den Lasereinfallswinkel kann durch eine Veränderung der projizierten Fläche des Laserstrahls erklärt werden. Infolgedessen wird sowohl die Schmelzbadform als auch die -stabilität beeinflusst [80, 81, 98, 105].

Die Prädiktion der verfahrensbedingten Oberflächenrauheit ist eine der Herausforderungen bei der Auslegung additiv gefertigter Bauteile. Die Oberflächenrauheit von PBF-LB/M-Bauteilen kann hinsichtlich der Entstehungsursache in zwei Typen unterteilt werden [22]. Die Primärrauheit wird durch die Erstarrung des Schmelzbades induziert, während die Sekundärrauheit durch anhaftende Pulverpartikel entsteht. Sowohl analytische als auch numerische Modelle können für die Prädiktion von Upskin-Flächen verwendet werden. Diese beinhalten Ansätze für die Primär- als auch Sekundärrauheit [106–108]. Die Prädiktion der Rauheit von Downskin-Flächen hingegen ist aufgrund der Komplexität des Prozesses mit der genannten Vielzahl von Einflussfaktoren neben geometrischen Restriktionen ein offenes Thema.

3 Material und Methoden

Im Kapitel Material und Methode wird anfangs die Versuchsumgebung des PBF-LB/M-Fertigungsprozesses vorgestellt. Des Weiteren erfolgt eine Beschreibung der Messmethoden und -geräte. Abschließend wird die Verwendung statistischer Analysemethoden definiert.

3.1 Versuchsumgebung

Nachfolgend wird die verwendete Versuchsumgebung des PBF-LB/M-Fertigungsprozesses vorgestellt. In Anlehnung an Veröffentlichungen von EISEN und SEHRT wird diese mittels der 5M-Methode in die fünf Prozesselemente Maschine, Material, Methode, Mitwelt und Mensch unterteilt [109, 110]. Anfangs wird auf verwendete Komponenten und Spezifikationen der Versuchsanlage (Maschine) eingegangen. Im Einzelnen werden die Systeme der optischen Komponenten, der Pulverbereitstellung und des Schutzgassystems beschrieben. Anschließend erfolgt eine Beschreibung des verwendeten Pulvermaterials (Material). Im Weiteren werden die verwendeten Prozessparameter (Methode) vorgestellt. Abschließend werden Eigenschaften der verwendeten Schutzgasatmosphäre (Mitwelt) vorgestellt. Das Prozesselement Mensch wird im Rahmen dieser Arbeit vernachlässigt, da der Anlagenbediener nach DIN EN ISO/ASTM 52942 geschult ist, respektive Fehler in der Datenvorbereitung als systematische Abweichungen eingestuft werden [111].

3.1.1 Verwendete Versuchsanlage

Im Rahmen dieser Arbeit werden sämtliche Versuche an einer Anlage des Typs EOS M290 der Firma EOS GmbH durchgeführt. Die Hauptkomponenten der Anlagentechnik werden nachfolgend in die Subsysteme der optischen Komponenten, der Pulverbereitstellung und des Schutzgassystems unterteilt.

Optische Komponenten

Das Subsystem der optischen Komponenten beinhaltet die Bereiche der Laserstrahlerzeugung, -formung und -führung. Bei dem vorgestellten Anlagenmodell wird der gaußförmige Laserstrahl durch einen Ytterbium-Faserlaser der Firma IPG Photonics Corporation erzeugt. Das verwendete Modell IPG YLR-400-WC weist eine maximale Laserleistung von 400 W und eine Wellenlänge von 1070 nm ± 10 nm auf [112]. Durch die Komponenten des Kollimators, der Aufweiteoptik sowie des f-θ-Objektivs kann der Fokusradius und die -lage variiert werden. Die Fokuslagenkorrektur erfolgt mittels eines f-θ-Objektivs S4LFT0430/526 der Firma Sill Optics GmbH & Co. KG. Das Optiksystem aus Quarzglas besitzt eine effektive Brennweite von 408 mm und einen Transmissionsgrad größer 98 % [113]. Die Positionierung des Laserstrahls erfolgt mittels eines intelliScan III 20 der Firma SCANLAB GmbH [114]. Zusätzlich ist ein Schutzglas angebracht, um eine Verschmutzung des f-θ-Objektivs zu unterbinden.

Pulverauftragssystem

Für den Pulverauftrag sind innerhalb der Prozesskammer jeweils ein Vorrats- und Überlaufbehälter sowie die dazwischen befindliche Bauplattform installiert. Nach der Bereitstellung wird das Pulver durch ein Auftragswerkzeug entlang des Bauraums aufgetragen, wobei überschüssiges Pulver im Überlaufbehälter gesammelt wird. Als Auftragswerkzeug werden Bürsten aus dem gleichen Material wie das Pulver verwendet. Hierdurch kann ein deformationsfreier Pulverauftrag ohne Kontaminationsrisiko gewährleistet werden [115]. Der Beschichtungsvorgang erfolgt unidirektional, sodass vor dem nächsten Pulverauftrag das Auftragswerkzeug verfahren werden muss. Die Einhaltung der vorgegebenen Schichthöhe wird an der Anlage mittels eines Servomotors mit Glasmaßstab realisiert.

Schutzgassystem

Das Strömungssystem wird in die Bereiche der Einlass-, Prozess- und Auslassströmung sowie in die anschließende Filterung unterteilt. Die Einlassströmung stellt die Zufuhr von Schutzgas zur Anlage sicher. Unter dem Bereich der Prozessströmung fällt die anschließende Strömungsbeeinflussung innerhalb der Prozesskammer. Für diese sind keine strömungsführenden Elemente vorgesehen, wodurch nach Austritt aus den Einlassdüsen die Strömung einen Freistrahl darstellt. Abschließend wird über die Auslassdüse das Schutzgas aus der Prozesskammer geführt. Eine Darstellung des Schutzgassystems kann Abbildung 3.1 entnommen werden.

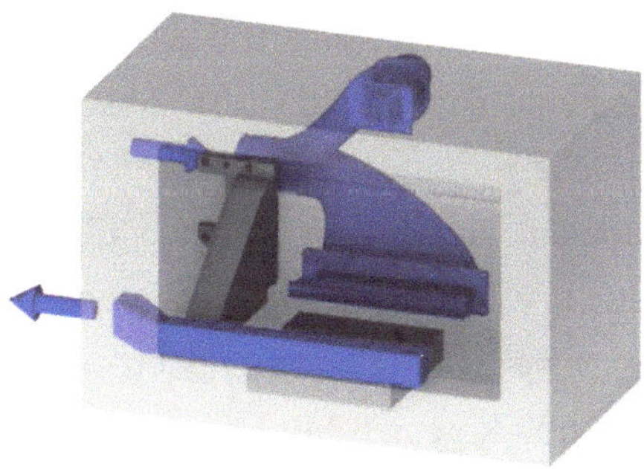

Abbildung 3.1 – Darstellung des Schutzgassystems der Anlage

Entstehende Prozessnebenprodukte werden über die Auslassdüse aus der Prozesskammer entfernt und zu einer separaten Patronenfiltereinheit der Firma ULT AG geführt. Die Absaugung wird durch einen Radial-Hochdruckventilator HRD 1T FU-105/1,10 der Firma Elektror airsystems GmbH realisiert [116]. Die Patronenfiltereinheit besteht aus den Komponenten Partikelabscheider, Feinstaubfilter und Schwebstofffilter, die sequenziell für das Entfernen von größeren Partikeln, Schweißrauch, Feinstaub und Schwebstoffen verwendet werden [117]. Anschließend wird das gereinigte Schutzgas in die Prozesskammer zurückgeführt.

3.1.2 Verwendetes Pulvermaterial

Im Rahmen dieser Arbeit werden Versuche mit dem Pulvermaterial Amdry 1718 der Firma OC Oerlikon Corporation AG durchgeführt. Das sphärische Pulver wird mittels Gasverdüsung hergestellt und weist eine nominale Partikelgrößenverteilung zwischen 15 µm und 45 µm auf [118]. Die chemische Zusammensetzung des Pulvermaterials ist der Nickel-Chrom-Basis-Legierung 2.4668 nachempfunden. Die Legierung 2.4668 ist ebenfalls unter dem Markennamen Inconel 718 (IN718) der Firma Special Metals Corporation bekannt [119].

Die chemische Zusammensetzung der Legierung ist in Tabelle 3.1 mit den jeweiligen Hauptbestandteilen aufgeführt [118]. Darüber hinaus werden die Verdampfungstemperatur sowie die -enthalpie der einzelnen Legierungselemente dargestellt [120]. Abschließend werden die Sauerstoffpartialdrücke für einen oxidationsfreien Prozess angegeben. Diese Werte können durch sogenannte Ellingham-Richardson-Diagramme ermittelt werden [121]. Die Angaben des Sauerstoffpartialdrucks des jeweiligen Elements werden für die Schmelztemperatur T_m von 1609 K gemäß MILLS angegeben [122].

Tabelle 3.1 – Chemische Zusammensetzung und ausgewählte physikalische Eigenschaften der IN718-Legierungselemente [118, 120, 121]

Element	Chem. Zusammensetzung /(wt. %)	Verdampfungstemp. /(K)	Verdampfungsenthalpie /(kJ × mol^{-1})	Sauerstoffpartialdruck /(101325 kg × m^{-1} × s^{-2})
Ni	Basis	3003	379	$10^{-6,31}$
Cr	19,00	2755	347	$10^{-11,4}$
Fe	18,00	3273	354	$10^{-10,4}$
Nb(+Ta)	5,10	5017	694	$10^{-17,8}$
Mo	3,00	4885	617	$10^{-10,1}$
Ti	0,95	3533	427	$10^{-25,7}$
Al	0,50	2743	284	$10^{-25,2}$

Unter Schweißbedingungen kann eine Oxidation lediglich reduziert, nicht aber vermieden werden. Durch oberflächennahe Oxidation kann hingegen eine innere Oxidation von IN718-Bauteilen unterbunden werden [123]. Aufgrund des schichtweisen Aufbaus werden oxidierte Pulverpartikel jedoch bereits während des PBF-LB/M-Verfahrens in das Bauteilvolumen miteingearbeitet [54]. Um innerhalb der Versuchsreihen den Einfluss des verwendeten Pulvermaterials möglichst klein halten zu können, werden sämtliche Versuche mit derselben Pulvercharge durchgeführt. Der Recycling-Prozess mit einem Siebvorgang der verwendeten Pulvercharge wird durch bereitgestellte Peripherie des Anlagenherstellers durchgeführt. Der Einfluss der Wiederverwendung wird im Rahmen dieser Arbeit vernachlässigt. Pulvermetallurgische Änderungen des Oxidationszustands haben nach HESS einen untergeordneten Einfluss in der additiven Verarbeitung von IN718 [53]. Eine Veränderung der Pulverpartikelgrößenverteilung oder -form sowie ein Anstieg von Volumenfehlern durch das Pulverrecycling kann nach ARDILA et al. für IN718 ebenfalls vernachlässigt werden [124].

Abschließend werden in Tabelle 3.2 physikalische Größen des verwendeten Werkstoffs angegeben, die im Rahmen dieser Arbeit Anwendung finden. Die temperaturabhängigen thermophysikalischen Eigenschaften werden für die Schmelztemperatur T_m von 1609 K angegeben.

Tabelle 3.2 – Physikalische Größen der Legierung IN718 [122, 125]

Physikalische Größe	Betrag bei 1609 K
Dichte $\rho_M(T)$	7400 $kg \times m^{-3}$
Spez. Wärmekapazität $c(T)$	720 $J \times K^{-1} \times kg^{-1}$
Wärmediffusivität $\kappa(T)$	$5{,}6 \times 10^{-6}$ $m^2 \times s^{-1}$
thermische Absorptivität η	0,36

3.1.3 Verwendete Prozessparameter

Durch Prozessparameter können Bauteilcharakteristika variiert und beeinflusst werden [126]. Neben anlagenbezogenen Einstellungen, wie beispielsweise die Bauplattformtemperatur oder der Volumenstrom, stellt insbesondere die Belichtungsstrategie einen entscheidenden Einflussfaktor dar [110]. Die nachfolgend vorgestellten Parameter der Belichtungsstrategie können schematisch Abbildung 3.2 entnommen werden.

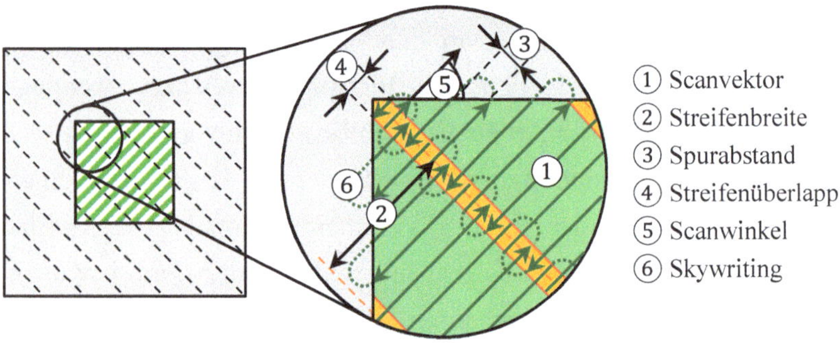

Abbildung 3.2 – Schematische Darstellung der Parameter der Belichtungsstrategie

Die Belichtungsstrategie definiert neben der Laserleistung P_L und der Scangeschwindigkeit v_L die einzelnen Scanvektoren und deren Anordnung. Der Scanvektor beschreibt die zu belichtende Einzelspur. Bei der Streifenbelichtung beispielsweise wird das zu belichtende Bauteil in mehrere Streifen einer definierten Breite unterteilt. Durch eine Sortierung der Streifenbelichtungsreihenfolge entgegen der Schutzgasströmungsrichtung kann der Einfluss von entstehenden Prozessnebenprodukten zusätzlich reduziert werden. Die Streifensegmente werden anschließend durch die einzelnen Scanvektoren mit einem definierten Spurabstand voneinander beschrieben. Die Anfangs- und Endpunkte der einzelnen Scanvektoren markieren dabei die Seiten des Streifens. Um sicherzustellen, dass kein Hohlraum zwischen den Streifen entsteht, kann ein Streifenüberlapp eingestellt werden.

Mit Ausnahme der konturnahen Bereiche wird durch die Streifenbreite die Scanvektorlänge vorgegeben. Im konturnahen Bereich werden die Streifen durch die Bauteilgeometrie begrenzt, sodass verkürzte Scanvektoren entstehen können. Die Orientierung der einzelnen Scanvektoren wird durch den Scanwinkel φ beschrieben. Insbesondere Scanvektoren entlang der Schutzgasströmungsrichtung können die Prozessstabilität beeinflussen [127]. Aufgrund einer erwünschten Materialisotropie sollten die Scanvektoren in jeder Schicht angepasst werden. Der Inkrementierungswinkel sollte so gewählt werden, dass die Intervallzahl bis zum Erreichen derselben Scanorientierung möglichst groß ist [128]. Durch die Verwendung der sogenannten Skywriting-Einstellung kann eine homogene Scangeschwindigkeit entlang einer Einzelspur gewährleistet werden. Ohne diese Funktion ist in jedem Scanvektor eine Beschleunigungs- und Entschleunigungsphase der Scannerspiegel enthalten, in denen ein lokal größerer Energieeintrag an den Start- und Endpunkten des Scanvektors auftritt. Diese Veränderung im Energieeintrag kann in einer Entstehung von Poren resultieren [129].

Im Rahmen dieser Arbeit wird der vom Anlagenhersteller angebotene Parametersatz „IN718_PerformanceM291 2.11 _Default_DirectPart“ mit einer Schichthöhe von 40 µm unter Anwendung der Softwareversion EOSPrint 2.5.9 verwendet. Auf die separate Verwendung der Up- und Downskin-Parameter wird hierbei verzichtet. Die Einstellung des Differenzdrucks erfolgt darüber hinaus auf 0,70 mbar. Sofern nicht anders angegeben wird in den jeweiligen Versuchsreihen dieser Parametersatz verwendet. Abschließend wird die Belichtungsreihenfolge entgegen der Beschichtungs- und entgegen der Schutzgasströmungsrichtung definiert. Hierdurch soll eine Beeinflussung der Probekörper durch entstandene Prozessnebenprodukte reduziert werden.

3.1.4 Verwendete Schutzgasatmosphäre

Durch die Verwendung von Schutzgasen kann die Menge an reaktiven Gasen innerhalb der Schmelzzone reduziert werden. Eine chemische Reaktion der Bauteile mit der umgebenden Atmosphäre wie beispielsweise Oxidation soll infolgedessen primär reduziert werden [3]. Sekundär wird die Schutzgasströmung zur Entfernung von Prozessnebenprodukten aus der Prozesskammer verwendet [42]. Der Gesamtvolumenstrom der Anlage kann hierbei variabel über den dynamischen Druck p_{dyn} eingestellt werden. Gemäß Gleichung (3.1) kann die Strömungsgeschwindigkeit für Betrachtungen im Rahmen dieser Arbeit bei bekannter temperaturabhängiger Dichte ρ_F des Fluids und folglich der Volumenstrom $\dot{V}$ bei bekanntem Rohrinnenradius r_{Rohr} der Strömungszuführung berechnet werden [130].

$$\dot{V} = {r_{Rohr}}^2 \times \pi \times \sqrt{\frac{2 \times p_{dyn}}{\rho_F}} \tag{3.1}$$

Im Rahmen dieser Arbeit wird das Inertgas Argon mit einem Reinheitsgrad von 5.0 verwendet [131]. Durch die Zufuhr von Argon über ein Proportionalventil wird der Sauerstoffgehalt der Schutzgasatmosphäre geregelt. Der Sollwert wird softwaretechnisch hinterlegt und liegt für den verwendeten Prozessparametersatz bei 1000 ppm. Eine Oxidation kann infolgedessen für die Legierungselemente nach Unterabschnitt 3.1.2 nicht unterbunden werden. Die Erfassung des Sauerstoffgehalts innerhalb der Prozesskammer erfolgt für den Messbereich zwischen 100 und 20000 ppm durch Sensoren des Typs SO-D0-020-A100C der Firma SENSORE Electronic GmbH [132].

Zusätzlich wird über einen Pt-100 Sensor des Typs 514-106 der Firma TC Mess- und Regeltechnik GmbH die Temperatur des Schutzgases bestimmt. Des Weiteren wird über einen Sensor SF52-TX-2-S-D3-B der Firma Michell Instruments GmbH die Möglichkeit der relativen Feuchtigkeitsmessung innerhalb der Prozesskammer ermöglicht [133]. Durch Berechnung des Dampfdruckes kann diese Angabe in ppm umgerechnet werden. Der hierfür notwendige Sättigungsdampfdruck kann für den gegebenen Temperaturbereich angenähert werden [134]. Im Rahmen dieser Arbeit werden die gemessene Temperatur T des Gases von 303 K sowie ein gemessener Feuchtigkeitsgehalt von 1050 ppm als Randbedingung angenommen. Abschließend wird für Betrachtungen im Rahmen dieser Arbeit die mittlere freie Weglänge λ_F gemäß Gleichung (3.2) bestimmt. Neben der Boltzmann-Konstante k_B, der Temperatur T sowie dem Druck p wird zusätzlich der Stoßquerschnitt σ für das Schutzgas Argon von $0{,}36\times10^{-18}$ m^2 benötigt [135].

$$\lambda_F = \frac{k_B \times T}{\sqrt{2} \times \sigma \times p} \tag{3.2}$$

Eine Darstellung temperatur- und druckabhängiger physikalischer Größen des Mediums Argon sind in Tabelle 3.3 gegeben. Da die Prozesskammer nur einen kleinen Überdruck aufweist, wird Umgebungsdruck als Randbedingung angenommen.

Tabelle 3.3 – Physikalische Größen des Mediums Argon [136]

Physikalische Größe	Betrag bei 303 K und 101325 $kg \times m^{-1} \times s^{-2}$
Dichte ρ_F	1,607 $kg \times m^{-3}$
Dynamische Viskosität μ_F	$22{,}874\times10^{-6}$ $kg \times m^{-1} \times s^{-1}$
Mittlere freie Weglänge λ_F	$81{,}1\times10^{-9}$ m

3.2 Messmethoden und -geräte

Nachfolgend werden die im Rahmen dieser Arbeit angewandten Messmethoden zur lokalen Quantifizierung von Prozess- sowie Bauteilcharakteristika beschrieben. Ebenfalls werden die hierfür verwendeten Messgeräte und deren Funktionsweisen vorgestellt. Die Unterteilung erfolgt in die drei Prozesscharakteristika der Energieeinkopplung, des Pulverauftrags und der Schutzgasströmung sowie in die daraus resultierenden Bauteilcharakteristika.

3.2.1 Energieeinkopplung

Im Weiteren werden Methoden zur Quantifizierung der Laserstrahlform und -leistung dargestellt. Im Einzelnen werden die Messmethoden der opto-mechanischen Abtastung, der optischen Koordinatenmesstechnik und der Kalorimetrie verwendet.

Opto-mechanische Abtastung

Die Quantifizierung rotationssymmetrischer Laserstrahlung wird gemäß DIN EN ISO 11146-1 [137] definiert. Zur Bestimmung des orthogonal eintreffenden Laserstrahlprofils auf die Bauebene wird das opto-mechanisch abtastende Messgerät FocusMonitor FMW+ der Firma PRIMES GmbH verwendet. Die Laserstrahlung wird hierbei mittels einer rotierenden Messspitze erfasst, die zeilenweise den Strahlquerschnitt abtastet. Durch eine koaxial eingebrachte Bohrung innerhalb der Messspitze wird ein Anteil der Laserstrahlung ausgekoppelt, zur Rotationsachse reflektiert und für Wellenlängen im nahen Infrarotbereich mittels einer Fotodiode erfasst. Das Messsignal wird anschließend durch die LaserDiagnosticSoftware 2.98 des Herstellers analysiert [138]. Die Änderung der Messebene erfolgt hierbei durch die z-Achsenverfahrung der PBF-LB/M-Anlage [139].

Optische Koordinatenmesstechnik

Neben der Erfassung des orthogonal eintreffenden Laserstrahlprofils wird mittels optischer Koordinatenmesstechnik eine Quantifizierung der lokalen Laserstrahlbreite ermöglicht. Dies erfolgt durch die relative Veränderung der Position eines belichteten Kreuzmusters in Relation zu den x- und y-Koordinaten bei einer Änderung der Bauplattformhöhe. Darüber hinaus kann ebenfalls durch eine Quantifizierung von gepulsten Einzelspuren die Scangeschwindigkeit ermittelt werden. Bei beiden Auswertungen werden die Ausmaße und Relationen von Einzelspuren vermessen und für Rückschlüsse auf die Prozesscharakteristika verwendet. Die Vermessungen im Rahmen dieser Arbeit werden mit dem Messgerät Quick-Scope QS-L200Z und einem Objektiv mit 3,5-facher Vergrößerung der Firma Mitutoyo Corporation durchgeführt.

Kalorimetrie

Die Quantifizierung der Laserleistung wird gemäß DIN EN ISO 11554 definiert [140]. Bei der Kalorimetrie wird die Temperatur eines Absorbers zwischen Beginn und Ende eines Energieeintrages gemessen. Aufgrund der thermischen Eigenschaften des Absorbers und der Temperaturänderung über das definierte Zeitintervall kann die Laserleistung berechnet werden. Die Quantifizierung im Rahmen dieser Arbeit wird durch das Messgerät Cube M der Firma PRIMES GmbH ermöglicht. Hierdurch kann eine Leistungsmessung innerhalb der Prozesskammer durchgeführt werden [141].

3.2.2 Pulverauftrag

Nachfolgend werden Messmethoden zur Quantifizierung des Pulverauftrags sowie der Pulvermorphologie dargestellt. Durch die Messverfahren der dynamischen Bildanalyse und der optischen Triangulation werden sowohl die Charakterisierung der Pulverpartikel als auch der Pulverschicht innerhalb der Prozesskammer ermöglicht.

Dynamische Bildanalyse

Die dynamische Bildanalyse beruht auf dem Prinzip der digitalen Bildverarbeitung und wird gemäß ISO 13322-2 definiert [142]. Die Analyse der Pulverpartikelgrößenverteilung wird unter Zuhilfenahme des Messgeräts Camsizer X2 der Firma Microtrac Retsch GmbH durchgeführt. Bei diesem Messgerät passiert ein dispergierter Partikelstrom zwei LED-Stroboskoplichtquellen. Die entstehenden Schattenprojektionen werden von zwei Digitalkameras erfasst. Die Verwendung von zwei Digitalkameras ermöglicht die Analyse der Pulverpartikel in zwei Auflösungsbereichen. Die Helligkeit, Pulslänge und Lichtfeldgröße wird für jede Digitalkamera durch jeweils eine der LED-Stroboskoplichtquellen eingestellt. Anschließend können die Partikeldurchmesser analysiert sowie die daraus resultierende Pulverpartikelgrößenverteilung berechnet werden [143].

Optische Triangulation

Durch das Messverfahren der optischen Triangulation wird die Quantifizierung von zweidimensionalen Oberflächenprofilen innerhalb der Prozesskammer ermöglicht. Die Messungen im Rahmen dieser Arbeit werden mit dem Messgerät ScanControl 2900-50 der Firma Micro-Epsilon Messtechnik GmbH & Co. KG durchgeführt. Bei diesem Messgerät wird ein Laserstrahl auf eine Messoberfläche projiziert. Das von der Oberfläche diffus reflektierte Licht wird mittels einer Empfangsoptik auf eine Sensormatrix abgebildet. Die Matrix ist gemäß der Scheimpflug-Bedingung angeordnet um eine gleichbleibende Bildschärfe entlang der z-Achse zu gewährleisten. Anschließend werden die Abstandsinformationen in z-Richtung sowie die Position entlang der Laserlinie berechnet. Um eine dreidimensionale Quantifizierung der Pulverschicht zu erreichen, wird eine Traversierung des Sensors durch die Linearführung des Auftragswerkzeugs ermöglicht [144].

3.2.3 Schutzgasströmung

Durch die nachfolgenden Messmethoden des Differenzdruckverfahrens und der sogenannten „Particle Image Velocimetry“ wird eine Quantifizierung der Schutzgasströmung ermöglicht.

Differenzdruckverfahren

Das Differenzdruckverfahren gemäß DIN EN ISO 5167-1 ermöglicht die Quantifizierung von Volumenströmen [145]. Bei der Anwendung mittels Messblende wird mittels einer Querschnittsverengung eine Beschleunigung der Strömung gemäß der Bernoulli-Gleichung bewirkt. Auf Basis des resultierenden Differenzdrucks können anschließend präzise Rückschlüsse auf den Volumenstrom gezogen werden [146]. Für die Quantifizierung des Volumenstroms wird eine Konus-Messblende des Typs VB02QE01N der Firma McCrometer Inc. zwischen der Patronenfiltereinheit und der PBF-LB/M-Anlage installiert [147].

Particle Image Velocimetry

Die sogenannte „Particle Image Velocimetry“ (PIV) ist ein optisches Geschwindigkeitsmessverfahren. Vorteil dieser Verfahren ist eine berührungslose und störungsfreie Quantifizierung von Strömungsgeschwindigkeiten. Für diese Verfahren ist allerdings die Zugabe von zu detektierenden Partikeln erforderlich [148]. Die Quantifizierung erfolgt mittels zwei sCMOS-Kameras (englisch: Scientific Complementary Metal-Oxide-Semiconductor) des Typs pco.edge 5.5 der Firma PCO AG [149]. Die Kameras sind mit Objektiven einer Brennweite von 50 mm und Scheimpflugadaptern ausgestattet. Die Beleuchtung der Partikel in der Messebene wird mittels eines Quantel EverGreen Lasersystems und einer Lichtschnittoptik realisiert. Durch Partikelverfolgung in einer optischen Bildebene mittels stereoskopischer PIV erfolgt anschließend eine dreidimensionale Quantifizierung des Strömungsfelds und der dazugehörigen Geschwindigkeitskomponenten.

3.2.4 Bauteilcharakteristika

Abschließend werden Messmethoden zur Quantifizierung von Bauteilcharakteristika vorgestellt. Im Einzelnen werden die optische Tomografie, das Reflexionsschallverfahren sowie die Fokus-Variation im Rahmen dieser Arbeit verwendet.

Optische Tomografie

Durch den schichtweisen Aufbau des PBF-LB/M-Verfahrens können örtlich aufgelöste Informationen über das Schmelzbadverhalten und der resultierenden Bauteilcharakteristika detektiert werden [62]. Die Verwendung einer Online-Prozessüberwachung ermöglicht die frühzeitige Detektion und Quantifizierung von Prozessabweichungen [150]. Mittels Detektionswahrscheinlichkeitsstudien können Indikationen darüber hinaus realen Volumenfehlern gegenübergestellt und eine Korrelation identifiziert werden [151]. Infolgedessen können für den Herstellungsprozess Volumenfehler frühzeitig identifiziert sowie potenziell Fertigungskosten reduziert werden [62].

Die optische Tomografie als in-situ Prozessüberwachung ermöglicht eine kontinuierliche Detektion der thermischen Emission des Schmelzvorgangs sowie von systematischen und singulären Prozessabweichungen [62]. Die Quantifizierung erfolgt mittels einer thermisch stabilisierten sCMOS-Kamera des Typs pco.edge 5.5 der Firma PCO AG [149]. Die geometrische Auflösung des Überwachungssystems wird durch die zur Verfügung stehende Auflösung der Kamera definiert. Aufgrund der exzentrischen Positionierung der Kamera werden die Aufnahmen zusätzlich durch eine geometrische Kalibrierung korrigiert. Die Grauwerte pro Schicht werden in einzelnen Bildsequenzen aggregiert und je Schicht in Integral- und Maximalbildern zusammengefasst [152]. Die Detektion der emittierten thermischen Strahlung erfolgt im nahinfraroten Spektrum bei einer Wellenlänge von 900,0 nm ± 12,5 nm und liegt für den gewählten Parametersatz bei einer Signalstärke von ca. 25 % der maximalen Sättigung. Gemäß LADEWIG resultieren Balling-Effekte der Typen 3a und 3b insbesondere in größeren Grauwerten verglichen zu einem ungestörten Schmelzprozess [62]. Als Zielgröße der optischen Tomografie wird im Rahmen dieser Arbeit infolgedessen die relative Fläche einer Signalstärke größer 40 % und 50 % in den Diskontinuitätskennwerten $OT_{40\,\%}$ und $OT_{50\,\%}$ definiert.

Reflexionsschallverfahren

Das Reflexionsschallverfahren ist eine zerstörungsfreie Prüfmethode für die Detektion von Materialfehlern. Diese Indikationen werden unter dem Begriff der Diskontinuität definiert. Die Quantifizierung erfolgt anhand von einem Sender ausgesendeten Schallimpulsen. Für die orthogonale Einkopplung werden Longitudinalwellen im Ultraschallbereich verwendet. Diese Wellen werden an Diskontinuitäten reflektiert und können anschließend durch einen Empfänger aufgenommen werden. Charakteristisch für das verwendete Impuls-Echo-Verfahren ist die Nutzung des Sensors als Sender und Empfänger [153]. Im Rahmen dieser Arbeit wird eine Ultraschall-Tauchtechnikprüfanlage vom Typ ScanMaster LS-200 der Firma ScanMaster Systems Ltd. mit destilliertem Wasser als Koppelmedium verwendet [154]. Die Oberflächenrauheit der Probekörper wird vor der Messung gemäß DIN EN ISO 16810 durch ein Flachschleifen vorbereitet [155]. Durch die Oberfläche wird bei diesem Verfahren die Prüfempfindlichkeit definiert. Als Mindestanforderung gilt eine Rauheit kleiner einem Zehntel der Wellenlänge [153]. Die Wellenlänge λ kann gemäß Gleichung (3.3) durch die Schallgeschwindigkeit c_s der Welle im Medium und der Frequenz f des Sensors berechnet werden.

$$\lambda = \frac{c_s}{f} \tag{3.3}$$

Des Weiteren wird durch die Wellenlänge λ bei frequenzabhängigen Prüfverfahren die erfassbare Größenordnung der Diskontinuitäten definiert. Diese liegt im Bereich von 20 % bis 50 % der Wellenlänge [153]. Die Schallgeschwindigkeit c_S der Longitudinalwelle ist durch das anisotrope Verhalten des aufgebauten Materials richtungsabhängig. In Aufbaurichtung kann für den gefertigten Werkstoff eine Schallgeschwindigkeit c_S von 5600 $\mathrm{m} \times \mathrm{s}^{-1}$ angenommen werden [53]. Die Frequenz f des Prüfkopfs UTX IX-139 beträgt 10^7 Hz [156]. Voruntersuchungen durch Metallografie und Computertomografie zeigen beim verwendeten Werkstoff eine zuverlässige Detektion von Lagenbindefehlern größer 200 µm durch das Reflexionsschallverfahren. Durch die flächige Ausprägung orthogonal zur Schalleinkopplung ist dieser Fehlertyp für die zerstörungsfreie Detektion geeignet [157]. Aufgrund des Eintritts- und Rückwandechos am Übergang des Mediums werden oberflächennahe Bereiche mittels einer Messblendeneinstellung innerhalb der Messung ausgeblendet. Abschließend wird aufgrund der Schallschwächung innerhalb des Werkstoffs ein Dämpfungskorrekturfaktor von 0,1 $\mathrm{dB} \times \mathrm{mm}^{-1}$ eingestellt. Durch die Amplitude des Signalechos ist die Bestimmung der Diskontinuitätsausdehnung möglich. Hierfür erfolgt eine Kalibrierung auf den Ersatzreflektor einer Flachbodenbohrung. Durch anschließende Änderung der Messposition in xy-Ebene und erneute Aufnahme kann eine zweidimensionale Visualisierung der lokalen Indikationen als sogenanntes C-Bild dargestellt werden. In diesem werden die maximalen Echoamplituden je Messposition dargestellt [153]. Als Zielgröße wird die relative Fläche einer Signalstärke größer 20 % und 80 % respektive einem Ersatzfehler größer 200 µm und 400 µm in den Diskontinuitätskennwerten $RS_{20\,\%}$ und $RS_{80\,\%}$ definiert. Diskontinuitäten kleiner einer Signalstärke von 20 % respektive kleiner einem Ersatzfehler von 200 µm werden im Rahmen dieser Arbeit nicht betrachtet.

Fokus-Variation

Zur quantitativen Beschreibung der Oberflächentopografie können eine Vielzahl von Kenngrößen herangezogen werden. Standardmäßig findet in der Industrie die Profilrauheitsmessung mittels Tastschnittverfahren Anwendung [158]. Für die Quantifizierung an additiven Oberflächen wird allerdings die Verwendung von Flächenrauheitskennwerten empfohlen [95]. Die flächenbezogenen Kenngrößen werden gemäß DIN EN ISO 25178-2 klassifiziert [159].

Im Rahmen dieser Arbeit werden unterschiedliche flächenbezogene Kenngrößen verwendet. Die mittlere arithmetische Höhe S_a stellt den meist verwendeten Flächenrauheitskennwert im Bereich der additiven Verfahren dar [158]. Diese ist eine Erweiterung des linienbezogenen arithmetischen Mittelwerts R_a und kann gemäß Gleichung (3.4) durch die Höhe z eines jeden Punkts im Vergleich zum arithmetischen Mittel der Oberfläche innerhalb eines Definitionsbereichs der Fläche A berechnet werden [159].

$$S_a = \frac{1}{A} \iint_A |z(x,y)| \, dx \, dy \tag{3.4}$$

Die maximale Höhe S_z stellt ebenfalls einen Höhenparameter als Oberflächenkenngröße dar. Dieser Parameter ist definiert als die Differenz aus der maximalen Höhe z_{max} und der minimalen Höhe z_{min} innerhalb des Definitionsbereichs [159]. Die Berechnung der Kenngröße erfolgt gemäß Gleichung (3.5).

$$S_z = z_{max} - z_{min} \tag{3.5}$$

Nach GRIMM et al. werden die optischen Kenngrößen S_{dr} und S_{dq} für die Quantifizierung additiver Oberflächen empfohlen [95].

Diese nachfolgenden Kenngrößen stellen aufgrund des Aufbaus sogenannte Hybridparameter in der Oberflächenanalyse dar. Der mittlere quadratische Gradient der skalenbegrenzten Oberfläche S_{dq}, gemäß Gleichung (3.6), bildet den quadratischen Mittelwert der Steigungen innerhalb des Definitionsbereichs [159].

$$S_{dq} = \sqrt{\frac{1}{A}\iint_A \left[\left(\frac{\partial z(x,y)}{\partial x}\right)^2 + \left(\frac{\partial z(x,y)}{\partial y}\right)^2\right] dx\, dy} \qquad (3.6)$$

Das entwickelte Übergangsflächenverhältnis einer skalenbegrenzten Oberfläche S_{dr} stellt hingegen gemäß Gleichung (3.7) das Verhältnis zwischen der wahren und der projizierten Oberfläche dar [159].

$$S_{dr} = \frac{1}{A}\iint_A \left[\sqrt{1 + \left(\frac{\partial z(x,y)}{\partial x}\right)^2 + \left(\frac{\partial z(x,y)}{\partial y}\right)^2} - 1\right] dx\, dy \qquad (3.7)$$

Die optische Flächenrauheitsvermessung erfolgt im Rahmen dieser Arbeit mittels eines InfiniteFocusSL der Firma Alicona Imaging GmbH. Bei diesem Messprinzip der Fokus-Variation wird moduliertes Weißlicht auf die zu messende Oberfläche fokussiert. Das von der Oberfläche reflektierte Licht trifft anschließend über einen Spiegel und ein Objektiv mit geringer Schärfentiefe auf einen lichtempfindlichen Sensor. Durch Verfahren des Sensorkopfes entlang der optischen Achse kann der Schärfebereich über die Topografie des Messobjektes variiert werden. Auf Basis der Schärfevariation kann anschließend ein topografisches Höhenprofil der zu messenden Oberfläche berechnet werden [160]. Abschließend wird eine Formreduzierung der Oberflächenwelligkeit gemäß DIN EN ISO 16610-61 mittels eines Gauß-Filters für planare Flächen durchgeführt [161].

3.3 Statistische Analysemethoden

Mittels Verwendung statistischer Analysemethoden werden im Rahmen dieser Arbeit Korrelationen sowie Interaktionen zwischen Prozess- und Bauteilcharakteristika quantifiziert. Hierfür werden im Einzelnen die Themen der Homogenitätsanalyse sowie der multiplen Regressionsanalyse vorgestellt. Für eine detaillierte Behandlung der jeweiligen Themengebiete sei hingegen auf weiterführende Literatur verwiesen.

3.3.1 Homogenitätsanalyse

Nach der Quantifizierung der Messdaten werden diese auf eine Bauraumpositionsabhängigkeit untersucht. Infolgedessen sollen Prozesscharakteristika, die keine signifikanten lokalen Variationen aufweisen, als solche identifiziert und im weiteren Rahmen vernachlässigt werden. Für die Homogenitätsanalyse werden die Messdaten mittels eines sogenannten Cramér-von-Mises-Tests hinsichtlich der Verteilungsunterschiede analysiert. Für die Bewertung werden die Messdaten in zwei Stichprobenumfänge unterteilt und gemäß der Summe ihrer quadrierten Ordinatendifferenz der Summenkurven verglichen. Bei Überschreitung eines Bewertungskriteriums C_α wird die Nullhypothese der Homogenität abgelehnt und eine signifikante lokale Variation kann identifiziert werden. Die Prüfgröße $\hat{C}$ wird gemäß Gleichung (3.8) durch die Stichprobenumfänge $n_{s,1}$ und $n_{s,2}$ sowie durch die Ordinatendifferenz D zwischen den jeweiligen empirischen Verteilungsfunktionen als Funktion der Laufvariable i definiert. Das Bewertungskriteriums C_α ist gemäß HEDDERICH & SACHS lediglich vom ausgewählten Signifikanzniveau abhängig [162].

$$\hat{C} = \frac{n_{s,1} \times n_{s,2}}{\left(n_{s,1} + n_{s,2}\right)^2} \times \sum_{i=1}^{n_{s,1}+n_{s,2}} D_i^{\,2} \qquad (3.8)$$

3.3.2 Multiple Regressionsanalyse

Zur quantitativen Beschreibung der Zusammenhänge zwischen lokalen Prozess- und Bauteilcharakteristika werden im Rahmen dieser Arbeit Regressionsanalysen durchgeführt. Die Darstellung von Zusammenhängen multipler Variablen in Regressionsmodellen führt zu einem besseren Verständnis, ermöglicht Prädiktionen und unterstützt Entscheidungsprozesse. Ausgangsbasis ist die Darstellung exogener Variablen x als Funktion der Laufvariable i in einem linearen Prädiktor η_{lin}. Wie in Gleichung (3.9) definiert, wird der Einfluss der exogenen Variablen x jeweils mit einem Regressionskoeffizienten b beschrieben. Zusätzlich wird eine Regressionskonstante b_0 verwendet [163].

$$\eta_{lin} = b_0 + \sum_{i=1}^{n} b_i \times x_i \tag{3.9}$$

Die multiple lineare Regression ist ein statistisches Analyseverfahren, um die Abhängigkeit einer endogenen Variable y zu einem linearen Prädiktor η_{lin} darstellen zu können. Gemäß Gleichung (3.10) sollen hierbei die systematischen Komponenten eines Regressionsmodells von der stochastischen Komponente ϵ getrennt werden [163].

$$y = \eta_{lin} + \epsilon \tag{3.10}$$

Während die multiple lineare Regression für kontinuierliche Daten geeignet ist, sind insbesondere binäre oder kategoriale Zusammenhänge hierdurch nicht abbildbar. In diesen Fällen bietet die binomiale logistische Regression die Möglichkeit, Wahrscheinlichkeiten eines binären Zustands der endogenen Variable $y \in \{0, 1\}$ vorherzusagen. Gemäß Gleichung (3.11) wird die Wahrscheinlichkeit P des binären Zustands in Abhängigkeit des linearen Prädiktors η_{lin} durch eine monoton steigende Kopplungsfunktion F abgebildet [163].

$$P(y = 1) = F(\eta_{lin}) \tag{3.11}$$

Die monoton steigende Kopplungsfunktion F wird hierbei auf das Intervall $[0, 1]$ beschränkt. Erfolgt gemäß Gleichung (3.12) die Transformation mittels einer logistischen Sigmoidfunktion, wird von einem sogenannten Logit-Modell gesprochen. Obwohl weitere Kopplungsfunktionen vorhanden sind, wird das Logit-Modell aufgrund der Interpretierbarkeit anderen Funktionen klassisch vorgezogen [163].

$$F(\eta_{lin}) = \frac{e^{\eta_{lin}}}{1 + e^{\eta_{lin}}} \tag{3.12}$$

Variablen-Transformation und -Interaktion

Neben der ausschließlichen Verwendung exogener Variablen x bietet die Regressionsanalyse die Möglichkeit stetige Transformationen Λ sowie Interaktionen der Variablen zu berücksichtigen. Die einzelnen stetig transformierten Variablen $x^{(\Lambda)}$ werden gemäß Gleichung (3.13) mittels der sogenannten Yeo-Johnson-Transformation erstellt. Diese Transformation ermöglicht die Verarbeitung von negativen Messdaten. Die angewandte Transformation wird im Rahmen dieser Arbeit aufgrund der Interpretierbarkeit sowie des Rechenaufwands auf die stetigen Transformationen $\Lambda \in \{-2; -1; -0{,}5; 0; 0{,}5; 1; 2\}$ beschränkt [164].

$$x^{(\Lambda)} = \begin{cases} \frac{[(x+1)^{\Lambda} - 1]}{\Lambda} & für\ \Lambda \neq 0, x \geq 0 \\ \log(x+1) & für\ \Lambda = 0, x \geq 0 \\ -\frac{[(-x+1)^{(2-\Lambda)} - 1]}{(2-\Lambda)} & für\ \Lambda \neq 2, x < 0 \\ -\log(-x+1) & für\ \Lambda = 2, x < 0 \end{cases} \tag{3.13}$$

Darüber hinaus werden paarweise Interaktionen exogener Variablen und deren Transformationen berücksichtigt. Die Anzahl n_I an untersuchten Einflussgrößen unter Verwendung von Transformationen und Interaktionen kann gemäß Gleichung (3.14) ermittelt werden. Hierbei wird die Anzahl n_x an exogenen Variablen sowie die Anzahl n_T an jeweiligen Transformationen verwendet. Darüber hinaus erfolgt in Gleichung (3.14) eine Vernachlässigung von paarweisen Interaktionen innerhalb einer exogenen Variable.

$$n_I = n_x \times n_T + \frac{(n_x \times n_T)!}{2!\,(n_x \times n_T - 2)!} - \frac{n_x({n_T}^2 - n_T)}{2} \qquad (3.14)$$

Einheitenunabhängige Vergleichbarkeit mittels Studentisierung

Zusätzlich zu Gleichung (3.9) wird eine Darstellung des linearen Prädiktors η_{lin} mittels studentisierten Regressionskoeffizienten β verwendet. Durch den Vorgang der Studentisierung wird eine einheitenunabhängige Vergleichbarkeit der Variablen sowie eine anschließende Einflussevaluation ermöglicht. Die Studentisierung erfolgt durch Transformation des Datensatzes, sodass je exogener Variable x die resultierenden Werte des arithmetischen Mittels 0 sowie der Stichprobenvarianz 1 sind. Infolgedessen wird der lineare Prädiktor η_{lin} aus Gleichung (3.9) gemäß Gleichung (3.15) durch die jeweiligen arithmetischen Mittel $\bar{x}$ sowie Stichprobenvarianzen ${s_x}^2$ der exogenen Variablen als Funktion der Laufvariable i angepasst. Durch die Studentisierung entfällt die Regressionskonstante b_0 [165].

$$\eta_{lin,stu} = \sum_{i=1}^{n} \beta_i \times \frac{x_i - \bar{x}_i}{{s_{x_i}}^2} \qquad (3.15)$$

Modellvalidierung

Nach der Bildung eines Regressionsmodelles bedarf es stets einer Validierung, wobei drei unterschiedliche Konzepte hierfür herangezogen werden können. Der Vergleich mit vorliegenden Erfahrungen und anerkannten Theorien, die Validierung der modellbedingten Erkenntnisse mittels Replikation der Beobachtungen sowie die Unterteilung der Daten in Trainings- sowie Testdaten [162]. Im Rahmen dieser Arbeit werden die drei Konzepte jeweils angewandt, um das Verständnis der Zusammenhänge zu erweitern. Während der Vergleich mit anerkannten Theorien in Abschnitt 5.4 stattfindet, wird die Replikation der Daten in Kapitel 7 durchgeführt.

Die Unterteilung der Daten bei der Bildung des Regressionsmodells wird mittels des sogenannten k-fachen Kreuzvalidierungsverfahrens durchgeführt. Hierbei werden die erhobenen Datenpunkte in n_k gleich große Untergruppen unterteilt. Eine Untergruppe wird für die Validierung der Daten verwendet, wohingegen die restlichen $n_k - 1$ Untergruppen zur Erzeugung des Regressionsmodells verwendet werden. Dieser Vorgang wird für jede der n_k Untergruppen angewandt, wobei die Unterteilung so gestaltet sein sollte, dass die n_k Gruppen eine homogene Verteilung aufweisen. Diese sogenannte stratifizierte k-fache Kreuzvalidierung wird im Rahmen dieser Arbeit durch eine Randomisierung der Daten und eine einfache Varianzanalyse von fünf Untergruppen gewährleistet. Die anschließende Validierung der Daten erfolgt unter Verwendung von Beurteilungsgrößen. Eine dieser verwendeten Beurteilungsgrößen stellt der mittlere quadratische Fehler MSE (englisch: mean squared error) dar. Dieser wird gemäß Gleichung (3.16) durch den Stichprobenumfang n_s, die endogene Variable y sowie durch die approximierte endogene Variable $\hat{y}$ des Regressionsmodells als Funktion der Laufvariable i berechnet [166].

$$MSE = \frac{1}{n_s} \times \sum_{i=1}^{n_s} (y_i - \hat{y}_i)^2 \tag{3.16}$$

Als weitere Beurteilungsgröße wird der mittlere absolute Fehler MAE (englisch: mean absolute error) angewandt, der gemäß Gleichung (3.17) dem Aufbau des MSE nachempfunden ist [166].

$$MAE = \frac{1}{n_s} \times \sum_{i=1}^{n_s} |y_i - \hat{y}_i| \tag{3.17}$$

Modellauswahlkriterien

Die Auswahl eines statistischen Modells zur Beschreibung der Korrelation kann durch diverse Kriterien erfolgen. Hierbei muss ein Kompromiss zwischen der Anpassungsgüte und der Komplexität des Modells gefunden werden. Um eine Überanpassung zu vermeiden, werden die nachfolgenden Informationskriterien verwendet. Die Modellauswahl wird abschließend auf Plausibilität überprüft. Das Akaike-Informationskriterium AIC ist das erste sowie eines der klassisch verwendeten Informationskriterien für die Modellwahl im Rahmen der wahrscheinlichkeitsbasierten Inferenz. Innerhalb des AIC wird die Anpassungsgüte eines Modells durch den Stichprobenumfang n_s sowie die Varianz der Störgrößen $\hat{\sigma}^2$ beschrieben. Darüber hinaus wird innerhalb des AIC die Komplexität des Modells bestraft. Die Überanpassung wird hierbei durch die Anzahl n_p an Parametern in Gleichung (3.18) beeinflusst. Eine bessere Modellanpassung wird durch einen kleineren AIC-Wert signalisiert [163].

$$AIC = n_s \times \log(\hat{\sigma}^2) + 2 \times (n_p + 1) \tag{3.18}$$

Das Bayes-Informationskriterium BIC ist dem Aufbau des AIC nachempfunden wie Gleichung (3.19) entnommen werden kann. Der

Strafterm ist allerdings durch Einbindung des Stichprobenumfangs n_s insbesondere bei komplexen Modellen stärker ausgeprägt. Analog zum AIC wird eine bessere Modellanpassung durch einen kleineren BIC-Wert dargestellt [163].

$$BIC = n_s \times \log(\hat{\sigma}^2) + \log(n_s) \times (n_p + 1) \tag{3.19}$$

Modellbildung

Mittels Vorwärts-Selektion wird je Iteration eine signifikante exogene Variable x in das Regressionsmodell hinzugefügt, wodurch die Modellauswahlkriterien AIC und BIC der fünf Untergruppen minimiert werden. Der Algorithmus wird terminiert, wenn keine weitere Reduzierung der Modellauswahlkriterien möglich ist. Darüber hinaus wird mittels Rückwärts-Elimination je Iteration überprüft, ob das Entfernen einer bereits zum Regressionsmodell hinzugefügten exogenen Variable x die Modellauswahlkriterien ebenfalls reduzieren kann. Diese Kombination wird als schrittweise Regression bezeichnet [166]. Zusätzlich wird je Iteration die Kollinearität der exogenen Variablen untersucht, um korrelierende Daten zu identifizieren. Bei großer Kollinearität kann aufgrund der Konditionierung des Gleichungssystems keine eindeutige Bestimmung der Regressionskoeffizienten b und β ermöglicht werden. Um dem vorzubeugen, wird in diesem Fall eine Parametervernachlässigung durchgeführt. Die Kollinearität wird anhand des Varianzinflationsfaktors VIF bewertet. Dieser ist gemäß Gleichung (3.20) durch das Bestimmtheitsmaß R^2 definiert. Eine Kollinearität kann ab $VIF \geq 10$ angenommen werden. In diesem Fall sollte mindestens eine der exogenen Variablen in der Modellbildung nicht berücksichtigt werden [163].

$$VIF = \frac{1}{1 - R^2} \tag{3.20}$$

4 Versuchsvorbereitung und -definition

Nachfolgend werden die im Rahmen dieser Arbeit durchgeführten Versuche definiert und vorgestellt. Anfangs erfolgt eine Diskretisierung der Messposition und -dimension. Auf den definierten Messpositionen werden im weiteren Verlauf die einzelnen Versuche zur Quantifizierung und Lokalisierung von Prozess- und Bauteilcharakteristika ermöglicht. Im Weiteren erfolgt eine Beschreibung der lokalen Prozesscharakteristika, die durch die definierte Versuchsumgebung entstehen. Abschließend werden die resultierenden Bauteilecharakteristika der gefertigten Probekörper beschrieben. Innerhalb der Abschnitte der Prozess- sowie der Bauteilcharakteristika wird zusätzlich auf die verwendeten Messmethoden und die Vorgehensweise der einzelnen Versuche eingegangen.

4.1 Diskretisierung der Messposition und -dimension

Die Diskretisierung der Messposition und -dimension ermöglicht die Analyse lokaler Prozess- und Bauteilcharakteristika mittels multipler linearer Regression. Nachfolgend wird diese Vorbereitung der Messdaten inklusive des resultierenden Datenverlusts thematisiert.

4.1.1 Diskretisierung der Messpositionen

Im Rahmen dieser Arbeit wird die Bauplattform in 25 Messpositionen in einer homogen verteilten 5×5-Matrix unterteilt. Dadurch werden die kontinuierlichen Informationen als Funktion der Bauraumposition in diskrete Teilmengen partitioniert. Die einzelnen Messergebnisse werden anschließend als repräsentativ für die jeweilige Messposition definiert. Die Diskretisierung in 25 Messpositionen stellt dabei einen Kompromiss zwischen Messaufwand und Informationsverlust dar. Eine Darstellung der diskreten Messpositionen inklusive des dazugehörigen Koordinatensystems ist in Abbildung 4.1 gegeben.

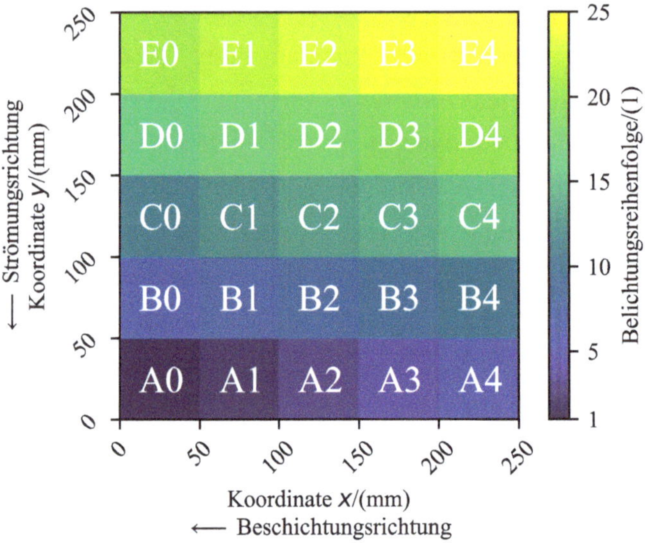

Abbildung 4.1 – Diskretisierung der Bauplattform in 25 Messpositionen mit Darstellung der dazugehörigen Belichtungsreihenfolge

4.1.2 Diskretisierung der Messdimension

Durch die Datenvorbereitung der Diskretisierung von Messpositionen wird die Analyse der multiplen linearen Regression vorbereitet. Die Diskretisierung der Messergebnisse ist allerdings auch mit einem gewissen Informationsverlust verbunden. Zeit-, flächen- oder volumenbezogene Messergebnisse werden infolgedessen durch einen eindimensionalen Wert repräsentiert. Die Berechnung der eindimensionalen, ausgehend von höherdimensionalen, Größen wird durch das arithmetische Mittel durchgeführt. Darüber hinaus wird durch Wiederholung der jeweiligen Messungen die statistische Aussagekraft der Ergebnisse vergrößert. Eine Darstellung der verwendeten Kenngrößen für die einzelnen Messergebnisse der Prozess- und der Bauteilcharakteristika kann Abschnitt 10.2 entnommen werden.

4.2 Versuchsdefinition lokaler Prozesscharakteristika

Unter dem Begriff der Prozesscharakteristika werden im Rahmen dieser Arbeit sämtliche Größen geführt, die durch die vorher definierte Versuchsumgebung gemäß Abschnitt 3.1 entstehen. Im Gegensatz zu der Versuchsumgebung sind Prozesscharakteristika sowohl innerhalb der Bauebene als auch über die Bauhöhe lokal variabel. Nachfolgend werden unterschiedliche Prozesscharakteristika vorgestellt und jeweils Vorgehensweisen zur lokalen Quantifizierung definiert. Die Unterteilung erfolgt in die Prozesscharakteristika Energieeinkopplung, Pulverauftrag, Schutzgasströmung sowie Bauauftragscharakteristika. Eine Beeinflussung der Prozesscharakteristika entlang der Bauhöhe wird jedoch im Rahmen dieser Arbeit vernachlässigt.

4.2.1 Energieeinkopplung

Zur analytischen Beschreibung der Energieeinkopplung beim PBF-LB/M findet in der Literatur neben linien-, flächen- oder volumenbezogener Energiedichte auch die Darstellung mittels normalisierter Enthalpie Anwendung. Der vorgeschlagene physikalische Zusammenhang von HANN et al. weißt neben der eingekoppelten Enthalpie auch die thermische Absorptivität sowie die Wärmeübertragung mittels Konduktion auf [167]. Anhand der normalisierten Enthalpie kann material- und anlagenunabhängig eine Korrelation zum Schmelzbadverhalten aufgestellt werden [168]. Nach KING et al. kann zusätzlich ab einem Schwellwert ein Übergang zwischen Wärmeleit- und Tiefschweißen festgestellt werden [169]. Die Linearität am Übergang der beiden Schweißmodi Wärmeleit- und Tiefschweißen stellt einen der wesentlichen Vorteile der normalisierten Enthalpie dar, da die linien-, flächen- und volumenbezogene Energiedichte dieses Verhalten nicht widerspiegeln können [170].

Die normalisierte Enthalpie stellt das Verhältnis zwischen der eingekoppelten spezifischen Enthalpie ΔH und der spezifischen Enthalpie bei Schmelztemperatur h_s dar [167]. In Gleichung (4.1) wird die normalisierte Enthalpie in einer erweiterten Form für Gauß-Intensitätsverteilungen einer elliptischen Strahlform aufgezeigt. Die einzelnen Größen sind die thermische Absorptivität η, die Laserleistung P_L, die Lasereinwirkzeit τ, die Schmelztemperatur T_m, die Dichte ρ_M des Materials, die spezifische Wärmekapazität c, die große und kleine Ellipsenhalbachse w_a und w_b sowie die Wärmediffusivität κ. Für die thermophysikalischen Eigenschaften Dichte $\rho_M(T)$, spezifische Wärmekapazität $c(T)$ und Wärmediffusivität $\kappa(T)$ werden die Werte bei Schmelztemperatur gemäß Tabelle 3.2 verwendet und als konstant angenommen. Diese Annahme der Temperaturunabhängigkeit stellt nach RUBENCHIK et al. keine qualitative Änderung dar [168].

$$\frac{\Delta H}{h_s} = \frac{2^{0,75} \times \eta \times P_L \times \sqrt{\tau}}{T_m \times \rho_M \times c \times w_a \times w_b \times \sqrt{\pi \times \kappa}} \tag{4.1}$$

Neben der Berechnung der Laserstrahlfläche mittels der beiden Ellipsenhalbachsen w_a und w_b wird, für die Darstellung einer elliptischen Gauß-Intensitätsverteilung, zusätzlich die Lasereinwirkzeit τ verändert. Diese wird in Gleichung (4.2) als Verhältnis des Laserstrahlprofils w_L in Abhängigkeit des Schweißrichtungswinkels υ und der Scangeschwindigkeit v_L dargestellt.

$$\tau = \frac{w_L(\upsilon)}{v_L} \tag{4.2}$$

Analytische Beschreibungen der Energieeinkopplung sind allerdings immer mit einer Simplifizierung der physikalischen Prozesseffekte verbunden [52]. Ungeachtet dessen kann an analytischen Gleichungen das physikalische Verhalten dargestellt werden. Die normalisierte Enthalpie beinhaltet neben materialspezifischen gemäß Unterabschnitt 3.1.2 ebenfalls anlagenbezogene Kenngrößen. Für diese wird durch die nachfolgenden Versuche eine lokale Quantifizierung ermöglicht. Eine Ausnahme stellt der Schweißrichtungswinkel υ dar, der aufgrund der hybriden Überlagerung von anlagen- und parameterbezogenen Kenngrößen erst in Unterabschnitt 4.2.4 behandelt wird.

Laserstrahlprofil mittels opto-mechanischer Abtastung

Für die Charakterisierung rotationssymmetrischer Laserstrahlung ist gemäß DIN EN ISO 11146-1 [137] lediglich eine Erfassung der Taillenlage z_0, des Taillenradius w_0 sowie des Divergenzwinkels θ des Laserstrahls erforderlich. Infolgedessen kann das Laserstrahlprofil w_L einer gaußförmigen Intensitätsverteilung in Abhängigkeit einer beliebigen Höhe z gemäß Gleichung (4.3) bestimmt werden [171].

$$w_L(z) = \sqrt{{w_0}^2 + [(z - z_0) \times \theta]^2} \tag{4.3}$$

Für die Abweichung zu einer beugungsbegrenzt ausgeprägten TEM_{00}-Mode wird die Laserstrahlung zusätzlich durch die Beugungsmaßzahl M^2 beschrieben [171]. Bei Verwendung dieser gaußförmigen Intensitätsverteilungen sind mehrere Definitionen für den Strahlradius möglich. Im Zuge dieser Arbeit wird der Strahlradius durch die Entfernung zur Strahlachse definiert, an der die Intensität $1 \times e^{-2}$ beträgt. Die Erfassung des Laserstrahlprofils erfolgt normgerecht auf 19 Ebenen der z-Achse über einen Bereich von vier Rayleigh-Längen [137]. Als Messverfahren wird die opto-mechanische Abtastung mittels des PRIMES FMW+ verwendet.

Laserstrahlwinkel mittels optischer Koordinatenmesstechnik

Neben der Erfassung des orthogonal eintreffenden Laserstrahlprofils wird durch die Quantifizierung der Laserstrahlazimut- und -polarwinkel χ und ψ eine bauraumpositionsabhängige elliptische Veränderung des rotationssymmetrischen Laserstrahlprofils beschrieben. Der Laserstrahl wird im Rahmen dieser Arbeit durch einen Vektor $\vec{l}$ von einem Punkt auf der Bauplattform zu dem dazugehörigen Punkt am f-θ-Objektiv dargestellt. Dieser Einheitsvektor kann ebenfalls durch die korrespondierenden Laserstrahlazimut- und -polarwinkel χ und ψ in sphärischen Koordinaten auf einer Ebene S_l parallel zum Einheitsvektor $\vec{k}$ der z-Achse beschrieben werden [105]. Eine schematische Darstellung der Laserstrahlwinkel inklusive des dazugehörigen Vektors ist in Abbildung 4.2 an einem Demonstrator gegeben.

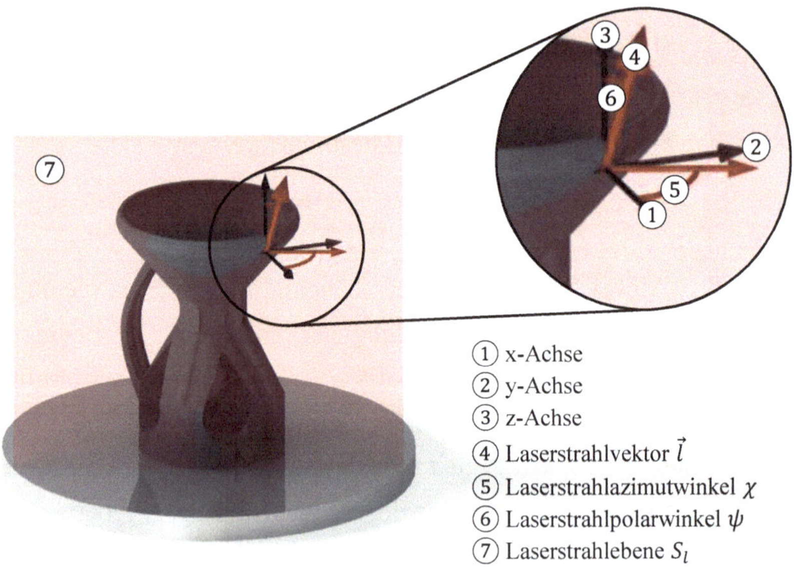

Abbildung 4.2 – Darstellung der Laserstrahlazimut- und -polarwinkel in Anlehnung an ROTT et al. [105]

Die bauraumpositionsabhängige elliptische Veränderung des Laserstrahlprofils wird durch die relative Veränderung der Position in Relation zu den x- und y-Koordinaten des orthogonal eintreffenden Laserstrahls beschrieben. Im vorliegenden Fall ist dieser Referenzpunkt im Mittelpunkt der Bauplattform an der Position L (125 mm | 125 mm). Für die Berechnung des Laserstrahlpolarwinkels ψ wird bei der Verwendung des f-θ-Objektivs zusätzlich die numerische Exzentrizität ε bestimmt. Diese kann gemäß Gleichung (4.4) mittels der großen und kleinen Ellipsenhalbachse w_a und w_b berechnet werden [105]. Die kleine Ellipsenhalbachse w_b ist hierbei identisch dem Taillenradius w_0. Im Rahmen dieser Arbeit wird der Laserstrahlpolarwinkel ψ, die große und kleine Ellipsenhalbachse w_a und w_b sowie die numerische Exzentrizität ε experimentell bestimmt. Diese werden durch die Positionsänderung eines belichteten Kreuzmusters auf Stahlplatten über einer Bauplattformhöhenänderung von 50 mm berechnet.

$$\varepsilon = \sqrt{1 - \left(\frac{w_b}{w_a}\right)^2} \quad mit\ w_a = \frac{w_0}{\cos\psi} \tag{4.4}$$

Die Veränderung des Laserstrahlpolarwinkels ψ führt neben einer Beeinflussung der projizierten Laserstrahlfläche ebenfalls zu einer veränderten thermischen Absorptivität η [171]. Für zirkular polarisierte Laserstrahlung bei einer Wellenlänge von 1070 nm kann dieser Einfluss allerdings bis ca. 40° vernachlässigt werden [125]. Auf eine Berücksichtigung im Rahmen dieser Arbeit wird infolgedessen verzichtet. Als weitere Randbedingung wird eine bauraumpositionsabhängige Veränderung des Laserstrahlprofils aufgrund von Aberrationen vernachlässigt. Laterale Strahlverschiebungen wie beispielsweise durch einen fehlerhaften Einbau der optischen Komponenten werden durch eine geometrische Kalibrierung des Scanfeldes ausgeglichen [172].

Laserleistung mittels Kalorimetrie

Für die Vermessung der Laserleistung P_L wird das Messgerät Cube M innerhalb der Prozesskammer positioniert. Die Laserleistung wird für die Volumenbelichtung von 285 W an den einzelnen Positionen bei einer Belichtungszeit von 1 s vermessen. Die Positionierung der Eintrittsapertur erfolgt dabei nicht in Bearbeitungsebene, sondern oberhalb der Fokuslage [141]. Da der Laserstrahl die Eintrittsapertur mittig treffen sollte, wird die Positionierung des Messgeräts gemäß Gleichung (4.5) angepasst. Infolgedessen kann die Position des Laserstrahls entlang der z-Achse durch die Höhe h des Messgeräts sowie die Laserstrahlazimut- und -polarwinkel χ und ψ berechnet werden.

$$\begin{pmatrix}\Delta x\\ \Delta y\end{pmatrix} = h \times \tan\psi \times \begin{pmatrix}\cos\chi\\ \sin\chi\end{pmatrix} \tag{4.5}$$

Scangeschwindigkeit mittels optischer Koordinatenmesstechnik

Für die Quantifizierung der Scangeschwindigkeit wird auf die Messmethode der optischen Koordinatenmesstechnik zurückgegriffen. Die Quantifizierung erfolgt an gepulsten Einzelspuren auf Stahlplatten mit einer Kantenlänge von 50 mm und einer Höhe von 5 mm. Um die Einzelspuren zu erzeugen, wird das Signal zum Laser abgegriffen und an einen Funktionsgenerator übergeben. Mittels Signalmodulation entsteht bei einer Frequenz f der Rechteckschwingung von 160 Hz eine definierte Einzelspurlänge. Bei einer Scangeschwindigkeit v_L von 960 mm × s^{-1} und einer Gesamtvektorlänge von 40 mm sollen folglich sieben Einzelspuren mit jeweils 3 mm Länge und Abstand untereinander entstehen. Die Scangeschwindigkeit v_L kann anschließend mittels Gleichung (4.6) durch die Frequenz f, die Messlänge l und die Anzahl n_f an Rechteckschwingungen berechnet werden.

$$v_L = f \times l \times {n_f}^{-1} \tag{4.6}$$

4.2.2 Pulverauftrag

Nachfolgend werden die Versuchsreihen zur Quantifizierung des Pulverauftrags definiert. Im Einzelnen werden die Pulverpartikelgrößenverteilung, die effektive Schichthöhe sowie die Prozessnebenprodukthöhe auf den diskreten Messpositionen quantifiziert.

Pulverpartikelgrößenverteilung mittels dynamischer Bildanalyse

Für die Pulverprobenentnahme wird ein Bauauftrag aus Hohlzylindern mit einer Bauhöhe von 30 mm und einer Gesamtflächenbelegung von 1 % verwendet. Das Fassungsvermögen der Hohlzylinder entspricht der Pulvermenge für drei Einzelmessungen mittels dynamischer Bildanalyse. Das Pulver wird nach Beendigung des Bauauftrags aus den jeweiligen Hohlzylindern entnommen und analog zu Untersuchungen von CHEN et al. und JACOB et al. analysiert [98, 99]. Obwohl diese Vorgehensweise der Probenentnahme nicht dem Standard gemäß DIN EN ISO 3954 entspricht, bietet die Fertigung der Hohlzylinder die Möglichkeit die Pulverproben repräsentativ für die Messpositionen unter Prozessbedingungen zu generieren [173].

Als Kenngrößen werden die Partikeldurchmesser d_{v10}, d_{v50} sowie d_{v90} verwendet. Diese stellen gemäß ISO 13320 jeweils das 10 %-, 50 %- respektive 90 %-Perzentil der volumenbezogenen kumulativen Partikelgrößenverteilung dar. Die Partikeldurchmesser werden mittels einer äquivalenten sphärischen Annäherung berechnet [174]. Neben den Partikeldurchmessern werden durch die Quantifizierung ebenfalls Informationen zur Verteilungsbreite gewonnen. Im Bereich der Partikelanalyse wird vorwiegend die Partikelspannweite Ξ verwendet [175]. Diese wird durch die vorher genannten Partikeldurchmesser d_{v10}, d_{v50} sowie d_{v90} gemäß Gleichung (4.7) berechnet.

$$\Xi = \frac{d_{v90} - d_{v10}}{d_{v50}} \tag{4.7}$$

Effektive Schichthöhe mittels optischer Triangulation

Die effektive Schichthöhe h_{eff} stellt die zu bereitstellende Menge an Pulver dar, um die nominale Schichthöhe nach dem Umschmelzprozess zu erhalten. Aufgrund der Schmelzbaddynamik, der Schüttdichte sowie entstehenden Prozessnebenprodukten übersteigt die zu bereitstellende Pulvermenge die nominale Schichthöhe um ein Vielfaches [176, 177]. Die Quantifizierung der effektiven Schichthöhe h_{eff} erfolgt mittels optischer Triangulation durch den Höhenvergleich der umgeschmolzenen Bauteile zu einer Referenzebene im Pulverbett. Prozessnebenprodukte auf den Bauteilen werden vor der Vermessung durch eine manuelle Absaugung entfernt, um einen Einfluss dieser vernachlässigen zu können. Die Rohdaten werden nivelliert und auf Basis ausgewählter Interessensbereiche der diskreten Messpositionen analysiert.

Prozessnebenprodukthöhe mittels optischer Triangulation

Die Prozessnebenprodukthöhe h_{spat} stellt die Menge an ausgeworfenen Pulverpartikeln und Schweißspritzern dar, die während des Bauprozesses auf den bereits belichteten Bauteilen landen. Diese Partikel weisen im Vergleich zum restlichen Pulver einen größeren Sauerstoffgehalt auf [41]. Durch Beimischung dieser Partikel mit dem aufzutragenden Pulver kann der Prozess lokal beeinflusst werden. Die Quantifizierung der Höhe erfolgt mittels optischer Triangulation. Hierbei werden die Bauteile nach Abschluss der Schicht analysiert und deren Höhenprofile aufgenommen. Anschließend werden die Prozessnebenprodukte auf den einzelnen Bauteilen manuell durch eine Absaugung entfernt. Durch erneute Vermessung der Höhenprofile kann die entfernte Prozessnebenprodukthöhe h_{spat} quantifiziert werden.

4.2.3 Schutzgasströmung

Nachfolgend werden Versuchsreihen zur Quantifizierung der Schutzgasströmung definiert. Mittels des Differenzdruckverfahrens wird der Volumenstrom der Fertigungsanlage bestimmt. Anschließend werden die Messergebnisse für die Einstellung an einem Kammernachbau verwendet, an dem mittels PIV Strömungsbetrag und -richtung bestimmt werden können. Die Quantifizierung mittels PIV erfolgte im Rahmen dieser Arbeit durch das Aerodynamische Institut der RWTH Aachen.

Volumenstrom mittels Differenzdruckverfahren

Die Vermessung des Volumenstroms dient der Einrichtung eines Kammernachbaus und wird nicht für weitere Korrelationen zu lokalen Bauteilcharakteristika verwendet. Grund hierfür ist, dass aufgrund der Messposition vor Eintritt in die Fertigungsanlage keine Aussage zu einer lokalen Ausprägung innerhalb der Prozesskammer getroffen werden kann. Für die Quantifizierung mittels Differenzdruckverfahren wird ein Segment der flexiblen Polyurethan-Verrohrung zwischen der separaten Patronenfiltereinheit und der Fertigungsanlage entfernt und durch eine Messblende ausgetauscht. Die Messung erfolgt über einen Zeitraum von 20 Minuten bei einer Frequenz von 10 Hz.

Strömungsbetrag und -richtung mittels PIV

Für die PIV-Messung ist die Zugabe von zu detektierenden Partikeln notwendig, die durch Zirkulation in der PBF-LB/M-Anlage verbleiben können und eine Kontaminationsgefahr darstellen. Darüber hinaus bietet die PBF-LB/M-Anlage nur begrenzt optische Zugänglichkeiten zur Durchführung der PIV-Messungen. Infolgedessen wird für die experimentelle Quantifizierung der Schutzgasströmung ein originalgetreues Modell der Prozesskammer der Versuchsanlage verwendet.

Da für die Vermessung aufgrund der Handhabung Luft anstatt Argon als Strömungsmedium verwendet werden soll, werden auf Basis der Reynolds-Ähnlichkeit die Versuchsbedingungen angepasst. Die Reynolds-Zahl Re ist in der Strömungsmechanik eine relevante dimensionslose Ähnlichkeitskennzahl, die das Verhältnis von Trägheits- und Zähigkeitskräften eines Strömungszustands beschreibt. Gemäß Gleichung (4.8) wird die Reynolds-Zahl Re einer Rohrströmung durch die relative Strömungsgeschwindigkeit $c_{\infty,F}$, den Rohrinnenradius r_{Rohr}, die Dichte ρ_F des Fluids sowie die dynamische Viskosität μ_F des Fluids bestimmt [130].

$$Re = \frac{2 \times c_{\infty,F} \times r_{Rohr} \times \rho_F}{\mu_F} \tag{4.8}$$

Mittels des vorher bestimmten Volumenstroms $\dot{V}$ sowie dem Rohrinnenradius r_{Rohr}, kann die relative Strömungsgeschwindigkeit $c_{\infty,F}$ gemäß Gleichung (4.9) berechnet werden.

$$c_{\infty,F} = \frac{\dot{V}}{{r_{Rohr}}^2 \times \pi} \tag{4.9}$$

Die Dichte ρ_F sowie die dynamische Viskosität μ_F des Fluids in Gleichung (4.8) werden für die Bedingungen der Prozesskammer aus Tabelle 3.3 entnommen. Als Bedingung für eine modellgetreue Abbildung der Strömungscharakteristika soll die Reynolds-Zahl des Kammernachbaus Re_{Luft} gleich der Reynolds-Zahl der PBF-LB/M-Anlage Re_{Ar} mit dem Medium Argon sein. Da keine Skalierung des Kammernachbaus in Relation zur PBF-LB/M-Anlage vorgenommen wird, kann die Berechnung gemäß Gleichung (4.10) auf die physikalischen Größen der Medien beschränkt werden.

$$\frac{c_{\infty,Luft} \times \rho_{Luft}}{\mu_{Luft}} \stackrel{!}{=} \frac{c_{\infty,Ar} \times \rho_{Ar}}{\mu_{Ar}} \tag{4.10}$$

Der Kammernachbau wird entgegen der PBF-LB/M-Anlage unter Umgebungstemperatur betrieben. Unabhängig des ermittelten Volumenstroms an der PBF-LB/M-Anlage $\dot{V}_{Ar}$ bei einer Temperatur von 303 K kann der Zusammenhang zum Volumenstrom am Kammernachbau $\dot{V}_{Luft}$ bei einer Temperatur von 293 K gemäß Gleichung (4.11) dargestellt werden. Bei beiden Vorrichtungen wird Umgebungsdruck als Randbedingung angenommen.

$$\dot{V}_{Luft,293\,K} = 0{,}8859 \times \dot{V}_{Ar,303\,K} \tag{4.11}$$

Während die Prozesskammer sowie die Rohrleitungen originalgetreu nachgebaut werden, werden für die strömungsführenden Elemente des Einlassströmungskrümmers sowie der Ein- und Auslassdüse Originalkomponenten der PBF-LB/M-Anlage verwendet. Die rechte Seitenwand sowie die Ober- und Vorderseite des Kammernachbaus werden für die optische Zugänglichkeit aus Plexiglas gefertigt. Um Laserreflexionen und Hintergrundrauschen in den Messungen zu reduzieren, werden die linke Seitenwand sowie die Rückwand geschwärzt. Die Oberflächenbeschaffenheit des Pulverbetts inklusive der dazugehörigen Partikeldurchmesser wird mittels am Boden angebrachtem Schleifpapier der Körnung 1200 dargestellt. Zur Strömungsvisualisierung werden hinter dem verbauten Radial-Hochdruckventilator über eine Zuleitung die zu detektierenden Partikel der Schutzgasströmung zugeführt. Als Medium werden Bis(2-ethylhexyl)sebacat-Partikel mit einem mittleren Durchmesser von ca. 1 µm verwendet. Die Validierung des Kammernachbaus erfolgt abschließend über lokale Hitzdrahtanemometriemessungen.

Mittels eines Kalibrierungsgitters erfolgt eine geometrische Kalibrierung der Kameraansicht, sodass eine Registrierung der Messdaten auf den Messbereich stattfindet. Die anschließende Verarbeitung der einzelnen Messdaten erfolgt unter Verwendung der Software PIVview 3.6.5 der Firma PIVTEC GmbH. Durch Partikelverfolgung in einer optischen Bildebene kann bei der stereoskopischen PIV das Vektorfeld in die Strömungsgeschwindigkeiten u, v und w innerhalb eines kartesischen Koordinatensystems unterteilt werden. Die Partikelverfolgung erfolgt mit einer Frequenz von 4 Hz in einer Messebene parallel zur xy-Ebene auf einer z-Höhe von 22,85 mm. Für die Quantifizierung der Schutzgasströmung erfolgt je Koordinate eine Reynoldssche Mittelung mehrerer Einzelmessungen. Infolgedessen entsteht ein sogenanntes ensemble-gemitteltes Strömungsfeld [178]. Exemplarisch wird dieser Vorgang für die Berechnung der mittleren Strömungsgeschwindigkeit $\bar{u}$ einer beliebigen Koordinate mittels der Anzahl n_E an Einzelmessungen sowie der instantanen Strömungsgeschwindigkeit u als Funktion der Laufvariable i in Gleichung (4.12) dargestellt.

$$\bar{u} = \frac{1}{n_B} \times \sum_{i=1}^{n_B} u_i \tag{4.12}$$

Durch die Diskretisierung der Messposition erfolgt eine weitere Mittelung der bereits gemittelten Strömungsgeschwindigkeit $\bar{u}$, $\bar{v}$ und $\bar{w}$. Im Rahmen dieser Arbeit werden jeweils zwei Kenngrößen der Schutzgasströmung verwendet. Der Zentralwert der Datenmenge wird durch den Median in den Strömungsgeschwindigkeiten u_{med}, v_{med} und w_{med} dargestellt. Lokale Geschwindigkeitsspitzen werden hingegen durch das 95 %-Quantil in den Kenngrößen der Strömungsgeschwindigkeiten $u_{q,95}$, v_{q95} und w_{q95} repräsentiert. Innerhalb der Regressionsanalyse werden diese Kenngrößen gleichermaßen verwendet.

4.2.4 Bauauftragscharakteristika

Während die drei vorherigen Abschnitte vorwiegend die verwendete Versuchsanlage behandeln, thematisiert der nachfolgende Abschnitt die lokalen Unterschiede der methodischen Vorbereitung des Bauauftrags. Dies beinhaltet im Einzelnen die Plattformbelegung, den Schweißrichtungswinkel, den Oberflächenazimut- und -polarwinkel, den Oberflächen-Laserstrahl-Relationswinkel, die normierte Wärmeleitungsbedingung sowie den Scan-Strömung-Relationswinkel. Die Bauteile der einzelnen Versuchsreihen werden stets homogen über die Bauplattform in den definierten diskreten Messpositionen positioniert. Die Belichtungsreihenfolge wird im Rahmen dieser Arbeit entgegen der Beschichtungsrichtung und der Schutzgasströmungsrichtung gewählt.

Plattformbelegung

Die Plattformbelegung Γ stellt die prozentuale Flächenbelegung der Bauplattform mit zu belichtenden Bauteilen dar. Diese wird gemäß Gleichung (4.13) als Verhältnis zwischen gesamter Bauteilfläche A_{BT} und Gesamtfläche A_{Ges} der Bauplattform definiert. Durch eine Erhöhung der Plattformbelegung entstehen mehr Prozessnebenprodukte, die Volumenfehler provozieren und indirekt die Materialeigenschaften beeinflussen können [74]. Dem entgegen steht die Anforderung einer großen Plattformbelegung aus wirtschaftlicher Sicht, um kosteneffizient herstellen zu können [179]. Infolgedessen ist stets eine Abwägung zwischen Bauteilanforderungen, potenzieller Ausschussrate und resultierenden Bauteilkosten zu treffen.

$$\Gamma = \frac{A_{BT}}{A_{Ges}} \tag{4.13}$$

Schweißrichtungswinkel

Um die Positionierung der Bauteile in Bezug zum Laserstrahlgang beschreiben zu können, wird der Schweißrichtungswinkel υ eingeführt. Diese Kenngröße beschreibt eine Abhängigkeit zwischen dem bauraumpositionsbedingten Laserstrahlazimutwinkel χ und dem Scanwinkel φ wie in Gleichung (4.14) dargestellt. Der Definitionsbereich des Schweißrichtungswinkels υ wird zwischen 0° und 180° beschränkt.

$$\upsilon = \begin{cases} |\varphi - \chi|, & wenn\ |\varphi - \chi| \leq \pi \\ 2\pi - |\varphi - \chi|, & sonst \end{cases} \tag{4.14}$$

Durch den Schweißrichtungswinkel υ werden zwei physikalische Zusammenhänge beschrieben. Zum einen definiert die Kenngröße die Schweißrichtung der Einzelspuren. Ein Schweißrichtungswinkel υ von 0° beschreibt eine schleppende Belichtung, in der die Laserstrahlung primär auf die Rückwand der Dampfkapillare trifft. Ein Wert von 180° stellt hingegen eine stechende Belichtung dar, in der die Laserstrahlung primär auf die Frontwand der Dampfkapillare trifft. Durch die Schweißrichtung wird bei der Laserstrahlbearbeitung sowohl die Neigung der Dampfkapillare als auch die Auswurfrichtung von Schweißspritzern beeinflusst [59, 180]. Zum anderen wird wie in Unterabschnitt 4.2.1 genannt die Energieeinkopplung durch Belichtung in longitudinaler und transversaler Ellipsenrichtung beeinflusst. Sowohl 0° als auch 180° für den Schweißrichtungswinkel υ sind kennzeichnend für die Belichtung in longitudinaler Ellipsenrichtung. Die Belichtung in transversaler Ellipsenrichtung ist durch einen Wert von 90° definiert. Das Laserstrahlprofil w_L als Funktion des Schweißrichtungswinkels υ kann gemäß Gleichung (4.15) berechnet werden.

$$w_L(\upsilon) = \frac{w_a \times w_b}{\sqrt{(w_a \times \sin \upsilon)^2 + (w_b \times \cos \upsilon)^2}} \tag{4.15}$$

Oberflächenazimut- und -polarwinkel

Die Oberflächenorientierung ist durch den Einfluss des Treppenstufeneffektes eine der klassisch verwendeten Kenngrößen in Rauheitsuntersuchungen additiver Bauteile [20]. Im Rahmen dieser Arbeit wird die Oberflächenorientierung durch die Oberflächennormale $\vec{n}$ an einem ausgewählten Punkt am Bauteil dargestellt, da im Vergleich zu einem Tangentenvektor die Normale eindeutig bestimmt werden kann. Dieser Einheitsvektor kann ebenfalls durch die korrespondierenden Oberflächenazimut- und -polarwinkel ξ und α in sphärischen Koordinaten auf einer Ebene S_n parallel zum Einheitsvektor $\vec{k}$ der z-Achse beschrieben werden. Beide Winkel werden durch die Bauteilgeometrie und -orientierung sowie durch die Bauauftragsvorbereitung festgelegt [105]. In Abbildung 4.3 werden die Oberflächennormale $\vec{n}$ sowie die Oberflächenazimut- und -polarwinkel ξ und α dargestellt.

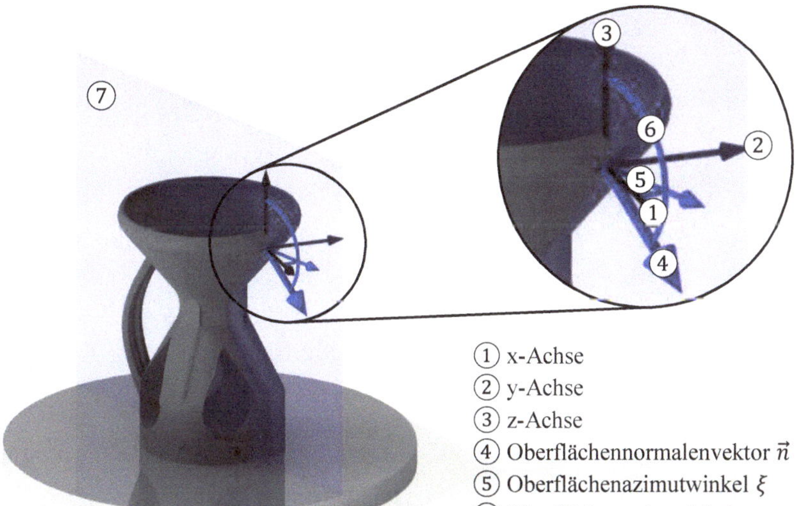

Abbildung 4.3 – Darstellung der Oberflächenazimut- und -polarwinkel in Anlehnung an Rott et al. [105]

Oberflächen-Laserstrahl-Relationswinkel

Die Interaktion zwischen Bauteilorientierung und -positionierung in Bezug zum Laserstrahl wurde erstmalig von KLESZCZYNSKI et al. für das PBF-LB/M-Verfahren identifiziert [12]. Eine Quantifizierung der Oberflächenorientierung in Relation zum Laserstrahl wird durch den Oberflächen-Laserstrahl-Relationswinkel ζ ermöglicht. Hierfür wird die Oberflächenorientierung durch die Oberflächennormale $\vec{n}$ am Bauteil beschrieben. Der bauraumpositionsabhängige Laserstrahl wird durch einen Vektor $\vec{l}$ von einem Punkt auf der Bauplattform zu dem dazugehörigen Laseraustrittspunkt am f-θ-Objektiv dargestellt [105]. Der Oberflächen-Laserstrahl-Relationswinkel ζ zwischen diesen beiden Vektoren kann gemäß Gleichung (4.16) berechnet werden.

$$\zeta = \measuredangle(\vec{n},\vec{l}) = arccos\left(\frac{\vec{n} \circ \vec{l}}{|\vec{n}| \times |\vec{l}|}\right) \tag{4.16}$$

Darüber hinaus kann der Oberflächen-Laserstrahl-Relationswinkel ζ ebenfalls durch die korrespondierenden Azimut- und Polarwinkel der Oberflächennormalen $\vec{n}$ und des Laserstrahlvektors $\vec{l}$ in sphärischen Koordinaten bestimmt werden [105]. Die Berechnung mittels Oberflächenazimut- und -polarwinkel ξ und α sowie Laserstrahlazimut- und -polarwinkel χ und ψ erfolgt gemäß Gleichung (4.17).

$$\begin{aligned} \zeta = arccos[&\cos\alpha \times \cos\psi \\ &+ \sin\alpha \times \sin\psi \times cos(\xi - \chi)] \end{aligned} \tag{4.17}$$

Die Werte des Oberflächen-Laserstrahl-Relationswinkels ζ können zwischen 0° und 180° variieren. Schematisch ist dieser Winkel in Abbildung 4.4 an einem Demonstrator dargestellt.

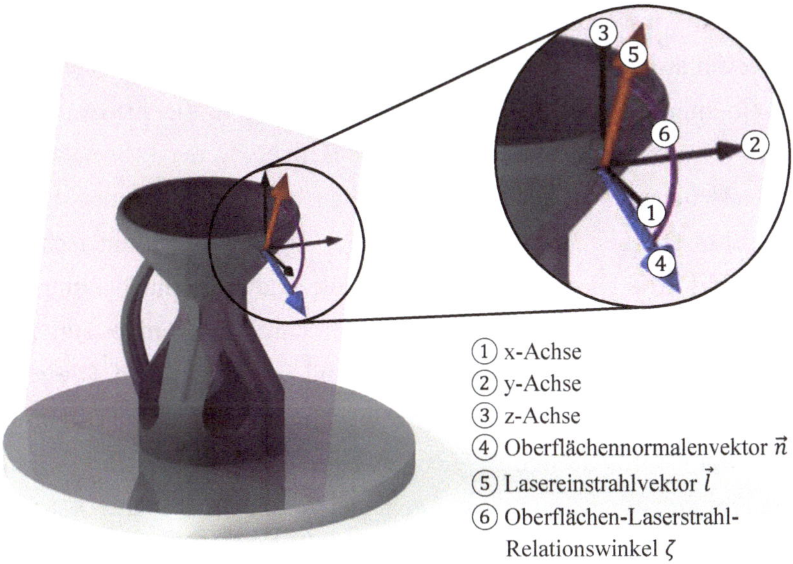

Abbildung 4.4 – Darstellung des Oberflächen-Laserstrahl-Relationswinkels in Anlehnung an ROTT et al. [105]

Ein Oberflächen-Laserstrahl-Relationswinkel ζ von 90° indiziert den Übergang des Energieeintrages in loses Pulverbett ($\zeta > 90°$) beziehungsweise in verfestigtes Grundmaterial ($\zeta < 90°$). Diese Differenzierung wird standardmäßig Down- und Upskinflächen zugewiesen, obwohl dies durch einen schrägen Laserstrahl variieren kann [105].

Normierte Wärmeleitungsbedingung

Sowohl geometrische Änderungen der Bauteile als auch die gewählte Belichtungsstrategie können die vorherrschende Wärmeleitung und infolgedessen die Schmelzbadform und -stabilität beeinflussen [94]. Die im Rahmen dieser Arbeit verwendete Belichtungsstrategie weist eine Streifenvorschubrichtung entgegen der Schutzgasströmungsrichtung auf. Durch diese Vorgehensweise kann eine Beeinflussung der Schichthöhe durch Prozessnebenprodukte reduziert werden [62].

Folglich wird jeder der zu belichtenden Streifen an der strömungsabgewandten Seitenfläche sowie abhängig vom Scanwinkel φ an den daran angrenzenden Seitenflächen begonnen. Die hieraus resultierenden Wärmeleitungsbedingung bei der Belichtung der Probekörper im oberflächennahen Bereich werden schematisch in Abbildung 4.5 dargestellt. Hierbei kann zwischen zwei Bedingungen unterschieden werden [181]. Die erste Bedingung stellt eine Streifenbelichtung vom Substrat in das Pulverbett dar, sodass durch das umgeschmolzene Material eine Wärmeleitung in das Bauteil ermöglicht wird. Die zweite Bedingung beschreibt eine Streifenbelichtung vom Pulverbett in das Substrat, sodass für den Bereich des Überhangs ein zeitlicher Wärmestau im Pulverbett sowie in der belichteten Schicht entstehen kann.

a)

b)

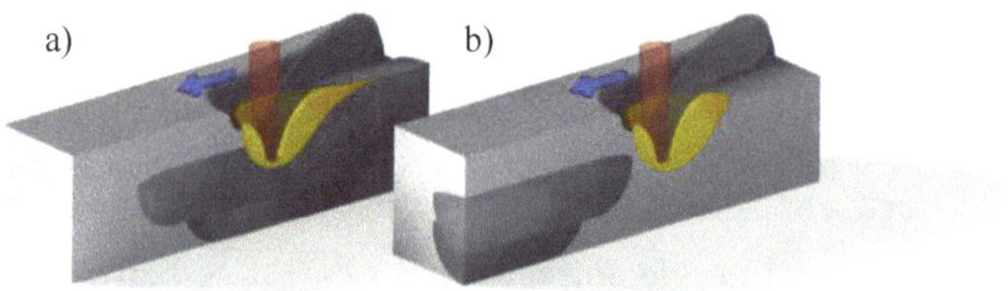

Abbildung 4.5 – Schematische Darstellung der Wärmeleitungsbedingung bei der Belichtung der Probekörper für a) Belichtung vom Substrat in das Pulver sowie b) Belichtung vom Pulver in das Substrat

Untersuchungen von YEUNG et al. bewerten den Einfluss der Wärmeleitung durch eine voxel-basierte Vorgehensweise [94]. Im Rahmen dieser Arbeit wird hingegen ein analytischer Ansatz für die Einflussbeschreibung der Belichtungsstrategie verwendet. Die in Gleichung (4.18) eingeführte Wärmeleitungsbedingung δ definiert die Orientierung der Oberfläche durch den Oberflächenazimutwinkel ξ in Bezug zur Schutzgasströmungsrichtung ω. Durch die vorliegende Streifenvorschubrichtung entgegen der Schutzgasströmungsrichtung können Rückschlüsse auf die Wärmeleitungsbedingung gezogen werden.

$$\delta = \begin{cases} |\xi - \omega|, & wenn\ |\xi - \omega| \leq \pi \\ (2\pi - |\xi - \omega|), & sonst \end{cases} \tag{4.18}$$

Eine Erweiterung stellt die normierte Wärmeleitungsbedingung $\delta_{\%}$ gemäß Gleichung (4.19) dar. Durch die Normierung wird der relative Anteil an Streifenbelichtungen vom Substrat in das Pulverbett dargestellt. Ein Wert von 0,75 bedeutet beispielsweise, dass über die gesamte Bauhöhe mit rotierenden Scanwinkeln zu 75 % eine Streifenbelichtung vom Substrat in das Pulverbett vorliegt. In den restlichen 25 % der belichteten Schichten tritt hingegen eine Streifenbelichtung vom Pulverbett in das Substrat auf. Sollten gewisse Scanwinkel achsensymmetrisch ausgeschlossen werden, kann dem durch die Scanwinkeleinschränkung φ_{FO} vorgehalten werden. Beim verwendeten Parametersatz erfolgt eine Scanwinkeleinschränkung φ_{FO} von 30°.

$$\delta_{\%} = \begin{cases} 0, & wenn\ \delta \leq \varphi_{FO} \\ 1, & wenn\ \delta \geq \pi - \varphi_{FO} \\ \dfrac{\delta - \varphi_{FO}}{\pi - 2 \times \varphi_{FO}}, & sonst \end{cases} \tag{4.19}$$

Scan-Strömung-Relationswinkel

Da im vorliegenden Parametersatz in jeder Schicht eine Konturbelichtung entgegen dem Uhrzeigersinn vorliegt, kann die Wärmeleitungsbedingung δ gemäß Gleichung (4.20) erweitert werden, um den Scanwinkel φ in Bezug zur Schutzgasströmungsrichtung ω zu beschreiben. Durch den Scan-Strömung-Relationswinkel φ_{ω} kann die Schmelzbadstabilität durch Interaktionen der Laserstrahlung mit in Schutzgasströmungsrichtung abgeführten Prozessnebenprodukten bewertet werden.

$$\varphi_{\omega} = \begin{cases} \left|\xi - \omega + \dfrac{\pi}{2}\right|, & wenn\ \left|\xi - \omega + \dfrac{\pi}{2}\right| \leq \pi \\ 2\pi - \left|\xi - \omega + \dfrac{\pi}{2}\right|, & sonst \end{cases} \tag{4.20}$$

4.3 Versuchsdefinition lokaler Bauteilcharakteristika

Entgegen der vorliegenden Prozesscharakteristika im Bauraum, werden nachfolgend die zu untersuchenden Bauteilcharakteristika thematisiert. Ähnlich Abschnitt 4.2 werden für die einzelnen Bauteilcharakteristika die dazugehörigen Messmethoden und -größen vorgestellt. Zudem wird auf die Versuchsvorbereitung und -definition eingegangen. Zusätzlich werden die jeweiligen Folgeprozessschritte nach Beendigung des PBF-LB/M-Fertigungsprozesses thematisiert.

4.3.1 Prozessmonitoring mittels optischer Tomografie

Obwohl die Messdaten der optischen Tomografie keine Bauteilcharakteristika im eigentlichen Sinne darstellen, können über Prozessmonitoring Rückschlüsse auf die Prozessstabilität gezogen werden [182]. Die Signale der optischen Tomografie können dabei als Resultat der lokalen Prozesscharakteristika angesehen werden [62]. Darüber hinaus bietet das Verfahren die Möglichkeit, Indikationen zu realen Volumenfehlern zu korrelieren [183].

Die Darstellung maximaler Diskontinuitäten in der xy-Ebene wird beim Reflexionsschallverfahren als sogenanntes C-Bild deklariert [153]. Diese Vorgehensweise kann durch die Darstellung maximaler Indikationen ebenfalls für die optische Tomografie angewandt werden. Die Auswertung wird an den Versuchsreihen der Diskontinuitätserfassung verwendet. Durch die Darstellung gehen Höheninformationen der einzelnen Indikationen verloren. Das C-Bild bietet aber die Möglichkeit einer lokalen Darstellungsweise von Indikationen in der Bauebene. Mittels statistischer Analysealgorithmen können Balling-Effekte des Typs 3a und 3b als Indikationen der optischen Tomografie klassifiziert und getrennt bewertet werden [62].

4.3.2 Diskontinuitäten mittels Reflexionsschallverfahren

Für die Untersuchung des Baubereichs additiver Pulverbettanlagen wird gemäß ISO/ASTM 52941 die Verwendung von zerstörungsfreien Prüfmethoden empfohlen [184]. Das Reflexionsschallverfahren kann gemäß DIN EN ISO 17635 für die zerstörungsfreie Prüfung von Schweißverbindungen verwendet werden [185]. Dies ermöglicht die Quantifizierung möglicher lokaler Diskontinuitäten im Material über den gesamten Baubereich. Der exemplarische Bauauftrag gemäß ISO/ASTM 52941 besteht aus 34 quadratischen Probekörpern mit einer nahezu vollständigen Plattformbelegung [184]. Die exemplarische Plattformbelegung soll eine maximale Belegung in einer Schicht repräsentieren. Insbesondere für belastungskritische Bauteile in der Luftfahrt wie beispielsweise Rotorscheiben oder Lagergehäuse ist eine größere Plattformbelegung in gewissen Schichten zu erwarten. Diese müssen sicherheitstechnisch ohne Lagenbindefehler produzierbar sein. Des Weiteren wird die Erhöhung der Plattformbelegung auch aus wirtschaftlicher Sicht angestrebt [179]. Im Rahmen dieser Arbeit werden drei Bauaufträge mit jeweils 25 homogen verteilten Probekörpern analysiert, die eine Plattformbelegung von 25 %, 50 % sowie 75 % aufweisen. Durch die Bauteilpositionierung können lokale Einflüsse auf Diskontinuitäten identifiziert und quantifiziert werden. Um an jeder Messposition die gleiche jeweilige Plattformbelegung innerhalb eines Bauauftrages zu haben, wird an den Ecken der Bauplattform aufgrund der Bohrungen ein L-Profil anstatt eines Rechteckprofils verwendet. Die jeweiligen Maße der Probekörper werden auf Basis der gewählten Plattformbelegung berechnet. Die Bauhöhe wird auf 11,4 mm definiert. Eine Darstellung der drei Bauaufträge kann Abbildung 4.6 entnommen werden.

Abbildung 4.6 – Positionierung und Bauplattformbelegung innerhalb einer Messposition für die Quantifizierung von Diskontinuitäten für eine Plattformbelegung von a) 25 %, b) 50 % sowie c) 75 %

Nach dem PBF-LB/M-Fertigungsprozess werden die Probekörper mitsamt der Bauplattform spannungsarmgeglüht. Auf einen anschließenden Trenn- und Wärmebehandlungsprozess kann für die zerstörungsfreie Volumenprüfung verzichtet werden. Aufgrund der Oberflächenrauheit der Probekörper müssen diese vor dem Reflexionsschallverfahren flachgeschliffen werden. In der Messung werden die oberen vier und die unteren zwei Millimeter durch die Messblendeneinstellung ausgeblendet. Hierdurch wird das Eintrittsecho und das Rückwandecho vernachlässigt. Nach Abzug des Schleifprozessabtrags und der Messblendeneinstellung des Reflexionsschallverfahrens kann eine Höhe von 5 mm zerstörungsfrei geprüft werden.

4.3.3 Oberflächentopografie mittels Fokus-Variation

Die Oberflächentopografie stellt aufgrund der möglichen Rissinitiierung eine der wesentlichen Herausforderungen des PBF-LB/M-Verfahrens dar [17]. Das Potential, dass das Verfahren hinsichtlich belastungsangepassten Designs bietet, kann aufgrund der Oberflächenrauheit nicht vollständig ausgeschöpft werden [21]. Insbesondere Downskin-Flächen resultieren in einer größeren Oberflächenrauheit und Restriktionen in der Bauteilauslegung [91].

Im Rahmen dieser Arbeit werden Untersuchungen der Oberflächentopografie an Downskin-Flächen durchgeführt. Für die Quantifizierung wird das Verfahren der Fokus-Variation angewandt. Wie in Unterabschnitt 3.2.4 vorgestellt, werden optische Flächenrauheitskennwerte gemäß DIN EN ISO 25178-2 für die Quantifizierung der Oberflächentopografie verwendet [159]. Die optischen Rauheitswerte werden an drei Bauaufträgen mit jeweils 25 Probekörpern ermittelt, wie in Abbildung 4.7 dargestellt. Nach dem PBF-LB/M-Fertigungsprozess wird die Substratplattform mitsamt der Probekörper entnommen und spannungsarmgeglüht. Die Vermessung der Oberflächenrauheit kann nach dem anschließenden Prozessschritt des Drahterodierens durchgeführt werden. Als Probekörper werden quadratische Pyramidenstümpfe mit einem Oberflächenpolarwinkel α von 100°, 115° und 130° mit jeweils einer Bauhöhe von 12 mm definiert. Zusätzlich wird ein Erodieraufmaß von 2 mm vorgehalten. Die dazugehörigen Oberflächenazimutwinkel ξ werden auf 45°, 135°, 225° sowie 315° festgelegt. Die optischen Rauheitsvermessungen der Probekörper erfolgen an Aussparungen mit einer Größe von 5×5 mm^2. Durch die Verwendung von quadratischen Messflächen sollen auftretende Geometrieeinflüsse unterbunden werden. Für die Vermessung wird normgerecht ein Messobjektiv mit fünffacher Vergrößerung ausgewählt.

a)  b)  c) 

Abbildung 4.7 – Positionierung und Bauplattformbelegung innerhalb einer Messposition für die Quantifizierung der Oberflächentopografie für einen Oberflächenpolarwinkel von a) 100° b) 115° sowie c) 130°

5 Quantifizierung der Ausgangssituation

Nachfolgend werden die vorgestellten Versuchsreihen aus Kapitel 4 zur Quantifizierung der lokalen Prozess- sowie Bauteilcharakteristika durchgeführt, analysiert und diskutiert. Die Erfassung der exogenen Variablen auf den 25 diskreten Messpositionen erfolgt jeweils mindestens drei Mal. Auf Basis des Cramér-von-Mises-Tests wird die lokale Variation der Messgrößen in Abschnitt 5.1 bewertet. Die Einflussevaluation erfolgt anschließend im Rahmen der Modellbildung in Abschnitt 5.2 für Diskontinuitäten sowie in Abschnitt 5.3 für die Oberflächentopografie. Abschließend werden die Versuchsreihen sowie die Regressionsmodelle in Abschnitt 5.4 bewertet und diskutiert.

5.1 Homogenitätsanalyse der Prozesscharakteristika

Nachfolgend wird jedes Prozesscharakteristikum hinsichtlich der Homogenität analysiert. Bei Ablehnung der Nullhypothese kann von einer lokalen Variation ausgegangen werden. Anderenfalls ist anzunehmen, dass keine signifikante Bauraumpositionsabhängigkeit des Prozesscharakteristikums ausgeprägt ist und im Rahmen dieser Arbeit infolgedessen eine Vernachlässigung erfolgen kann. Für die Homogenitätsanalyse wird der Cramér-von-Mises-Test je Spalte (vgl. Abbildung 4.1, 0 bis 4) und Reihe (vgl. Abbildung 4.1, A bis E) für die insgesamt 25 Messpositionen durchgeführt. Der Stichprobenumfang $n_{s,1}$ wird dabei als Gesamtheit der Einzelmessungen in der jeweiligen zu überprüfenden Spalte oder Reihe definiert und beträgt stets 15 Messpositionen. Die restlichen 60 Messpositionen werden als Stichprobenumfang $n_{s,2}$ definiert und dem zu überprüfenden Stichprobenumfang $n_{s,1}$ gegenübergestellt. Das Bewertungskriteriums C_α wird für ein Signifikanzniveau von 0,05 mit einem Wert von 0,461 definiert [162]. Überschreitet die Prüfgröße $\hat{C}$ der jeweiligen Spalte oder Reihe das Bewertungskriteriums C_α wird die Nullhypothese abgelehnt.

Durch diese Vorgehensweise können vier abweichende Homogenitätsgrade der Prozesscharakteristika bezüglich der Beschichtungs- und Schutzgasströmungsrichtung festgestellt werden.

Homogenität entlang beider Richtungen

Bei den in Tabelle 5.1 dargestellten Prüfgrößen $\hat{C}$ der Prozesscharakteristika wird je Spalte und Reihe die Nullhypothese nicht abgelehnt. Infolgedessen ist keine signifikante Bauraumpositionsabhängigkeit der einzelnen Prozesscharakteristika zu identifizieren. Für die weitere Betrachtungen im Rahmen dieser Arbeit können diese beiden Kenngrößen der Scangeschwindigkeit v_L und der Partikelspannweite Ξ vernachlässigt werden. Die beiden Prozesscharakteristika der Plattformbelegung Γ und des Oberflächenpolarwinkels α werden hiervon ausgenommen, da diese speziell für die Versuchsreihen gemäß Abschnitt 4.3 definiert und innerhalb eines Bauauftrags konstant gehalten werden. Folglich kann für diese beiden Prozesscharakteristika die Nullhypothese ebenfalls nicht abgelehnt werden.

Tabelle 5.1 – Homogenitätsanalyse mit homogenem Ergebnis der Prozesscharakteristika entlang beider Richtungen

Prüfgröße $\hat{C}$ des jeweiligen Prozesscharakteristikums		Reihe/Spalte A/0	B/1	C/2	D/3	E/4
Scangeschwindigkeit v_L	Reihe	0,287	0,065	0,150	0,262	0,281
	Spalte	0,066	0,263	0,079	0,250	0,070
Partikelspannweite Ξ	Reihe	0,001	0,151	0,025	0,118	0,032
	Spalte	0,001	0,001	0,012	0,103	0,118

Inhomogenität entlang der Beschichtungsrichtung

Bei Ablehnung der Nullhypothese mindestens einer Spalte tritt eine Inhomogenität entlang der Beschichtungsrichtung auf. In Tabelle 5.2 werden lediglich Prozesscharakteristika aufgelistet, die zusätzlich eine homogene Verteilung in Schutzgasströmungsrichtung aufweisen. Diese umfasst die drei unterschiedlichen Partikeldurchmesser d_{v10}, d_{v50} und d_{v90} sowie den Oberflächen-Laserstrahl-Relationswinkel ζ. Bei letzterem sei darauf hingewiesen, dass die Prüfgröße $\hat{C}$ mit 0,470 in Spalte 2 das Bewertungskriteriums C_α mit 0,461 nur knapp überschreitet.

Tabelle 5.2 – Homogenitätsanalyse mit inhomogenem Ergebnis der Prozesscharakteristika entlang der Beschichtungsrichtung

Prüfgröße $\hat{C}$ des jeweiligen Prozesscharakteristikums		Reihe/Spalte A/0	B/1	C/2	D/3	E/4
Partikeldurchmesser d_{v10}	Reihe	0,038	0,020	0,022	0,064	0,026
	Spalte	3,084	1,093	0,471	0,662	4,002
Partikeldurchmesser d_{v50}	Reihe	0,050	0,043	0,045	0,025	0,034
	Spalte	2,992	1,457	0,560	0,809	4,002
Partikeldurchmesser d_{v90}	Reihe	0,081	0,204	0,026	0,080	0,091
	Spalte	2,616	1,437	0,458	0,694	3,915
Oberflächen-Laserstrahl-Relationswinkel ζ	Reihe	0,198	0,104	0,446	0,104	0,201
	Spalte	0,182	0,076	0,470	0,078	0,185

Inhomogenität entlang der Schutzgasströmungsrichtung

Der Fall einer homogenen Verteilung entlang der Beschichtungsrichtung und einer inhomogenen Verteilung entlang der Schutzgasströmungsrichtung tritt für keines der Prozesscharakteristika ein.

Inhomogenität entlang beider Richtungen

Abschließend werden in Tabelle 5.3 Prozesscharakteristika mit einer inhomogenen Verteilung in sowohl Beschichtungs- als auch Schutzgasströmungsrichtung vorgestellt. Dieses lokale Verhalten ist für die meisten der untersuchten Kenngrößen zu identifizieren und beinhaltet Prozesscharakteristika der Energieeinkopplung, des Pulverauftrags, der Schutzgasströmung sowie der Bauauftragscharakteristika. Mit Ausnahme der Laserleistung P_L und des Schweißrichtungswinkels υ kann die Nullhypothese in mindestens zwei Spalten und zwei Reihen abgelehnt werden.

Tabelle 5.3 – Homogenitätsanalyse mit inhomogenem Ergebnis der Prozesscharakteristika entlang beider Richtungen

Prüfgröße $\hat{C}$ des jeweiligen Prozesscharakteristikums		Reihe/Spalte				
		A/0	B/1	C/2	D/3	E/4
Laserstrahl-polarwinkels ψ	Reihe	0,823	0,199	1,362	0,199	0,823
	Spalte	1,699	0,499	2,130	0,499	1,699
Ellipsenhalbachse w_a	Reihe	0,823	0,199	1,362	0,199	0,823
	Spalte	1,699	0,499	2,130	0,499	1,699
Laserleistung P_L	Reihe	0,828	0,302	0,149	0,128	0,123
	Spalte	0,189	0,368	0,233	0,317	0,766
Effektive Schichthöhe h_{eff}	Reihe	0,119	2,668	2,108	0,115	0,163
	Spalte	1,705	0,712	0,326	1,309	0,486
Prozessneben-produkthöhe h_{spat}	Reihe	0,813	0,895	0,347	0,495	3,291
	Spalte	1,006	0,210	0,134	0,370	1,347
Strömungs-geschwindigkeit u_{med}	Reihe	0,480	0,534	0,216	0,372	0,828
	Spalte	2,544	0,660	1,614	0,408	0,204
Strömungs-geschwindigkeit u_{q95}	Reihe	0,462	0,186	0,210	0,150	0,822
	Spalte	1,212	0,498	1,482	0,654	0,324
Strömungs-geschwindigkeit v_{med}	Reihe	2,622	1,602	0,600	1,278	3,408
	Spalte	0,120	0,504	0,060	0,174	0,672
Strömungs-geschwindigkeit v_{q95}	Reihe	1,782	0,582	0,474	0,930	2,082
	Spalte	0,288	0,894	0,162	0,048	2,958
Strömungs-geschwindigkeit w_{med}	Reihe	2,442	0,390	0,534	0,792	2,112
	Spalte	0,102	0,840	0,318	0,168	2,922
Strömungs-geschwindigkeit w_{q95}	Reihe	4,002	0,654	0,438	0,762	2,154
	Spalte	0,102	0,804	0,168	0,114	2,082
Schweißrichtungs-winkel υ	Reihe	0,195	0,101	2,202	0,086	0,222
	Spalte	0,186	0,317	2,202	0,336	0,221
Normierte Wärme-leitungsbedingung $\delta_{\%}$	Reihe	0,750	0,750	0,750	0,750	0,750
	Spalte	0,750	0,750	0,750	0,750	0,750
Scan-Strömung-Relationswinkel φ_{ω}	Reihe	0,750	0,750	0,750	0,750	0,750
	Spalte	0,750	0,750	0,750	0,750	0,750

5.2 Einflussevaluation auf Diskontinuitäten

Aufgrund der möglichen Korrelation zwischen Indikationen des Prozessmonitorings sowie realer Volumenfehler, werden in Unterabschnitt 5.2.1 die Messergebnisse des Reflexionsschallverfahrens denen der optischen Tomografie gegenübergestellt. Anschließend erfolgt eine separate Einflussevaluation in Unterabschnitt 5.2.2.

5.2.1 Kollinearitätsanalyse

Das Reflexionsschallverfahren bietet eine zuverlässige Detektion von Lagenbindefehlern größer einem Ersatzfehler von 200 µm. Die Entstehungsursache im Prozess kann allerdings nicht nachträglich ermittelt werden. Die optische Tomografie hingegen bietet die Möglichkeit der Differenzierung von Indikationen hinsichtlich der Balling-Effekte des Typs 3a sowie 3b. Allerdings kann lediglich eine Wahrscheinlichkeit einer Fehlerentstehung vorhergesagt werden [62]. Eine Korrelation der Signale bietet die Möglichkeit, Vorteile beider Verfahren zu kombinieren. Das Ergebnis beider Verfahren ohne Diskretisierung der Messposition kann Abbildung 5.1 entnommen werden. Hierbei treten sowohl beim Reflexionsschallverfahren (Daten RS) als auch bei der optischen Tomographie (Daten OT) Indikationen in den gleichen Bereichen auf. Insbesondere Reihe A (letzte in Strömungsrichtung) sowie Spalte 4 (erste in Beschichtungsrichtung) sind mit einer erhöhten Signalstärke auffällig. Die prozessimmanente Grundsignalstärke der beiden Verfahren ist hingegen unterschiedlich und kann keinen Diskontinuitäten zugewiesen werden. Während die prozessimmanente Grundsignalstärke beim Reflexionsschallverfahren bei ca. 5 % liegt, beträgt diese bei der optischen Tomographie ca. 30 % der maximalen Signalstärke.

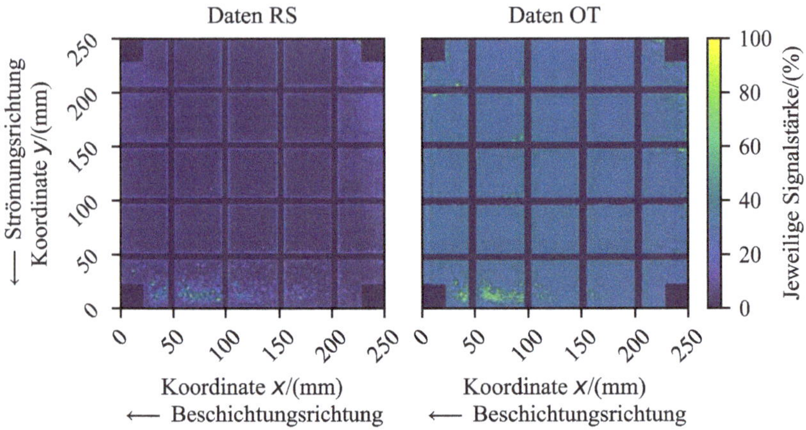

Abbildung 5.1 – Messergebnisse der optischen Tomografie sowie des Reflexionsschallverfahrens ohne Diskretisierung der Messposition für die Ausgangssituation

Die Kollinearität des Reflexionsschallverfahrens und der optischen Tomographie wird über den Varianzinflationsfaktor VIF in Tabelle 5.4 dargestellt. Für sämtliche Diskontinuitätskennwerte werden Varianzinflationsfaktoren VIF größer einem Grenzwert von 10 gemäß Unterabschnitt 3.3.2 erreicht. Infolgedessen kann eine Kollinearität zwischen den im Prozessmonitoring detektierten Signalen zu den in den Proben vorliegenden Diskontinuitäten größer einem Ersatzfehler von 200 µm identifiziert werden. Die Kollinearität der beiden Verfahren beschreibt neben der Ähnlichkeit der Positionierung von Indikationen auch eine vergleichbare Ausprägung innerhalb der einzelnen Messpositionen.

Tabelle 5.4 – Kollinearitätsanalyse der Diskontinuitätskennwerte in Relation zu den jeweils anderen Diskontinuitätskennwerten zur Ähnlichkeitsbewertung

$VIF\ RS_{20\,\%}$	$VIF\ RS_{80\,\%}$	$VIF\ OT_{40\,\%}$	$VIF\ OT_{50\,\%}$
13,1	21,9	96,0	113,7

5.2.2 Regressionsmodelle

Obwohl die Daten der optischen Tomografie und des Reflexionsschallverfahrens in kontinuierlicher Form vorliegen, ist eine prozessimmanente Grundsignalstärke bei beiden Verfahren vorhanden, die nicht Diskontinuitäten zugewiesen werden kann. Bis zu diesem Schwellwert kann keine Kollinearität identifiziert werden. Aufgrund dieser Tatsache können die Daten nur bedingt mittels einer linearen Regression analysiert werden, weshalb die binomiale logistische Regression angewandt wird. Die ermittelten Ergebnisse der Diskontinuitätskennwerte stellen keine direkte physikalische Kenngröße dar, sondern eine Wahrscheinlichkeit P für die Bildung von Diskontinuitäten. Durch die beschriebene Vorgehensweise in Unterabschnitt 3.3.2 können für jeden Diskontinuitätskennwert jeweils vier unterschiedlich komplexe Regressionsmodelle gebildet werden. Diese beinhalten die einzelnen Prozesscharakteristika (V1), einschließlich jeweils Transformationen (V2) respektive Interaktionen (V3) sowie eine Überlagerung beider Optionen (V4). Die Regressionsmodelle der Diskontinuitätskennwerte können Tabelle A50 bis Tabelle A65 entnommen werden. Eine Zusammenfassung der Modellgüte ist in Tabelle 5.5 dargestellt. Während bei den Diskontinuitätskennwerten der optischen Tomografie mit steigender Komplexität der Regressionsmodelle eine präzisere Prädiktion erfolgt, können für Diskontinuitätskennwerte des Reflexionsschallverfahrens nur bedingt präzisere Prädiktionen getroffen werden. Dies ist ebenfalls in den Unterschieden des mittleren absoluten Fehlers MAE sowie des mittleren quadratischen Fehlers MSE ersichtlich. Während diese für den Komplexitätsgrad V4 für die optische Tomographie minimal sind, tritt das Minimum für den Diskontinuitätskennwert $RS_{20\,\%}$ beim Komplexitätsgrad V2 auf. Der Diskontinuitätskennwert $RS_{80\,\%}$ weist hingegen mit Ausnahme von Komplexitätsgrad V3 eine ideale Prädiktion auf.

Tabelle 5.5 – Modellgüte der einzelnen Regressionsmodelle für sämtliche Diskontinuitätskennwerte

$RS_{20\,\%}$	Regressionsmodell			
	V1	V2	V3	V4
Funktion	Tabelle A50	Tabelle A51	Tabelle A52	Tabelle A53
ΔAIC	58	64	34	9
ΔBIC	55	54	26	0
$MSE/(\%)$	6,06	4,67	7,57	7,85
$MAE/(\%)$	12,0	9,62	15,2	17,5
$RS_{80\,\%}$	Regressionsmodell			
	V1	V2	V3	V4
Funktion	Tabelle A54	Tabelle A55	Tabelle A56	Tabelle A57
ΔAIC	48	46	17	48
ΔBIC	48	43	16	48
$MSE/(\%)$	0,0	0,0	2,9	0,0
$MAE/(\%)$	0,0	0,0	5,6	0,0
$OT_{40\,\%}$	Regressionsmodell			
	V1	V2	V3	V4
Funktion	Tabelle A58	Tabelle A59	Tabelle A60	Tabelle A61
ΔAIC	71	27	120	141
ΔBIC	52	19	81	106
$MSE/(\%)$	7,40	12,5	2,27	0,37
$MAE/(\%)$	15,1	24,4	4,53	1,87
$OT_{50\,\%}$	Regressionsmodell			
	V1	V2	V3	V4
Funktion	Tabelle A62	Tabelle A63	Tabelle A64	Tabelle A65
ΔAIC	80	10	102	137
ΔBIC	59	3	65	127
$MSE/(\%)$	5,21	4,50	3,11	0,05
$MAE/(\%)$	9,74	9,03	6,91	0,27

Zum Vergleich der Einflussevaluation werden in Tabelle 5.6 die relativen Diskontinuitätsänderungen je Prozesscharakteristikum bei einer Varianzänderung von 1 bei ansonsten gleichbleibenden weiteren Einflussfaktoren analysiert und einander gegenübergestellt. Eine Ausnahme stellt der Diskontinuitätskennwert $RS_{80\,\%}$ dar, bei dem eine Varianz von 3 gewählt wird. Die Summe der jeweiligen Spalten stellt eine Gesamtbeeinflussung des jeweiligen Diskontinuitätskennwerts von 100 % dar. Ein großer Wert eines Prozesscharakteristikums deutet folglich auf eine direkte Beeinflussung mit großem Einfluss auf den Diskontinuitätskennwert hin. Durch die gleichbleibende Varianz je Prozesscharakteristikum soll eine vergleichbare lokale Variation der Kenngröße über den PBF-LB/M-Fertigungsprozess abgebildet werden.

Tabelle 5.6 – Relative Einflussevaluation der einzelnen Prozesscharakteristika auf die unterschiedlichen Diskontinuitätskennwerte bei arithmetischer Mittelung der jeweiligen Regressionsmodelle V1 bis V4

Relative Einflussevaluation /(%)	Varianz ${s_{x_i}}^2$	$RS_{20\,\%}$	$RS_{80\,\%}$	$OT_{40\,\%}$	$OT_{50\,\%}$
Plattformbelegung Γ	0,20	39	57	26	10
Strömungsgeschwindigkeit w_{q95}	0,19 m/s	45	17	10	4
Strömungsgeschwindigkeit w_{med}	0,10 m/s	4	1	13	35
Strömungsgeschwindigkeit v_{mod}	0,37 m/s	8	3	18	8
Effektive Schichthöhe h_{eff}	13 µm	0	0	17	13
Laserstrahlpolarwinkel ψ	3,5°	3	22	0	6
Prozessnebenprodukthöhe h_{spat}	9 µm	1	0	15	13
Strömungsgeschwindigkeit u_{med}	0,15 m/s	0	0	0	6
Strömungsgeschwindigkeit u_{q95}	0,17 m/s	0	0	0	5
Strömungsgeschwindigkeit v_{q95}	0,41 m/s	0	0	0	0
Laserleistung P_L	1,2 W	0	0	0	0
Große Ellipsenhalbachse w_a	0,36 µm	0	0	0	0
Partikeldurchmesser d_{v10}	0,19 µm	0	0	0	0
Partikeldurchmesser d_{v50}	0,42 µm	0	0	0	0
Partikeldurchmesser d_{v90}	0,36 µm	0	0	0	0

Für die Diskontinuitätskennwerte $RS_{20\,\%}$ und $RS_{80\,\%}$ können gemäß Tabelle 5.6 durch die Prozesscharakteristika Plattformbelegung Γ und die Strömungsgeschwindigkeiten w_{q95} und w_{med} bereits 88 % respektive 75 % der Variation beschrieben werden. Diese Prozesscharakteristika haben mit 49 % ebenfalls einen signifikanten Einfluss auf die Variation der Diskontinuitätskennwerte $OT_{40\,\%}$ und $OT_{50\,\%}$ und stellen infolgedessen die Haupteinflussgrößen für die Ausprägung von Diskontinuitäten dar. Darüber hinaus können sechs Prozesscharakteristika identifiziert werden, die keinerlei Einfluss auf Diskontinuitäten haben.

Abschließend werden für die Diskontinuitätskennwerte in Tabelle 5.7 die Prädiktionsfehler für die einzelnen Regressionsmodelle dargestellt. Die Spalten stehen hierbei jeweils für eines der Regressionsmodelle V1 bis V4. Bei einer idealen Prädiktion wären keine Pseudofehler und keine nicht identifizierte Diskontinuität vorhanden. Ein Pseudofehler stellt eine Prädiktion dar, die eine Diskontinuität identifiziert, aber an der keine vorhanden ist. Eine nicht identifizierte Diskontinuität hingegen wird durch das Regressionsmodell nicht festgestellt. Hierbei wird in Tabelle 5.7 zwischen dem binomial normierten sowie dem realen Flächenanteil an nicht identifizierten Diskontinuitäten unterschieden. Unabhängig des Flächenanteils von nicht identifizierten Diskontinuitäten je Messposition wird innerhalb der binomialen logistischen Regression lediglich zwischen zwei Zuständen unterschieden. Eine einzige wird hierbei einer Vielzahl von identifizierten Diskontinuitäten gleichgesetzt. Infolgedessen wird die Darstellung durch den realen Flächenanteil an nicht identifizierten Diskontinuitäten ergänzt, der in Relation zur Gesamtmenge der Diskontinuitäten steht. Der Anteil an Pseudofehlern ist maximal für den Komplexitätsgrad V2 des Diskontinuitätskennwerts $OT_{40\,\%}$ mit 4,0 %. Die nicht identifizierten Diskontinuitäten gemäß der binomialen logistischen Regression betragen bis zu 10,7 % und sind ebenfalls beim Komplexitätsgrad V2 des Diskontinuitätskennwerts $OT_{40\,\%}$ maximal. Der Diskontinuitätskennwert $RS_{80\,\%}$ weist mit Ausnahme von Komplexitätsgrad V3 eine ideale Prädiktion auf, sodass die angegebenen Werte gleich 0 sind.

Tabelle 5.7 – Prädiktionsfehler der einzelnen Diskontinuitätskennwerte

$RS_{20\,\%}$	Regressionsmodell			
	V1	V2	V3	V4
Anteil Pseudofehler/(%)	1,3	2,7	2,7	0,0
Binomial normierter Flächenanteil an nicht identifizierten Diskontinuitäten/(%)	6,7	5,3	6,7	9,3
Realer Flächenanteil an nicht identifizierten Diskontinuitäten/(%)	0,5	0,4	0,4	0,7

$RS_{80\,\%}$	Regressionsmodell			
	V1	V2	V3	V4
Anteil Pseudofehler/(%)	0,0	0,0	1,3	0,0
Binomial normierter Flächenanteil an nicht identifizierten Diskontinuitäten/(%)	0,0	0,0	2,7	0,0
Realer Flächenanteil an nicht identifizierten Diskontinuitäten/(%)	0,0	0,0	19,8	0,0

$OT_{40\,\%}$	Regressionsmodell			
	V1	V2	V3	V4
Anteil Pseudofehler/(%)	2,7	4,0	0,0	0,0
Binomial normierter Flächenanteil an nicht identifizierten Diskontinuitäten/(%)	6,7	10,7	2,7	0,0
Realer Flächenanteil an nicht identifizierten Diskontinuitäten/(%)	0,4	3,5	0,3	0,0

$OT_{50\,\%}$	Regressionsmodell			
	V1	V2	V3	V4
Anteil Pseudofehler/(%)	2,7	1,3	1,3	0,0
Binomial normierter Flächenanteil an nicht identifizierten Diskontinuitäten/(%)	4,0	4,0	1,3	0,0
Realer Flächenanteil an nicht identifizierten Diskontinuitäten/(%)	0,9	0,3	0,7	0,0

5.3 Einflussevaluation auf Oberflächentopografie

Aufgrund möglicher Korrelationen der verwendeten Flächenrauheitskennwerte werden diese anfangs in Unterabschnitt 5.3.1 auf Kollinearität überprüft. Anschließend erfolgt in Unterabschnitt 5.3.2 die Einflussevaluation der vier verwendeten Flächenrauheitskennwerte.

5.3.1 Kollinearitätsanalyse

Die Kollinearität der verwendeten Flächenrauheitskennwerte wird über den Varianzinflationsfaktor VIF in Tabelle 5.8 dargestellt. Mit Ausnahme von S_z kann für die einzelnen Flächenrauheitskennwerte eine Kollinearität festgestellt werden, da der dazugehörige Varianzinflationsfaktor VIF einen Grenzwert von 10 gemäß Unterabschnitt 3.3.2 überschreitet. Die Kollinearität beschreibt hierbei eine ähnliche Variation der Flächenrauheitskennwerte innerhalb der Messpositionen.

Tabelle 5.8 – Kollinearitätsanalyse der Flächenrauheitskennwerte in Relation zu den jeweils anderen Flächenrauheitskennwerten zur Ähnlichkeitsbewertung

$VIF\ S_a$	$VIF\ S_{dq}$	$VIF\ S_{dr}$	$VIF\ S_z$
120,8	97,5	62,2	4,5

5.3.2 Regressionsmodelle

Durch die in Unterabschnitt 3.3.2 beschriebene Vorgehensweise können jeweils vier unterschiedlich komplexe Regressionsmodelle gebildet werden. Diese beinhalten die einzelnen Prozesscharakteristika (V1), einschließlich Transformationen (V2) respektive Interaktionen (V3) sowie eine Überlagerung beider Optionen (V4). Die Ergebnisse werden nachfolgend für die Flächenrauheitskennwerte dargestellt. Da aufgrund der schrittweisen Regression lokale Minima der AIC-Werte erreicht werden können, besitzen unter Umständen Regressionsmodelle anderer Flächenrauheitskennwerte eine größere Modellgüte. In diesem Fall wird das Regressionsmodell mit der größten Modellgüte verwendet.

Die einzelnen Regressionsmodelle der Flächenrauheitskennwerte können Tabelle A66 bis Tabelle A81 entnommen werden. Hingegen ist eine Zusammenfassung der Modellgüte der einzelnen Regressionsmodelle für die Flächenrauheitskennwerte in Tabelle 5.9 dargestellt.

Tabelle 5.9 – Modellgüte der einzelnen Regressionsmodelle für sämtliche Flächenrauheitskennwerte

S_a	Regressionsmodell			
	V1	V2	V3	V4
Funktion	Tabelle A66	Tabelle A67	Tabelle A68	Tabelle A69
ΔAIC	150	284	283	947
ΔBIC	127	258	252	894
$MSE/(\mu m^2)$	25,4	21,1	21,2	8,47
$MAE/(\mu m)$	4,26	3,86	3,91	2,38
S_{dq}	Regressionsmodell			
	V1	V2	V3	V4
Funktion	Tabelle A70	Tabelle A71	Tabelle A72	Tabelle A73
ΔAIC	177	307	338	845
ΔBIC	151	283	279	794
$MSE/(1)$	0,055	0,046	0,044	0,022
$MAE/(1)$	0,201	0,183	0,179	0,117
S_{dr}	Regressionsmodell			
	V1	V2	V3	V4
Funktion	Tabelle A74	Tabelle A75	Tabelle A76	Tabelle A77
ΔAIC	100	214	218	751
ΔBIC	71	189	164	692
$MSE/(\%^2)$	827	707	708	337
$MAE/(\%)$	24,4	22,5	22,5	15,0
S_z	Regressionsmodell			
	V1	V2	V3	V4
Funktion	Tabelle A78	Tabelle A79	Tabelle A80	Tabelle A81
ΔAIC	123	180	184	246
ΔBIC	83	126	122	181
$MSE/(\mu m^2)$	1771	1631	1621	1501
$MAE/(\mu m)$	27,2	25,7	25,1	22,9

Mit steigender Komplexität der Regressionsmodelle können für sämtliche Flächenrauheitskennwerte präzisere Prädiktionen der Rauheitswerte getroffen werden. Dies ist ebenfalls in den Unterschieden des mittleren absoluten Fehlers MAE sowie des mittleren quadratischen Fehlers MSE ersichtlich. Die größte Modellgüte wird unabhängig des Flächenrauheitskennwerts durch den Komplexitätsgrad V4 erreicht. Die Unterschiede zwischen den Komplexitätsgraden sind im Flächenrauheitskennwert S_z allerdings geringfügiger ausgeprägt.

Zum Vergleich der Einflussevaluation werden in Tabelle 5.10 die relativen Flächenrauheitsänderungen je Prozesscharakteristikum bei einer Änderung um eine Varianz von 1 bei ansonsten gleichbleibenden weiteren Einflussfaktoren analysiert und einander gegenübergestellt. Die Summe der jeweiligen Spalten stellt eine Gesamtbeeinflussung des jeweiligen Flächenrauheitskennwerts von 100 % dar. Durch die gleichbleibende Varianz je Prozesscharakteristikum soll eine vergleichbare lokale Variation der Kenngröße über den PBF-LB/M-Fertigungsprozess abgebildet werden. Für sämtliche Flächenrauheitskennwerte können gemäß Tabelle 5.10 ausschließlich durch die Prozesscharakteristika Oberflächen-Laserstrahl-Relationswinkel ζ sowie Oberflächenpolarwinkel α bereits mindestens 64 % der Variation innerhalb der Messpositionen beschrieben werden. Diese Prozesscharakteristika können infolgedessen als Haupteinflussgrößen für die Oberflächenrauheit angesehen werden.

Tabelle 5.10 – Relative Einflussevaluation der einzelnen Prozess-charakteristika auf die unterschiedlichen Flächenrauheitskennwerte bei arithmetischer Mittelung der jeweiligen Regressionsmodelle V1 bis V4

Relative Einflussevaluation/(%)	Varianz ${s_{x_i}}^2$	S_a	S_{dq}	S_{dr}	S_z
Oberflächen-Laserstrahl-Relationswinkel ζ	14°	49	43	46	38
Oberflächenpolarwinkel α	12°	24	23	18	29
Norm. Wärmeleitungsbedingung $\delta_{\%}$	0,35	9	8	9	5
Scan-Strömung-Relationswinkel φ_{ω}	64°	4	5	6	7
Strömungsgeschwindigkeit v_{med}	0,37 m/s	5	7	7	4
Große Ellipsenhalbachse w_a	0,36 µm	4	4	4	5
Strömungsgeschwindigkeit w_{med}	0,10 m/s	1	2	3	2
Strömungsgeschwindigkeit v_{q95}	0,41 m/s	2	2	2	0
Schweißrichtungswinkel υ	54°	1	1	1	1
Strömungsgeschwindigkeit u_{med}	0,15 m/s	0	1	0	2
Prozessnebenprodukthöhe h_{spat}	9 µm	0	1	1	1
Laserleistung P_L	1,2 W	1	1	0	2
Laserstrahlpolarwinkel ψ	3,5°	0	1	1	1
Partikeldurchmesser d_{v90}	0,36 µm	0	1	0	0
Strömungsgeschwindigkeit u_{q95}	0,17 m/s	0	0	0	1
Strömungsgeschwindigkeit w_{q95}	0,19 m/s	0	1	0	0
Partikeldurchmesser d_{v50}	0,42 µm	0	0	0	0
Effektive Schichthöhe h_{eff}	13 µm	0	0	0	0
Partikeldurchmesser d_{v10}	0,19 µm	0	0	0	0

Im Gegensatz zur Prädiktion einer Wahrscheinlichkeit P innerhalb der binomialen logistischen Regression, ermöglicht die lineare Regression eine Prädiktion eines zu erwartenden Messwerts. Abschließend werden infolgedessen für die Flächenrauheitskennwerte in Abbildung 5.2 die Prädiktionsfehler für die einzelnen Regressionsmodelle grafisch dargestellt. Die Spalten stehen jeweils für einen der Komplexitätsgrade V1 bis V4. In den Reihen werden die einzelnen Flächenrauheitskennwerte S_a, S_{dq}, S_{dr} und S_z dargestellt.

Bei einer idealen Prädiktion durch das Regressionsmodell würde jeder Messpunkt auf der Ursprungsgeraden mit Steigung 1 sein. Das bedeutet, dass das Regressionsmodell beispielsweise die Rauheit S_a einer Oberfläche von 45 µm mit exakt diesem Wert vorhergesagt hätte. Die Abweichung der realen Prädiktion zu dieser idealen Geraden wird durch die Farbkodierung relativ zum Maximalwert dargestellt. Unabhängig des Flächenrauheitskennwerts entsprechen die Messpunkte mit steigendem Komplexitätsgrad eher einer Ursprungsgeraden, was ebenfalls in der Farbkodierung der Messpunkte ersichtlich ist. Die Messwerte selbst werden hingegen in der Prädiktion vor allem bei kleinen Rauheitswerten über- und bei großen Rauheitswerten unterschätzt.

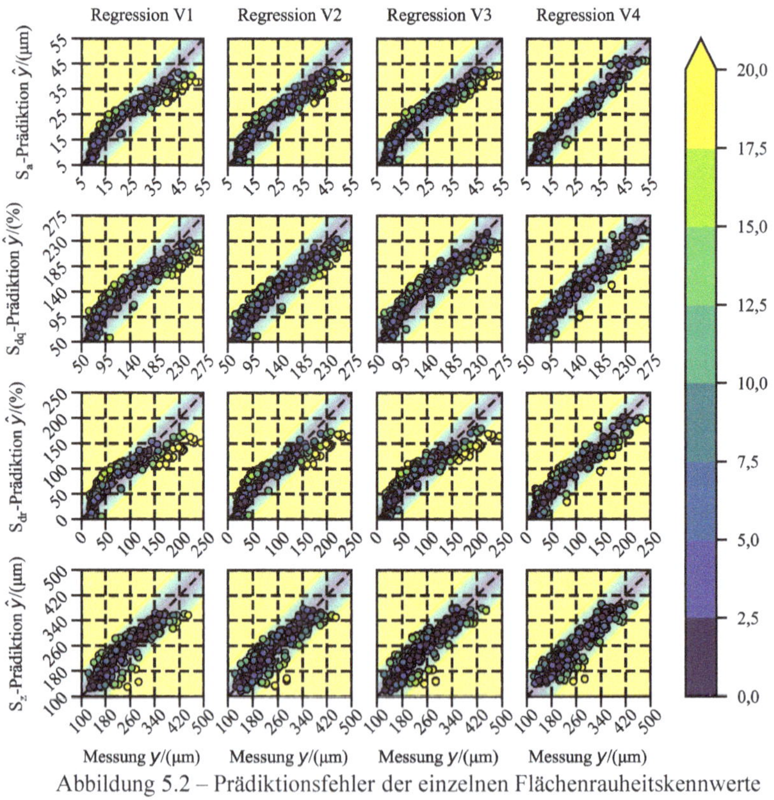

Abbildung 5.2 – Prädiktionsfehler der einzelnen Flächenrauheitskennwerte

5.4 Diskussion der Ausgangssituation

Nachfolgend werden die vorherigen Erkenntnisse der Homogenitätsanalyse sowie die Modellbildung für Diskontinuitäten und Oberflächentopografie diskutiert. Zusätzlich wird ein Bezug zum aktuellen Stand der Wissenschaft und Technik hergestellt sowie die erste Forschungsfrage in den Unterabschnitten 5.4.2 sowie 5.4.3 beantwortet.

5.4.1 Homogenitätsanalyse der Prozesscharakteristika

Innerhalb der Homogenitätsanalyse können vier abweichende Homogenitätsgrade der Prozesscharakteristika festgestellt werden, die nachfolgend aufgeführt werden. Da keine ausschließliche Inhomogenität entlang der Schutzgasströmungsrichtung identifiziert werden kann, wird dieser Homogenitätsgrad in der Diskussion nicht berücksichtigt.

Homogenität entlang beider Richtungen

Die Messungen der Scangeschwindigkeit v_L weisen gemäß Tabelle 5.1 keine signifikanten Unterschiede auf, weshalb dieses Prozesscharakteristikum im weiteren Verlauf für die Betrachtung der Bauraumpositionsabhängigkeit vernachlässigt werden kann. Bei einer mittleren Gesamtlänge der definierten Einzelspuren von 38,971 mm kann gemäß Gleichung (4.6) eine Scangeschwindigkeit v_L von $959 \text{ mm} \times \text{s}^{-1}$ ermittelt werden. Dies stellt eine Abweichung vom Nominalwert um lediglich 0,1 % dar.

Ebenfalls kann die Partikelspannweite Ξ aufgrund der Homogenität im Rahmen dieser Arbeit vernachlässigt werden. Die Vergrößerung der einzelnen Partikeldurchmesser d_{v10}, d_{v50} und d_{v90} entlang der Beschichtungsrichtung ist in ihrer Ausprägung vergleichbar, sodass keine signifikante Änderung der Partikelspannweite Ξ entsteht. Mit einem Wert von 0,40 signalisiert die Partikelspannweite Ξ eine schmale Partikelgrößenverteilung.

Inhomogenität entlang der Beschichtungsrichtung

Wie in Untersuchungen von ALI et al. dargestellt, entsteht beim Pulverauftrag in Beschichtungsrichtung eine Entmischung der Partikeldurchmesser [13]. In der Homogenitätsanalyse treten gemäß Tabelle 5.2 insbesondere die Spalten 0 und 4 mit Überschreitung des Bewertungskriteriums C_α hervor. Grund hierfür ist, dass die Spalte 0 (letzte in Beschichtungsrichtung) mehrere große und Spalte 4 (erste in Beschichtungsrichtung) mehrere kleine erfasste Messwerte enthält. In Spalte 2 (mittlere in Beschichtungsrichtung) kann partiell die Nullhypothese nicht abgelehnt werden, da bei Betrachtung der restlichen Spalten als Stichprobenumfang $n_{s,2}$ die Messergebnisse in der Mitte der Bauplattform als repräsentativ angenommen werden können. In Schutzgasströmungsrichtung kann hingegen kein signifikanter Unterschied identifiziert werden, wie in Untersuchungen von CHEN et al. dargestellt wird [98]. Die Änderung der Partikeldurchmesser wird durch die Autoren mit einem Transport von Prozessnebenprodukten wie Schweißspritzern in Schutzgasströmungsrichtung erklärt. Dieser Einfluss wird in deren Untersuchungen primär durch Partikel <10 µm abgebildet, die unterhalb des erfassten Partikeldurchmessers d_{v10} dieser Arbeit liegen.

Zusätzlich kann der Oberflächen-Laserstrahl-Relationswinkel ζ als inhomogenes Prozesscharakteristikum entlang der Beschichtungsrichtung identifiziert werden. Die Position C2 stellt über die vier Seitenflächen im Mittel die größten Oberflächen-Laserstrahl-Relationswinkel ζ. Infolgedessen ist in der dazugehörigen Spalte 2 (mittlere in Beschichtungsrichtung) sowie der Reihe C (mittlere in Strömungsrichtung) die Prüfgröße $\hat{C}$ nahe am Bewertungskriteriums C_α. Ungeachtet dessen kann der Oberflächen-Laserstrahl-Relationswinkel ζ als nahezu homogen angenommen werden, da bei kleiner Anpassung des Signifikanzniveaus die Prüfgröße $\hat{C}$ kleiner dem Bewertungskriteriums C_α ist.

Inhomogenität entlang beider Richtungen

Ein Großteil der untersuchten Prozesscharakteristika weist gemäß Tabelle 5.3 sowohl in Beschichtungs- als auch in Schutzgasströmungsrichtung eine Inhomogenität auf. Hervorzuheben sind hier allerdings die Laserleistung P_L und der Schweißrichtungswinkel υ, die in jeweils nur einer Reihe und einer Spalte das Bewertungskriteriums C_α überschreiten. Im Fall des Schweißrichtungswinkels υ ist dies auf den positionsbedingten Bezug zum Mittelpunkt der Bauplattform an der Position L (125 mm | 125 mm) durch den Laserstrahlazimutwinkel χ zurückzuführen. Die Laserleistung P_L hingegen weist in Reihe A (Letzte in Strömungsrichtung) und Spalte 4 (erste in Beschichtungsrichtung) kleinere Werte auf. In Relation zur nominellen Laserleistung P_L von 285 W stellt diese Inhomogenität allerdings nur eine mittlere bauraumpositionsabhängige Leistungsänderung von 0,5 % dar.

Darüber hinaus kann für den Median und das 95 %-Quantil der Strömungsgeschwindigkeiten in die drei Raumrichtungen u_{med}, u_{q95}, v_{med}, v_{q95}, w_{med} und w_{q95} keine ausschließliche Inhomogenität entlang der Schutzgasströmungsrichtung identifiziert werden. Obwohl nach FERRAR et al. eine universale Schutzgasströmungsuniformität angestrebt werden sollte, ist diese entlang der Lauflänge der Schutzgasströmung aufgrund der Reibungsverluste einer realen Strömung schwer aufrecht zu erhalten [14, 186]. Neben dieser Inhomogenität entlang der Strömungsrichtung ist an diversen PBF-LB/M-Anlagen aufgrund der verwendeten strömungsführenden Komponenten und der Gestaltung der Prozesskammer ebenfalls eine Inhomogenität entlang der Beschichtungsrichtung zu identifizieren [14, 87, 88, 187, 188]. Durch eine Anpassung der strömungsführenden Komponenten kann jedoch eine Schutzgasströmungsuniformität und infolgedessen eine Homogenität entlang der Beschichtungsrichtung angestrebt werden [14, 87, 88].

5.4.2 Einflussevaluation auf Diskontinuitäten

Nachfolgend werden die Ergebnisse des Reflexionsschallverfahren sowie der optischen Tomografie diskutiert. Im Einzelnen werden die Kollinearitätsanalyse, die unterschiedlichen Regressionsmodelle sowie die Einflussfaktoren der Diskontinuitätskennwerte thematisiert.

Kollinearitätsanalyse

Bei sämtlichen Diskontinuitätskennwerten kann gemäß Tabelle 5.4 eine Kollinearität identifiziert werden. Die Ähnlichkeit der Kennwerte gilt infolgedessen sowohl in der Ausprägung als auch in der relativen Verteilung für das Reflexionsschallverfahren mit den Kennwerten $RS_{20\,\%}$ und $RS_{80\,\%}$ als auch für die optische Tomografie mit den Kennwerten $OT_{40\,\%}$ und $OT_{50\,\%}$. Auf Basis dieser Kollinearität sowie Untersuchungen von LADEWIG und GÖGELEIN et al. kann eine signifikante Korrelation der Entstehung von Lagenbindefehlern zu Balling-Effekten des Typs 3a sowie 3b angenommen werden [62, 151]. Die Kombination beider Verfahren ermöglicht sowohl die zuverlässige Detektion als auch die Möglichkeit der Differenzierung von Indikationen.

Regressionsmodelle

Im Rahmen dieser Arbeit werden für die Diskontinuitätskennwerte jeweils vier unterschiedlich komplexe Regressionsmodelle untersucht. Sowohl bei Betrachtung der Informationskriterien AIC und BIC als auch der Beurteilungsgrößen MSE und MAE kann zwischen den Modellen V1 bis V4 des Reflexionsschallverfahren keine Vergrößerung der Modellgüte identifiziert werden. Eine Ausnahme hiervon stellen die Diskontinuitätskennwerte der optischen Tomografie dar, bei denen mit steigendem Komplexitätsgrad eine größere Modellgüte erreicht werden kann. Eine Darstellung der relativen Änderung der Beurteilungsgröße MAE kann Tabelle 5.11 entnommen werden.

Tabelle 5.11 – Relative Änderung der Beurteilungsgröße MAE der einzelnen Diskontinuitätskennwerte für die unterschiedlich komplexen Regressionsmodelle V1 bis V4

Beurteilungsgröße $MAE/(\%)$	Regressionsmodell			
	V1	V2	V3	V4
Diskontinuitätskennwert $RS_{20\,\%}$	100	80	127	146
Diskontinuitätskennwert $OT_{40\,\%}$	100	162	30	12
Diskontinuitätskennwert $OT_{50\,\%}$	100	93	71	3

Als Grund für die Vergrößerung der Modellgüte kann die Anzahl an Prädiktionsfehlern einzelner Regressionsmodelle genannt werden. Die Regressionsmodelle des Komplexitätsgrades V4 des Diskontinuitätskennwerts $OT_{40\,\%}$ und $OT_{50\,\%}$ erreichen eine vollständige Separation innerhalb der Prädiktionen. Das bedeutet, dass durch das Regressionsmodell jede Messposition mit einer Indikation als 1 und ohne Indikation als 0 klassifiziert wird. Dies ist neben einem kleinen mittleren absoluten Fehler MAE gemäß Tabelle 5.5 insbesondere in einer Prädiktion ohne jegliche Pseudofehler oder nicht identifizierter Diskontinuitäten gemäß Tabelle 5.7 ersichtlich. Im Fall des Diskontinuitätskennwerts $RS_{80\,\%}$ tritt hingegen bereits in drei von vier Komplexitätsgraden eine ideale Prädiktion auf, sodass keine Vergrößerung der Modellgüte erreicht werden kann. Aufgrund der vollständigen Separation können allerdings keine Konfidenzintervalle für die Regressionskoeffizienten b dieser Regressionsmodelle in Unterabschnitt 10.4.1 angegeben werden. In der Modellerstellung kann für diese Regressionsmodelle bei der Berechnung der Konfidenzintervalle keine Konvergenz erreicht werden, sodass die Konfidenzintervalle sehr große Werte ergeben würden. Ursache hierfür können neben einer vollständigen Separation innerhalb der Prädiktion beispielsweise eine Instabilität des Modells aufgrund einer unzureichenden Stichprobengröße oder eine Kollinearität der exogenen Variablen sein [189].

Aufgrund der in Unterabschnitt 3.3.2 definierten Vorgehensweise zur Modellbildung kann eine Kollinearität exogener Variablen nicht eintreten. Eine unzureichende Stichprobengröße kann hingegen ebenfalls als Erklärung für die Regressionsmodelle des Diskontinuitätskennwerts $RS_{80\,\%}$ genannt werden. Von den 75 erzeugten Messwerten weisen nur vier Messpositionen eine Indikation auf, sodass potenziell auch die Modellgüte beeinträchtigt sein kann.

Einflussfaktoren

Ungeachtet unterschiedlicher Komplexität der Regressionsmodelle können die nachfolgenden Prozesscharakteristika als Einflussgrößen für Diskontinuitäten identifiziert werden. Diese sind gemäß Tabelle 5.6 in unterschiedlicher Ausprägung in den einzelnen Regressionsmodellen enthalten und werden nachfolgend separat diskutiert.

Plattformbelegung Γ

Der Einfluss der Plattformbelegung Γ kann auf zwei potenzielle Ursachen zurückgeführt werden. Zum einen wird durch die Größe der belichteten Fläche die Menge an entstehenden Prozessnebenprodukten direkt beeinflusst. Da diese die Partikelgröße um ein Vielfaches übersteigen können, besteht die Möglichkeit, dass diese durch die Laserstrahlung nicht komplett umgeschmolzen werden. Wenn die Prozessnebenprodukte auf noch zu belichtender Fläche landen, können infolgedessen Diskontinuitäten entstehen [74]. Nach LADEWIG können Prozessnebenprodukte auf der noch zu belichtenden Fläche ebenfalls die Neigung zu Balling-Effekten des Typs 3b erhöhen, die ebenfalls in potenziellen Diskontinuitäten resultiert [62]. Darüber hinaus können Prozessnebenprodukte auf dem Linsenschutzglas einen Fokusversatz in z-Richtung oder in der xy-Ebene bewirken [77]. Diese Veränderung der Energieeinkopplung kann potenziell in Diskontinuitäten durch nicht überlappende Schmelzspuren resultieren.

Zum anderen ist die Plattformbelegung Γ indirekt mit der Position des Bauteils auf der Bauplattform verbunden. Gemäß Unterabschnitt 4.1.1 wird die Messposition im Rahmen dieser Arbeit in diskrete Teilmengen partitioniert. Der Informationsverlust wird bewusst als Kompromiss zum Messaufwand hingenommen. Exemplarisch wird die Variation der Strömungscharakteristik an den 25 Probekörpern für eine Plattformbelegung Γ von 25 % in Abbildung 5.3 a) dargestellt. Bei Verwendung einer größeren Plattformbelegung Γ von 75 % in Abbildung 5.3 b) sind die Probekörper in derselben Messposition in einem größeren Bereich und können infolgedessen in anderen Bauteilcharakteristika resultieren.

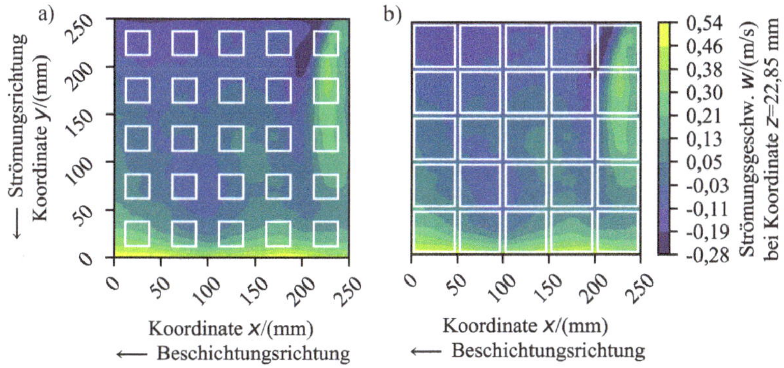

Abbildung 5.3 – Darstellung der Strömungsgeschwindigkeit w ohne Diskretisierung der Messposition für a) 25 % und b) 75 % Plattformbelegung

Strömungsgeschwindigkeit w

Der Einfluss der Strömungsgeschwindigkeit w kann primär durch die Wahrscheinlichkeitserhöhung einer Interaktion der Laserstrahlung mit Prozessnebenprodukten und der resultierenden Balling-Effekte des Typs 3a aufgrund der längeren Verweilzeit der Prozessnebenprodukte innerhalb der Prozesskammer definiert werden. Die Interaktion bewirkt eine Veränderung der lokalen Energieeinkopplung, wodurch bei unzureichender Umschmelzung der Substratschicht Balling-Effekte des Typs 3a entstehen [42].

Zusätzlich zu einer potenziellen Schmelzbadinstabilität kann durch die Interaktion die Schmelzbadtiefe beeinflusst werden [190, 191]. Neben der Schutzgasströmung ist die Interaktion vom entstehenden Metalldampf und Schweißrauch sowie der vorherrschenden Verdampfungsrate abhängig. Diese kann durch den gewählten Parametersatz sowie die Temperatur der Wärmeeinflusszone beeinflusst werden [50]. Die geometriebedingten kürzeren Laserwiederkehrzeiten nahe der Bauteilkontur können in einem lokalen Wärmestau resultieren [192]. Dies kann potenziell in den konturnahen Bereichen die Verdampfungsrate sowie infolgedessen die Interaktionszeit erhöhen. Ebenfalls ist eine Abhängigkeit zum Schweißrichtungswinkel υ anzunehmen, der die Schweißrichtung und folglich die Neigung der Dampfkapillare, als auch die Auswurfrichtung von Schweißspritzern beeinflusst [180]. Durch eine lokale Strömungsgeschwindigkeit w kann jedoch die Interaktionszeit der Laserstrahlung mit dem Metalldampf und Schweißrauch signifikant erhöht werden. Infolgedessen wird die Wahrscheinlichkeit zur Entstehung von Diskontinuitäten durch Balling-Effekte des Typs 3a in diesen Bereichen ebenfalls erhöht.

Strömungsgeschwindigkeit v

Die Strömungsgeschwindigkeit v in und entgegen der Beschichtungsrichtung stellt eine Störkomponente und potenzielle Verwirbelungen dar. Insbesondere für die Anforderungen einer uniformen Schutzgasströmung mit Annäherung an die Strömungsbedingungen eines Windkanals resultiert die Strömungsgeschwindigkeit v in Druckverlusten und Inhomogenität der Strömungscharakteristika. Während in Reihe A (Letzte in Strömungsrichtung) die Strömungsgeschwindigkeit v primär durch die Umlenkung der Auslassdüse und der damit verbundenen Absaugung aus der Fertigungsanlage verbunden ist, resultiert diese in Reihe E (erste in Strömungsrichtung) durch den gegebenen Freistrahl der Schutzgasströmung nach der Einlassdüse. Diese Variation der Strömungsgeschwindigkeit v ohne Diskretisierung der Messposition ist in Abbildung 5.4 dargestellt. Insbesondere in Spalte 4 (erste in Beschichtungsrichtung) ist die Störkomponente ersichtlich mit positiven Werten nahe dem Strömungseinlass und negativen Werten nahe dem Strömungsauslass. Strömungstechnisch stellt der Freistrahl eine unstetige Querschnittsveränderung mit resultierenden Totwassergebieten dar [178]. Der Strömungsverlust an diesen Komponenten wird als Borda-Carnot-Stoß bezeichnet, der auf Basis der Kontinuitäts- und Impulsgleichung abgeschätzt werden kann [130]. Die Strömungsgeschwindigkeit v in Reihe E (erste in Strömungsrichtung) kann daher als Anzeichen eines potenziellen Totwassergebietes, mindestens jedoch eines Druckausgleichs gedeutet werden. Beides resultiert in einer Wahrscheinlichkeitserhöhung einer Interaktion der Laserstrahlung mit Prozessnebenprodukten und der resultierenden Balling-Effekte des Typs 3a aufgrund der längeren Verweilzeit der Prozessnebenprodukte innerhalb der Prozesskammer.

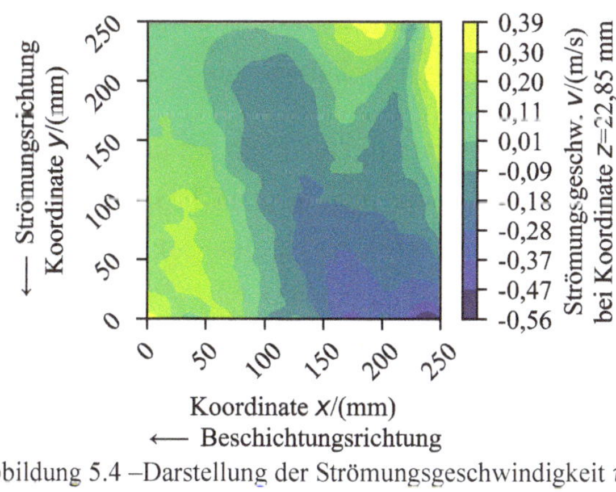

Abbildung 5.4 –Darstellung der Strömungsgeschwindigkeit v als Funktion der Position im Bauraum ohne Diskretisierung der Messposition

Effektive Schichthöhe h_{eff} und Prozessnebenprodukthöhe h_{spat}

Die Vergrößerung der effektiven Schichthöhe h_{eff} in Reihe A (letzte in Strömungsrichtung) ist mit großer Wahrscheinlichkeit auf die dort befindlichen Prozessnebenprodukte zurückzuführen, die durch die Prozessnebenprodukthöhe h_{spat} beschrieben werden. Die Ablagerung von Prozessnebenprodukten entsteht durch ein Totwassergebiet, dass durch eine vorhandene Stufe an der Auslassdüse induziert wird [88].

Im vorliegenden Fall stellen die effektive Schichthöhe h_{eff} sowie die Prozessnebenprodukthöhe h_{spat} in der Regression eine Mediatorvariable dar, da diese von der Plattformbelegung Γ sowie der Strömungsgeschwindigkeit w abhängig sind. Die begrenzte Kollinearität der effektiven Schichthöhe h_{eff} sowie der Prozessnebenprodukthöhe h_{spat} kann auf den Beschichtungsvorgang zurückgeführt werden. Während die Aufnahme der Prozessnebenprodukthöhe h_{spat} vor dem Pulverauftrag stattfindet, erfolgt durch den Beschichtungsvorgang eine Mischung mit bereitgestelltem Pulver. Infolgedessen ist von den Prozessnebenprodukten nach dem Beschichtungsvorgang eine größere Population nahe dem Überlaufbehälter.

Die Entstehung von Diskontinuitäten kann auf unterschiedliche Effekte zurückgeführt werden. Zum einen können Prozessnebenprodukte auf einer noch nicht belichteten Fläche zu einer lokalen Vergrößerung der Schichthöhe führen. Wenn die eingekoppelte Enthalpie lokal nicht ausreichend ist, um eine Anbindung an die Substratschicht zu ermöglichen, entstehen Balling-Effekte des Typs 3b [83, 193, 194]. Zusätzlich kann die lokale Veränderung der Schichthöhe ebenfalls auf ausgeworfenen Pulverpartikeln basieren. Die Partikelbewegung entsteht durch einwirkende Kräfte auf die umgebende Pulverschicht durch den Verdampfungsdruck während des Schmelzvorganges [52].

Eine weitere Möglichkeit besteht in der Größe der Prozessnebenprodukte. Diese übersteigen die Partikelgröße des verwendeten Pulvermaterials, sodass die in der Fertigungsanlage verbleibenden Prozessnebenprodukte die Partikeldurchmesser der aufgetragenen Pulverschicht lokal erhöhen [41, 74]. Dies kann in instabilen Schmelzbädern resultieren, da größere Partikel potenziell nicht vollständig umgeschmolzen werden [102, 107, 195].

Die Oberflächenrauheit stellt einen wichtigen Parameter für die Benetzbarkeit dar, sodass die Schmelzbadstabilität in der Folgeschicht weiter beeinflusst werden kann [196]. Die größere Oberflächenrauheit kann hierbei eine lokale Vergrößerung der Schichthöhe bewirken [194]. Sobald die Benetzung nicht gewährleistet werden kann, entsteht aufgrund der Oberflächenspannung eine Schmelzkugel, die potenziell auch umliegendes Pulver in die Schmelze miteinbeziehen und die umliegende Schichthöhe weiter vergrößern kann [62].

Eine größere Schichthöhe resultiert hingegen in einer Zunahme entstehender Prozessnebenprodukte, sodass die effektive Schichthöhe h_{eff} konstant größer ausfällt und weitere Diskontinuitäten entstehen können [51]. Darüber hinaus kann der entstehende Hohlraum zwischen größeren Partikeln sowie der Abstand zur Substratschicht ebenfalls in einer Beeinflussung der Benetzung resultieren [195, 197, 198]. Der Hohlraum verursacht hierbei ein Abreißen der Schmelzspur, was in Balling-Effekten des Typs 1 resultiert. Abschließend ist eine Beeinflussung der Benetzbarkeit durch die Oxidschicht der Prozessnebenprodukte denkbar. Obwohl die Oxidation nur oberflächennah in einem Bereich kleiner 1 µm stattfindet, kann diese die gesamte Partikeloberfläche bedecken [54]. Diese Beeinflussung durch Oxidschichten der Partikel oder der Substratschicht kann in Balling-Effekten des Typs 1 resultieren [56, 199, 200].

Laserstrahlpolarwinkel ψ

Die Veränderung des Laserstrahlpolarwinkels ψ resultiert in einer Beeinflussung der projizierten Laserstrahlfläche, wodurch je nach lokalen Bedingungen die Intensität der Energieeinkopplung verändert wird. Infolgedessen können Diskontinuitäten wie Lagenbindefehler entstehen [74, 76]. Darüber hinaus wird durch den Laserstrahlpolarwinkel ψ die Neigung der Dampfkapillare sowie folglich die Auswurfrichtung von Schweißspritzern beeinflusst. Eine schleppende Belichtung kann in einem höheren Auswurf mit potenzieller Vergrößerung der Interaktionszeit der Laserstrahlung mit dem Metalldampf und Schweißrauch resultieren [59]. Dieser Effekt resultiert in einem ähnlichen Verhalten wie einer lokalen Strömungsgeschwindigkeit w. Infolgedessen wird die Wahrscheinlichkeit zur Entstehung von Diskontinuitäten durch Balling-Effekte des Typs 3a in diesen Bereichen ebenfalls erhöht. Darüber hinaus erfolgt bei einer stechenden Belichtung ein flacherer Auswurf, wodurch mit größer werdendem Laserstrahlpolarwinkel ψ Prozessnebenprodukte in einer lokalen Beeinflussung der Pulverschicht und folglich in Balling-Effekten des Typs 3b resultieren können.

Weitere nicht beinhaltete Einflussfaktoren

Die nachfolgenden Prozesscharakteristika sind partiell ebenfalls in den einzelnen Regressionsmodellen der Diskontinuitäten enthalten. Gemäß Tabelle 5.6 ist der Einfluss dieser Kenngrößen in Relation zu den bisher genannten allerdings vernachlässigbar. Aufgrund einer potenziellen Veränderung innerhalb der Energieeinkopplung wäre ein Einfluss auf Diskontinuitäten möglich. Die vorliegenden lokalen Veränderungen von bis zu 1,5 % der Laserleistung P_L sowie bis zu 3,1 % der großen Ellipsenhalbachse w_a sind hierbei allerdings nicht ausreichend. Ebenfalls kann kein signifikanter Einfluss der Partikeldurchmesser d_{v10},

d_{v50} und d_{v90} auf Diskontinuitäten festgestellt werden. Die lokale Veränderung um bis zu 2 µm unterschreitet hierbei die in der Simulation von Lee und Zhang verwendete Variation der Partikelgrößenverteilung um den Faktor 10 [195]. Die Strömungsgeschwindigkeit u stellt aufgrund der gewählten Messebene potenziell eine Mediatorvariable dar. Dies bedeutet, dass die Strömungsgeschwindigkeit u keine unabhängige Variable ist, sondern von einer anderen exogenen Variable beeinflusst wird. Im vorliegenden Fall besteht die Abhängigkeit zur Strömungsgeschwindigkeit w, die aufgrund des Sekundärstromes entsteht. Durch den Sekundärstrom wird ein Umwälzen der Schutzgasströmung innerhalb der Prozesskammer unterbunden. Wenn dies nicht über die gesamte Lauflänge aufrechterhalten werden kann, entsteht ein Ablösen der Primärströmung, wie in Abbildung 5.5 für die verwendete Fertigungsanlage ersichtlich ist. Infolgedessen kann auf Basis der gewählten Messebene eine Vergrößerung der Strömungsgeschwindigkeit u entlang der Lauflänge um bis zu 1 m/s identifiziert werden.

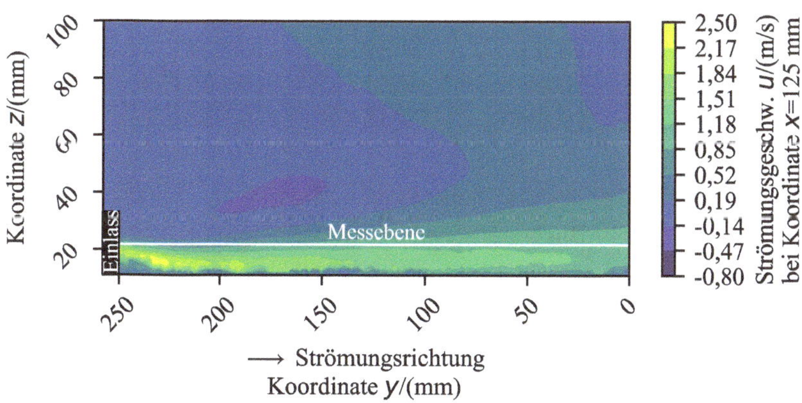

Abbildung 5.5 – Darstellung der Strömungsgeschwindigkeit u in Seitenansicht (Spalte 2) der Schutzgasströmung der Fertigungsanlage

5.4.3 Einflussevaluation auf Oberflächentopografie

Nachfolgend werden die Ergebnisse der Oberflächentopografie diskutiert. Im Einzelnen werden die Kollinearitätsanalyse, die unterschiedlichen Regressionsmodelle sowie die Einflussfaktoren thematisiert.

Kollinearitätsanalyse

Mit Ausnahme von S_z kann für die einzelnen Flächenrauheitskennwerte in Tabelle 5.8 eine Kollinearität identifiziert werden. Dies ist auf das Flächenintegral in den einzelnen Kenngrößen zurückzuführen. Durch diese Mittelung ist die relative Rauheitsänderung der Flächenrauheitskennwerte S_a S_{dq} und S_{dr} im Rahmen der Versuche ineinander substituierbar. Darüber hinaus kann die Kollinearität ebenfalls in der Variablenauswahl und den Koeffizienten der studentisierten Regressionsmodelle identifiziert werden. Exemplarisch ist dieses Verhalten für die studentisierten Regressionsmodelle ohne Transformation und Interaktion in Gleichung (5.1) dargestellt.

$$\begin{bmatrix} S_{a,s} \\ S_{dq,s} \\ S_{dr,s} \\ S_{z,s} \end{bmatrix} = \begin{bmatrix} 0{,}648 \\ 0{,}635 \\ 0{,}654 \\ 0{,}491 \end{bmatrix} \zeta_s + \begin{bmatrix} 0{,}272 \\ 0{,}291 \\ 0{,}217 \\ 0{,}369 \end{bmatrix} \alpha_s - \begin{bmatrix} 0{,}131 \\ 0{,}121 \\ 0{,}126 \\ 0{,}083 \end{bmatrix} \delta_s \qquad (5.1)$$

Durch die Studentisierung wird eine dimensionslose Vergleichbarkeit ermöglicht, die auf Basis der Koeffizienten ein ähnliches Verhalten der Flächenrauheitskennwerte signalisiert. Obwohl von GRIMM et al. speziell für additive Probekörper die Verwendung der optischen Kenngrößen S_{dq} und S_{dr} empfohlen wird, können im Rahmen dieser Arbeit keine signifikanten Unterschiede zum weiter verbreiteten Flächenrauheitskennwert S_a identifiziert werden [95]. Infolgedessen kann für die Versuchsreihen eine Konvertibilität der studentisierten Flächenrauheitskennwerte $S_{a,s}$, $S_{dq,s}$ und $S_{dr,s}$ angenommen werden.

Regressionsmodelle

Im Rahmen dieser Arbeit werden für die Flächenrauheitskennwerte jeweils vier unterschiedlich komplexe Regressionsmodelle untersucht. Die Modellgüte kann in Bezug zur Verwendung der beinhalteten Prozesscharakteristika (V1) durch die Verwendung von Transformationen (V2) und Interaktionen (V3) jeweils etwas verbessert werden. Sowohl bei Betrachtung der Informationskriterien AIC und BIC als auch der Beurteilungsgrößen MSE und MAE kann zwischen den Modellen V1 bis V3 nur ein geringfügiger Unterschied identifiziert werden. Die größere Modellgüte steht hier im Kontrast zu der größeren Komplexität der einzelnen Regressionsterme wodurch in einer analytischen Betrachtung die Verwendung erschwert wird. Mit Ausnahme des Flächenrauheitskennwerts S_z kann durch die Verwendung einer Überlagerung von Transformationen und Interaktionen (V4) die Modellgüte verbessert werden. Beispielsweise kann bei Betrachtung des Flächenrauheitskennwerts S_a in Bezug zum Modell V1 die mittlere absolute Abweichung MAE im Modell V2 um 9 % und im Modell V3 um 8 % reduziert werden, wie Tabelle 5.12 entnommen werden kann. Im Modell V4 hingegen kann dieser Wert um 44 % reduziert werden. Dieses Verhalten ist für die Flächenrauheitskennwerte S_{dq} und S_{dr} nahezu identisch.

Tabelle 5.12 – Relative Änderung der Beurteilungsgröße MAE der einzelnen Flächenrauheitskennwerte für die unterschiedlich komplexen Regressionsmodelle V1 bis V4

Beurteilungsgröße $MAE/(\%)$	Regressionsmodell			
	V1	V2	V3	V4
Flächenrauheitskennwert S_a	100	91	92	56
Flächenrauheitskennwert S_{dq}	100	91	89	58
Flächenrauheitskennwert S_{dr}	100	92	92	61
Flächenrauheitskennwert S_z	100	94	92	84

Die Veränderung der Modellgüte innerhalb der Regressionsmodelle des Flächenrauheitskennwerts S_z ist hingegen kleiner ausgeprägt, wie Tabelle 5.12 entnommen werden kann. Als Erklärung hierfür kann die kenngrößenbedingte Anfälligkeit gegenüber lokalen Ausreißern genannt werden. Obwohl der Flächenrauheitskennwert S_z für die Beschreibung der verfahrensspezifischen großen PBF-LB/M-Rauheitsspitzen geeignet ist, ist aufgrund der großen Standardabweichung die Kenngröße nur bedingt zur eindeutigen Beschreibung einer additiven Gesamtmessfläche geeignet [97]. Die Prädiktionsgüte mittels der ermittelten Regressionsmodelle für den Flächenrauheitskennwert S_z wird letztendlich dadurch limitiert.

Einflussfaktoren

Ungeachtet unterschiedlicher Komplexität der Regressionsmodelle können die nachfolgenden Prozesscharakteristika als Einflussgrößen für die Oberflächentopografie identifiziert werden. Diese sind gemäß Tabelle 5.10 in unterschiedlicher Ausprägung in den einzelnen Regressionsmodellen enthalten und werden nachfolgend separat diskutiert.

Oberflächen-Laserstrahl-Relationswinkel ζ

Nach LIN et al. kann die Schmelzbadgeometrie und -dynamik beim Remote-Laserschweißen durch den Laserstrahlpolarwinkel ψ beeinflusst und weitestgehend definiert werden [201]. Bei pulverbasierten Laserschweißprozessen kann dieser Einfluss auf die Schmelzbadgeometrie zu lage- und orientierungsabhängigen Konturverschiebungen des erstarrten Schmelzbades führen. Eine schematische Darstellung dieser Annahme kann Abbildung 5.6 entnommen werden. Bauteile im äußeren Bereich der Bauplattform können dann ungeachtet eines konstanten Oberflächenpolarwinkels α unterschiedliche Rauheitswerte aufweisen.

Bei der gewählten Probengeometrie führt dies auf den laserstrahlabgewandten Seitenflächen zwangsläufig zu $\zeta > 90°$, was einen größeren Konturversatz zur Folge hat (vgl. Abbildung 5.6a). Bei geneigten Probekörpern mit einem konstanten Oberflächen-Laserstrahl-Relationswinkel ζ ist der Konturversatz auf beiden Seiten identisch (vgl. Abbildung 5.6b). Die Rauheit entsteht infolgedessen aus dem Konturversatz in Kombination mit der Schmelzbadbildung und -orientierung [105].

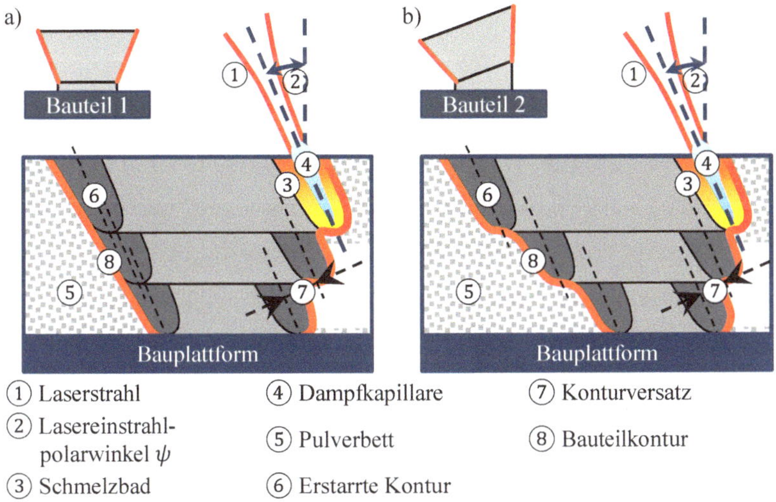

Abbildung 5.6 – Schematische Darstellung der resultierenden Oberflächenrauheit durch Schmelzbadausläufer bei geneigtem Laserstrahl für a) gerade Proben und b) geneigte Proben in Anlehnung an ROTT et al. [105]

Darüber hinaus kann die Oberflächenrauheit auch aus erstarrten Schmelzbadausläufern resultieren. Flüssige Schmelze, die nicht an der erstarrten Struktur der vorherigen Schicht angebunden werden kann, führt zu Schmelzbadausläufern, die aus der Bauteilkontur herausragen und damit die Oberflächenrauheit vergrößern [12]. Die Wahrscheinlichkeit der Bildung von Schmelzbadausläufern scheint vom Oberflächen-Laserstrahl-Relationswinkel ζ abhängig zu sein [105].

Oberflächenpolarwinkel α

Durch den schichtweisen Aufbau definiert der Oberflächenpolarwinkel α den Überhang der Kontur über losem Pulver. Je nach Größe des Überhangs wird die Wärmeleitung und infolgedessen die Schmelzbadstabilität an der Konturbelichtung beeinflusst [12]. Zusätzlich kann eine zunehmende Oberflächenrauheit auf einen größeren Anteil an anhaftenden Pulverpartikeln zurückzuführen sein. Der Effekt der anhaftenden Pulverpartikel ist vorwiegend ein Effekt von Downskin-Regionen aufgrund der Energieabsorption des umgebenden Pulverbettes [95]. Durch den Wärmestau an Downskin-Flächen haften Pulverpartikel an den Oberflächen an, wodurch die Rauheit- und Formhaltigkeit beeinflusst werden kann [202]. Dieser Einfluss ist zunehmend mit größerem Oberflächenpolarwinkel α [20]. Darüber hinaus wird durch den Treppenstufeneffekt eine Konturwelligkeit definiert, die neben dem Oberflächenpolarwinkel α noch von der Schichthöhe abhängig ist [91].

Normierte Wärmeleitungsbedingung $\delta_{\%}$

Die strömungsabgewandte Seitenfläche weist einen kleineren Rauheitswert im Vergleich zu den anderen Seitenflächen auf. Als mögliche Erklärung hierfür kann die veränderte normierte Wärmeleitungsbedingung $\delta_{\%}$ in diesem Bereich genannt werden. Da an der strömungsabgewandten Seitenfläche in jeder Schicht eine Streifenbelichtung vom Pulverbett in das Substrat vorliegt, kann für den Bereich des Überhangs ein zeitlicher Wärmestau im Pulverbett entstehen. Da aufgrund des Wärmestaus keine Änderung in der Sekundärrauheit durch anhaftende Pulverpartikel zu erwarten ist, müssten die kleineren Rauheitswerte auf einer Anpassung der Primärrauheit durch Erstarrung des Schmelzbades basieren.

Scan-Strömung-Relationswinkel φ_ω

Der Einfluss des Scan-Strömung-Relationswinkels φ_ω ist durch die Belichtungslogik der Kontur zu erklären. Bei der verwendeten Fertigungsanlage ist die Belichtung von Außenkonturen in jeder Schicht entgegen dem Uhrzeigersinn. Bei der verwendeten Geometrie der Probekörper bedeutet dies, dass die Kontur der rechten Seitenfläche entgegen der Schutzgasströmungsrichtung belichtet wird. Dies ist gemäß HANZL et al. vorteilhaft für die Schmelzbadstabilität und führt bei Verwendung in der Volumenbelichtung zu besseren Materialeigenschaften [128]. Die linke Seitenfläche der Probekörper hingegen hat eine Konturbelichtung in Schutzgasströmungsrichtung. Dies kann zu einem instabilen Schmelzbadverhalten führen und die Oberflächenrauheit infolgedessen beeinflussen [128]. Die obere und untere Seitenfläche des Probekörpers haben eine Konturbelichtung senkrecht zur Schutzgasströmungsrichtung. Durch die Auswurfrichtung der Schweißspritzer entgegen der Schweißrichtung ist bei diesen Belichtungstypen keine signifikante Beeinflussung zu erwarten.

Strömungsgeschwindigkeit v_{med}

Die Strömungsgeschwindigkeit v in und entgegen der Beschichtungsrichtung stellt eine Störkomponente dar. Insbesondere für die Anforderungen einer uniformen Schutzgasströmung mit Annäherung an die Strömungsbedingungen eines Windkanals resultiert die Strömungsgeschwindigkeit v in Druckverlusten und Inhomogenität der Strömungscharakteristika. Infolgedessen entsteht eine Wahrscheinlichkeitserhöhung einer Interaktion der Laserstrahlung mit Prozessnebenprodukten. Dies kann in einer Anpassung der Primärrauheit durch Erstarrung des Schmelzbades entstehen. Als Grund hierfür können beispielsweise oberflächennahe Balling-Effekte des Typs 3a genannt werden, die in einer lokalen Erhöhung der Primärrauheit resultieren.

Große Ellipsenhalbachse w_a

Über die große Ellipsenhalbachse w_a wird das elliptische Strahlprofil beim Auftreffen auf das Pulverbett bei Laserstrahlpolarwinkeln ψ ungleich 0 definiert. Je nach lokalen Bedingungen wird die Laserstrahlfläche sowie folglich die Intensität der Energieeinkopplung verändert. Eine Beeinflussung des Schmelzbads durch einen elliptischen Strahl kann nach Untersuchungen von FIEGL et al. ab Änderungen größer 15° identifiziert werden [80]. Die entstehende Veränderung des Laserstrahlpolarwinkels ψ an den Probekörpern ist durch die Fertigungsanlage auf 14° limitiert. Ungeachtet dessen scheint diese Veränderung das Rauheitsprofil der Probekörper zu beeinflussen.

Weitere nicht beinhaltete Einflussfaktoren

Die nachfolgenden Prozesscharakteristika sind partiell ebenfalls in den einzelnen Regressionsmodellen der Oberflächentopografie enthalten. Gemäß Tabelle 5.10 ist der Einfluss dieser Kenngrößen in Relation zu den bisher genannten Prozesscharakteristika allerdings vernachlässigbar, weshalb diese mit den nicht enthaltenen geführt werden. Obwohl der Laserstrahlpolarwinkel ψ in der Kenngröße des Oberflächen-Laserstrahl-Relationswinkels ζ und der großen Ellipsenhalbachse w_a enthalten sind, stellt dieser keinen direkten signifikanten Einfluss auf die Oberflächenrauheit dar. Ebenfalls kann die bauraumpositionsabhängige Veränderung der Laserleistung P_L um bis zu 1,5 % vernachlässigt werden. Effekte einer Laserleistungsveränderung auf die Oberflächenrauheit sind in Parameterstudien wie beispielsweise von TIAN et al. primär bei größeren Variationen ersichtlich [91]. Der Schweißrichtungswinkel υ definiert die Schweißrichtung und infolgedessen eine potenzielle Beeinflussung durch die Auswurfrichtung der Prozessnebenprodukte. Dieser Effekt kann im Rahmen dieser Arbeit allerdings nicht identifiziert werden.

Entgegen des beschriebenen Einflusses der Partikeldurchmesser d_{v10}, d_{v50} und d_{v90} auf die Oberflächenrauheit in Untersuchungen von ALI et al., kann in den Regressionsmodellen kein signifikanter Einfluss identifiziert werden [13]. Als Grund hierfür kann die Änderung des Partikeldurchmessers entlang der Auftragsrichtung genannt werden, die in den Untersuchungen der Autoren mit 4 µm größer ausfällt als die ermittelten 2 µm Unterschied in den im Rahmen dieser Arbeit verwendeten Datenreihen. Der Einfluss der Prozessnebenprodukte auf die Oberflächenrauheit, wie beispielsweise in Untersuchungen von HITZLER et al. oder ESMAEILIZADEH et al. analysiert, wird im Rahmen dieser Arbeit durch die Prozessnebenprodukthöhe h_{spat} beschrieben [102, 103]. Der Einfluss kann in den Untersuchungen der Autoren allerdings primär an Upskin-Deckflächen von Probekörpern nachgewiesen werden. Durch den reduzierten Flächenanteil der gefertigten Konturen im Verhältnis zu einer Deckfläche scheint dieser Einfluss allerdings ebenfalls vernachlässigbar. Eine Beeinflussung der Schmelzbadstabilität durch eine größere effektive Schichthöhe h_{eff} scheint an der Kontur nicht aufzutreten. Da die Konturbelichtung nach der Belichtung des Volumens auftritt, besteht eine umgeschmolzene Materialschicht zur Energieeinkopplung, sodass das Schmelzbad stabilisiert werden kann.

Der Median und das 95 %-Quantil der Strömungsgeschwindigkeiten in die drei Raumrichtungen u_{med}, u_{q95}, v_{q95}, w_{med} und w_{q95} weisen gemäß Tabelle 5.10 keinen signifikanten Einfluss auf die Oberflächenrauheit auf. Einflüsse der Schutzgasströmung auf die Oberflächenrauheit werden in der Literatur primär durch den Abtransport von Prozessnebenprodukten beschrieben. Weitere Einflüsse der Strömungsgeschwindigkeit auf die Oberflächenrauheit, wie beispielsweise auf die Schmelzbadtiefe und -stabilität nach REIJONEN et al., können in den Ergebnissen in Tabelle 5.10 nicht nachgewiesen werden [203].

6 Synthese von Homogenisierungskonzepten

Nachfolgend wird für die Beantwortung der zweiten Forschungsfrage eine Homogenisierung der signifikanten Prozess- sowie der resultierenden Bauteilcharakteristika angestrebt. Hierfür werden die Regressionsmodelle der Oberflächentopografie sowie der Diskontinuitäten durch Balling-Effekte des Typs 3a und 3b angewandt. Mittels Bewertung und Gestaltung von Homogenisierungskonzepten soll anschließend eine Beeinflussung der Prozesscharakteristika erreicht und infolgedessen eine Validierung der Regressionsmodelle durchgeführt werden.

6.1 Bewertungskriterien der Nutzwertanalyse

Die Nutzwertanalyse ist ein Instrument der Entscheidungsfindung, um verschiedene komplexe Handlungsszenarien zu bewerten [204]. Durch diese Vorgehensweise soll die Auswahl eines geeigneten Homogenisierungskonzeptes sowie die Bewertung unterschiedlicher Lösungsvarianten auf Basis unabhängiger Bewertungskriterien erfolgen.

Auswahl der Bewertungskriterien

Die Auswahl der Bewertungskriterien erfolgt auf Basis im Rahmen dieser Arbeit definierter Zielvorstellungen an ein PBF-LB/M-System. Neben den resultierenden Bauteilcharakteristika und der Wirtschaftlichkeit der Fertigungsanlage wird ebenfalls die technische Umsetzbarkeit des Konzeptes bewertet. Im Einzelnen werden die rissinitiierenden Bauteilcharakteristika durch die Bewertungskriterien Diskontinuitäten sowie Oberflächentopografie repräsentiert. Zusätzlich wird das Bewertungskriterium Gefüge eingeführt, das eine Beeinflussung der mittleren Korngröße und infolgedessen der mechanischen Eigenschaften berücksichtigen soll. Hierdurch werden indirekt Veränderungen der Abkühlgeschwindigkeit sowie des Temperaturgradienten durch beispielsweise Parameteränderungen berücksichtigt [205, 206].

Wirtschaftliche Aspekte werden durch die Bewertungskriterien der Bauteilherstellkosten sowie der Betriebs- und Wartungskosten dargestellt. Die technische Umsetzbarkeit wird abschließend durch das Bewertungskriterium der Integrationsfähigkeit beschrieben. Durch diese Bewertungskriterien soll der Einfluss der Homogenisierungskonzepte auf spätere Fertigungsbauteile bewertet werden.

Gewichtung der Bewertungskriterien

Um die Relevanz der einzelnen Bewertungskriterien darzustellen, wird ein paarweiser Vergleich durchgeführt. Durch diese Gegenüberstellung können die einzelnen Bewertungskriterien objektiv gewichtet werden [207]. Die im Rahmen dieser Arbeit definierte Gewichtung der ausgewählten Bewertungskriterien kann Tabelle 6.1 entnommen werden. Obwohl das Bewertungskriterium Betriebs- und Wartungskosten als relevant für die Zielvorstellungen an ein PBF-LB/M-System angesehen wurde, ist die Relevanz des Bewertungskriteriums in Relation zu den anderen nicht gegeben. Das Bewertungskriterium Betriebs- und Wartungskosten wird aufgrund des paarweisen Vergleichs und der resultierenden Gewichtung infolgedessen nicht mehr berücksichtigt.

Tabelle 6.1 – Paarweiser Vergleich der Bewertungskriterien mit Ergebnisdarstellung der Priorisierung und daraus resultierende Gewichtung gemäß der Relevanz der Bewertungskriterien

Bewertungskriterium		A	B	C	D	E	Gewicht	
A	Gefüge	-	-	-	-	-	1,0	6,7 %
B	Diskontinuitäten	B	-	-	-	-	4,5	30,0 %
C	Oberflächentopografie	C	B/C	-	-	-	4,5	30,0 %
D	Bauteilherstellkosten	D	B	C	-	-	2,0	13,3 %
E	Betriebs- und Wartungskosten	A	B	C	D	-	0,0	0,0 %
F	Integrationsfähigkeit	F	B	C	F	F	3,0	20,0 %
	Summe						15,0	100,0 %

Erfüllungsgrad von Bewertungskriterien

Durch den Erfüllungsgrad wird die Ausprägung jedes Konzepts auf Basis der einzelnen Bewertungskriterien beschrieben [207]. Die Unterteilungen sollten so gewählt werden, dass für jedes Kriterium eine quantifizierbare Angabe erfolgen kann [204]. In der vorgeschlagenen Matrix gemäß Tabelle 6.2 wird der Erfüllungsgrad der Bewertungskriterien in fünf Kategorien definiert und unterteilt. Die einzelnen Homogenisierungskonzepte können auf Basis des Erfüllungsgrades der Bewertungskriterien quantitativ verglichen und gegenübergestellt werden.

Tabelle 6.2 – Einteilung des Erfüllungsgrades der Bewertungskriterien

Bewertungskriterium	[--]	[-]	[○]	[+]	[++]
Gefüge	Veränderung der mittleren Korngröße über 20 %	Veränderung der mittleren Korngröße bis 20 %	Veränderung der mittleren Korngröße bis 10 %	Veränderung der mittleren Korngröße bis 5 %	Keine Veränderung
Diskontinuitäten	Vergrößerung der Materialdiskontinuitäten über 25 %	Vergrößerung der Materialdiskontinuitäten bis 25 %	Keine Veränderung	Verkleinerung der Materialdiskontinuitäten bis 25 %	Verkleinerung der Materialdiskontinuitäten über 25 %
Oberflächentopografie	Vergrößerung der Rauheitskennwerte über 25 %	Vergrößerung der Rauheitskennwerte bis 25 %	Keine Veränderung	Verkleinerung der Rauheitskennwerte bis 25 %	Verkleinerung der Rauheitskennwerte über 25 %
Bauteilherstellkosten	Kostenaufwuchs über 50 %	Kostenaufwuchs bis 50 %	Kostenaufwuchs bis 25 %	Kostenaufwuchs bis 10 %	Keine Beeinflussung
Integrationsfähigkeit	Neue Anlagenentwicklung notwendig	Größerer Modifikationsaufwand (bis 250 k€)	Geringer Modifikationsaufwand (bis 50 k€)	Geringer Modifikationsaufwand (bis 10 k€)	Mit bestehender Technik umsetzbar

6.2 Bewertung der Homogenisierungskonzepte

Nachfolgend werden unterschiedliche Homogenisierungskonzepte detailliert vorgestellt und in einer Nutzwertanalyse miteinander verglichen. Ziel der Nutzwertanalyse ist die anschließende Auswahl eines geeigneten Homogenisierungskonzeptes, das gemäß der vorher getroffenen Gewichtung die Anforderungen in der Gesamtheit bestmöglich erfüllt. Für eine nachvollziehbare Bewertung der einzelnen Konzepte erfolgt eine detaillierte Beschreibung der Erfüllungsgrade. Anschließend wird eine vergleichende Gegenüberstellung der einzelnen Konzepte auf Basis der gewichteten Kriterien dargestellt. Die Gestaltung der bestbewerteten Konzepte erfolgt in Abschnitt 6.3.

6.2.1 Diskontinuitäten

Als Referenz für die Erstellung eines Homogenisierungskonzeptes von Diskontinuitäten wird als Mittelpunkt der Bauplattform die Messposition C2 verwendet, an der der Laserstrahl orthogonal eintritt. Ziel des Homogenisierungskonzeptes ist infolgedessen eine Reduzierung der entstehenden Diskontinuitäten und der dazugehörigen Indikationen. Nachfolgend werden fünf Konzepte zur Reduzierung von Diskontinuitäten vorgestellt und einzeln erläutert. Eine abschließende Gegenüberstellung der Konzepte auf Basis der gewichteten Kriterien in einer Nutzwertanalyse kann Tabelle 6.8 entnommen werden.

Konzept 1 – Anpassung der Belichtungsstrategie oder -parameter

Durch die Belichtungsstrategie und -parameter kann eine Anpassung der Menge an Prozessnebenprodukten und folglich der Prozessnebenprodukthöhe h_{spat} vorgenommen werden. Durch eine zusätzliche Beeinflussung des Partikelflugs kann die Interaktionszeit zwischen Prozessnebenprodukten und der Laserstrahlung reduziert werden [190]. Die vollständige Bewertung des Konzepts ist in Tabelle 6.3 dargestellt.

Tabelle 6.3 – Beschreibung der Erfüllungsgrade für die unterschiedlichen Bewertungskriterien des Homogenisierungskonzepts 1 von Diskontinuitäten (Anpassung der Belichtungsstrategie oder -parameter)

Bewertungskriterium	Bewertung	Beschreibung der Erfüllungsgrade
Gefüge	○	Das Konzept wird aufgrund der Beeinflussung der Abkühlgeschwindigkeit sowie des Temperaturgradienten einen moderaten Einfluss auf die mittlere Korngröße im Bauteilvolumen haben.
Diskontinuitäten	+	Eine vollständige Unterbindung der Interaktion zwischen Prozessnebenprodukten und der Laserstrahlung ist auf Basis der Strömungsgeschwindigkeit w in positiver z-Richtung limitiert, sodass weiterhin Balling-Effekte des Typs 3a zu erwarten sind.
Oberflächentopografie	-	Da das aufgebaute oberflächennahe Volumenmaterial einen Einfluss auf die Oberflächentopografie besitzt, wird das Konzept in einer Veränderung der Oberfläche resultieren.
Bauteilherstellkosten	++	Falls keine signifikante Anpassung der Parameter Scangeschwindigkeit oder Spurabstand erfolgt, die primär die Fertigungszeit definieren, ist keine Änderung der Bauteilherstellkosten zu erwarten.
Integrationsfähigkeit	++	Das Konzept bietet eine einfache Integrationsfähigkeit, da die Anpassungen entweder bereits in der bestehenden Anlagensoftware oder mit geringem Aufwand umgesetzt werden können.

Konzept 2 – Entfernung von Prozessnebenprodukten

Da insbesondere Indikationen der Reihe A (letzte in Strömungsrichtung) auf vorhandene Prozessnebenprodukte in der aufgetragenen Pulverschicht zurückzuführen sind, stellt ein zusätzlicher Prozessschritt mit einer Entfernung von Prozessnebenprodukten eine Option zur Reduzierung von Diskontinuitäten dar. Hierbei wird nach dem Belichtungs- und vor dem Beschichtungsschritt eine Reduzierung der Prozessnebenprodukthöhe h_{spat} und infolgedessen der effektiven Schichthöhe h_{eff} integriert. Die vollständige Bewertung des Konzepts ist in Tabelle 6.4 dargestellt.

Tabelle 6.4 – Beschreibung der Erfüllungsgrade für die unterschiedlichen Bewertungskriterien des Homogenisierungskonzepts 2 von Diskontinuitäten (Entfernung von Prozessnebenprodukten)

Bewer-tungs-kriterium	Be-wer-tung	Beschreibung der Erfüllungsgrade
Gefüge	++	Da kein Eingriff in die Energieeinkopplung erfolgt, ist keine Änderung der mittlere Korngröße zu erwarten. Der zeitliche Aufwand durch den zusätzlichen Prozessschritt wird als vernachlässigbar für die mittlere Korngröße eingestuft.
Diskonti-nuitäten	++	Durch die Entfernung von Prozessnebenprodukten können Indikationen, die auf Balling-Effekte des Typs 3b basieren, nahezu vollständig unterbunden werden.
Ober-flächen-topografie	+	Da Prozessnebenprodukte die Partikelgröße des verwendeten Pulvermaterials übersteigen, ist insbesondere in Reihe A (letzte in Strömungsrichtung) eine Reduzierung der Sekundärrauheit durch anhaftende Pulverpartikel zu erwarten.
Bauteil-herstell-kosten	+	Aufgrund der Integration eines zusätzlichen Prozessschrittes ist von einem geringfügigen Kostenaufwuchs innerhalb der Bauteilherstellkosten auszugehen. Der Prozessschritt erfolgt durch eine Anpassung der Beschichterverfahrgeschwindigkeit vor dem eigentlichen Beschichtungsschritt, sodass je Schicht ca. 10 Sekunden zusätzlich anfallen.
Integra-tions-fähigkeit	-	Die Integrationsfähigkeit ist mit einem größeren Modifikationsaufwand der Anlagenkomponenten verbunden. Gegebenenfalls kann auf einen Eingriff in die Anlagensoftware verzichtet werden.

Konzept 3 – Modifikation strömungsführender Komponenten

Da die Strömungsgeschwindigkeiten v und w einen signifikanten Einfluss auf Diskontinuitäten haben, ermöglicht die Modifikation strömungsführender Komponenten eine gezielte Anpassung der Diskontinuitäten. Modifikationen an Einlassdüsen von PBF-LB/M-Anlagen wie beispielsweise von FERRAR et al. oder PHILO et al. zeigen bereits die Möglichkeiten zur Beeinflussung der Dichte mittels strömungsführender Komponenten auf [14, 87]. Die vollständige Bewertung des Konzepts ist in Tabelle 6.5 dargestellt.

Tabelle 6.5 – Beschreibung der Erfüllungsgrade für die unterschiedlichen Bewertungskriterien des Homogenisierungskonzepts 3 von Diskontinuitäten (Modifikation strömungsführender Komponenten)

Bewertungskriterium	Bewertung	Beschreibung der Erfüllungsgrade
Gefüge	++	Da kein Eingriff in die Energieeinkopplung erfolgt, ist keine Änderung der mittlere Korngröße zu erwarten. Eine Veränderung des Abtransports von Prozessnebenprodukten mit potenziell resultierender angepasster Partikelgrößenverteilung in der Prozesskammer wird als vernachlässigbar für die mittlere Korngröße eingestuft.
Diskontinuitäten	++	Durch dieses Konzept werden Balling-Effekte des Typs 3a reduziert. Darüber hinaus kann durch eine Veränderung des Abtransports von Prozessnebenprodukten die Wahrscheinlichkeit von Balling-Effekten des Typs 3b reduziert werden.
Oberflächentopografie	+	Durch eine Unterbindung von Prozessstörungen wie Balling-Effekten des Typs 3a und 3b im oberflächennahen Bereich können potenzielle Rauheitsspitzen sowie oberflächenoffene Risse vermieden werden. Beides kann das Ermüdungsverhalten positiv beeinflussen.
Bauteilherstellkosten	++	Da durch dieses Konzept keine Anpassung der Fertigungszeit oder der verbrauchten Materialien zu erwarten ist, erfolgt keine Änderung der Bauteilherstellkosten.
Integrationsfähigkeit	○	Für die Integrationsfähigkeit dieses Konzeptes ist ein moderater Modifikationsaufwand der Anlagenkomponenten zu betreiben. Die strömungsführenden Komponenten sind hierbei so zu gestalten, dass keine zusätzlichen Änderungen an der Anlage notwendig sind.

Konzept 4 – Schichthöhenanpassung

Eine weitere Option stellt die Anpassung der gewählten Schichthöhe dar. Bei einer kleineren Pulverschicht ist die Wahrscheinlichkeit einer vollständigen Umschmelzung größer, sodass potenziell weniger loses Pulver umherfliegen kann [51]. Folglich können eine Interaktion mit der Laserstrahlung und daraus resultierende Diskontinuitäten reduziert werden (Diskontinuitäten +). Die vollständige Bewertung des Konzepts ist in Tabelle 6.6 dargestellt.

Tabelle 6.6 – Beschreibung der Erfüllungsgrade für die unterschiedlichen Bewertungskriterien des Homogenisierungskonzepts 4 von Diskontinuitäten (Schichthöhenanpassung)

Bewertungskriterium	Bewertung	Beschreibung der Erfüllungsgrade
Gefüge	+	Da eine Anpassung der Schichthöhe mit einer Anpassung der Energieeinkopplung einhergeht, wird eine Beeinflussung der mittleren Korngröße nicht ausgeschlossen werden können.
Diskontinuitäten	+	Das Konzept beeinflusst potenziell sowohl Balling-Effekte des Typs 3a als auch 3b durch eine Reduzierung von Prozessnebenprodukten je Schicht.
Oberflächentopografie	+	Aufgrund der Primärrauheit durch Erstarrung des Schmelzbades und dem Treppenstufeneffekt ist eine Reduzierung der Rauheit durch dieses Konzept zu erwarten.
Bauteilherstellkosten	--	Die Anzahl an Schichten im Bauauftrag und infolgedessen die Bauteilherstellkosten werden signifikant größer ausfallen.
Integrationsfähigkeit	++	Da dieses Konzept mit der verfügbaren Anlagensoftware umgesetzt werden kann, ist bezüglich der Integrationsfähigkeit mit keinen zusätzlichen Aufwänden zu rechnen.

Konzept 5 – In-situ Reparatur von Balling-Effekten

Als abschließendes Konzept wird kein prophylaktisches, sondern ein reagierendes Eingreifen in den PBF-LB/M-Fertigungsprozess vorgestellt. Als Basis hierfür wird ein Prozessmonitoring-Verfahren mit einer ausreichenden Detektionswahrscheinlichkeit der Balling-Effekte des Typs 3a und 3b erfordert. Da beide Indikationstypen auf einer Kugelbildung im Prozess basieren, kann mittels eines erneuten Umschmelzens die Oberfläche geglättet und die Entstehung von Diskontinuitäten in der Folgeschicht durch einen in-situ-Reparaturschritt unterbunden werden (Diskontinuitäten ++) [35, 208]. Die vollständige Bewertung des Konzepts ist in Tabelle 6.7 dargestellt.

Tabelle 6.7 – Beschreibung der Erfüllungsgrade für die unterschiedlichen Bewertungskriterien des Homogenisierungskonzepts 5 von Diskontinuitäten (In-situ Reparatur von Balling-Effekten)

Bewertungskriterium	Bewertung	Beschreibung der Erfüllungsgrade
Gefüge	○	Aufgrund des erneuten lokalen Umschmelzens und potenziell notwendigen vergrößerten Energieeinträgen zur Reparatur von Fehlstellen ist eine Veränderung der mittleren Korngröße zu erwarten.
Diskontinuitäten	++	Das Glätten der aus Balling-Effekten des Typs 3a und 3b entstehenden Kugeln kann den Entstehungsprozess von Diskontinuitäten in der darauffolgenden Schicht unterbinden.
Oberflächentopografie	○	Wenn keine Reparatur an oberflächennahen Bereichen erfolgt, wird die Oberflächentopografie durch dieses Konzept kaum beeinträchtigt werden. Im oberflächennahen Bereich wäre jedoch eine Vergrößerung der Rauheit zu erwarten.
Bauteilherstellkosten	+	Bezüglich der Bauteilherstellkosten wird durch die zusätzlichen Prozessschritte der Datenanalyse und der Reparatur ein geringfügig vergrößerter Aufwand zu erwarten sein.
Integrationsfähigkeit	-	Aufgrund der Notwendigkeit einer zuverlässigen Detektion und Bewertung der Einzelindikationen inklusive des gezielten Reparaturschrittes ist zwar keine Anlagenneuentwicklung, jedoch ein großer Aufwand für die Umsetzung dieses Konzepts notwendig.

Eine abschließende Gegenüberstellung der Konzepte auf Basis der gewichteten Kriterien in einer Nutzwertanalyse kann Tabelle 6.8 entnommen werden. Gemäß dem gewichteten Nutzen werden die Homogenisierungskonzepte in ihrem Rang wie nachfolgend dargestellt bewertet:

1. Modifikation strömungsführender Komponenten
2. Entfernung von Prozessnebenprodukten
3. Schichthöhenanpassung
4. Anpassung der Belichtungsstrategie oder -parameter
5. In-situ Reparatur von Balling-Effekten

Tabelle 6.8 – Nutzwertanalyse der Homogenisierungskonzepte der Diskontinuitäten

Bewertungskriterien	Gewichtung	in-situ Reparatur von Balling-Effekten		Schichthöhenanpassung		Modifikation strömungsführender Komponenten		Entfernung von Prozessnebeprodukten		Anpassung der Belichtungsstrategie oder -parameter	
		Teilnutzen	Punkte	Teilnutzen	Punkte	Teilnutzen	Punkte	Teilnutzen	Punkte	Teilnutzen	Punkte
Gefüge	6,7%	0	0	7	1	13	2	13	2	0	0
Materialdiskontinuitäten	30,0%	60	2	30	1	60	2	60	2	30	1
Oberflächentopografie	30,0%	0	0	30	1	30	1	30	1	-30	-1
Bauteilherstellkosten	13,3%	13	1	-27	-2	27	2	13	1	27	2
Integrationsfähigkeit	20,0%	-20	-1	40	2	0	0	-20	-1	40	2
Gesamtnutzen	100%		2		3		7		5		4
Gewichteter Nutzen		53		80		130		97		67	
Rang		5		3		1		2		4	

6.2.2 Oberflächentopografie

Nachfolgend werden fünf unterschiedliche Konzepte zur Homogenisierung der Oberflächenrauheit im Detail vorgestellt und die Bewertung der einzelnen Kriterien erläutert. Eine abschließende Gegenüberstellung der Konzepte kann Tabelle 6.14 entnommen werden.

Konzept 1 – Anpassung der Belichtungsstrategie oder -parameter

Eine der wahrscheinlich meist verwendeten Konzepte zur Reduzierung der Rauheitswerte additiver Probekörper stellt eine Anpassung der Belichtungsstrategie oder -parameter dar. Durch die Belichtungsstrategie kann eine Anpassung des Scan-Strömung-Relationswinkels φ_ω sowie der normierten Wärmeleitungsbedingung $\delta_{\%}$ ermöglicht werden. Die vollständige Bewertung des Konzepts ist in Tabelle 6.9 dargestellt.

Tabelle 6.9 – Beschreibung der Erfüllungsgrade für die unterschiedlichen Bewertungskriterien des Homogenisierungskonzepts 1 der Oberflächentopografie (Anpassung der Belichtungsstrategie oder -parameter)

Bewertungs-kriterium	Bewertung	Beschreibung der Erfüllungsgrade
Gefüge	○	Das Konzept wird aufgrund der Beeinflussung der Abkühlgeschwindigkeit sowie des Temperaturgradienten einen moderaten Einfluss auf die mittlere Korngröße im Bauteilvolumen haben.
Diskontinuitäten	○	Ein signifikanter Einfluss auf resultierende Diskontinuitäten wird nicht erwartet. Hierfür muss die Anpassung der Belichtungsparameter allerdings in einem stabilen Prozessfenster stattfinden, sodass prozessimmanente Störungen, wie beispielsweise die Plateau-Rayleigh-Instabilität, nicht stattfinden.
Oberflächentopografie	+	Die beiden parametrisierbaren Kenngrößen stellen nur einen kleinen Anteil im Regressionsmodell dar, sodass eine zusätzliche Anpassung der Belichtungsparameter je Bauraumposition sowie Bauteilorientierung erforderlich ist. Als mögliche Vorgehensweise kann die Belichtungsrichtung der Kontur in jeder Schicht alternierend erfolgen. Infolgedessen würde nicht eine Bauteilseite ausschließlich in oder entgegen der Schutzgasströmungsrichtung belichtet werden.
Bauteilherstellkosten	++	Falls keine signifikante Anpassung der Parameter Scangeschwindigkeit oder Spurabstand erfolgt, die primär die Fertigungszeit definieren, ist keine Änderung der Bauteilherstellkosten zu erwarten.
Integrationsfähigkeit	++	Das Konzept bietet eine einfache Integrationsfähigkeit, da die Anpassungen entweder bereits in der bestehenden Anlagensoftware oder mit geringem Aufwand umgesetzt werden können.

Konzept 2 – Bauraumpositionsabhängige Bauteilorientierung

Mittels einer bauraumpositionsabhängigen Bauteilorientierung kann gezielt der Oberflächen-Laserstrahl-Relationswinkel ζ angepasst werden [105]. Durch diesen Vorgang wird der Oberflächenpolarwinkel α der Probekörper eingestellt. Durch dieses Konzept können die Kenngrößen ζ und α angepasst werden, was gemäß der Regressionsmodelle eine große Anpassung der Rauheit ermöglicht. Die Bewertung des Konzepts ist in Tabelle 6.10 dargestellt.

Tabelle 6.10 – Beschreibung der Erfüllungsgrade für die unterschiedlichen Bewertungskriterien des Homogenisierungskonzepts 2 der Oberflächentopografie (Bauraumpositionsabhängige Bauteilorientierung)

Bewertungskriterium	Bewertung	Beschreibung der Erfüllungsgrade
Gefüge	++	Der Einfluss auf die mittlere Korngröße ist vernachlässigbar, da die veränderten Wärmeleitungsbedingungen durch das Konzept kleiner als die auftretenden Änderungen innerhalb eines normalen PBF-LB/M-Fertigungsprozesses sind.
Diskontinuitäten	○	Bei Verwendung einer Klinge als Auftragswerkzeug könnte aufgrund von Kollisionen eine Veränderung des Pulverauftrags entstehen, wodurch Diskontinuitäten resultieren können [209]. Da im Rahmen dieser Arbeit eine Metallbürste verwendet wird, ist der Einfluss auf Volumenfehler vernachlässigbar.
Oberflächentopografie	++	Die Kenngrößen ζ und α stellen gemäß der Regressionsmodelle die Haupteinflussgrößen auf die Oberflächenrauheit dar. Eine gezielte Veränderung sollte daher die Oberflächentopografie erheblich beeinflussen.
Bauteilherstellkosten	○	Die Anpassung der Herstellkosten in der Datenvorbereitung sind als einmalige Kosten anzusehen. Der Anteil an Support-Strukturen kann durch das Neigen der Bauteile zunehmen, wodurch eine Erhöhung der Bauzeit und des Pulververbrauchs stattfindet. Darüber hinaus müssen die Support-Strukturen durch einen zusätzlichen Folgeprozess entfernt werden. Im Verhältnis zur bestehenden Prozesskette wäre dieser Schritt als gering einzustufen.
Integrationsfähigkeit	++	Bei der Umsetzung des Konzepts entstehen keine zusätzlichen Aufwände, da dies mit der bestehenden Anlagentechnik umgesetzt werden kann.

Konzept 3 – Telezentrisches f-θ-Objektiv

Die Verwendung eines telezentrischen f-θ-Objektivs resultiert durch eine Winkelkorrektur in einem konstanten Laserstrahlpolarwinkel ψ [171]. Infolgedessen ist der Oberflächen-Laserstrahl-Relationswinkel ζ bauraumpositionsunabhängig und nur vom Oberflächenpolarwinkel α abhängig. Dies ermöglicht gemäß der Regressionsmodelle eine große Anpassung der Rauheit. Die vollständige Bewertung des Konzepts ist in Tabelle 6.11 dargestellt.

Tabelle 6.11 – Beschreibung der Erfüllungsgrade für die unterschiedlichen Bewertungskriterien des Homogenisierungskonzepts 3 der Oberflächentopografie (Telezentrisches f-θ-Objektiv)

Bewertungskriterium	Bewertung	Beschreibung der Erfüllungsgrade
Gefüge	++	Eine Veränderung der mittleren Korngröße ist bei diesem Konzept nicht zu erwarten. Aufgrund des konstanten Laserstrahlpolarwinkels ψ ist eher von einer zusätzlichen Homogenisierung der Bauteile unterschiedlicher Positionen auszugehen.
Diskontinuitäten	+	Die Wahrscheinlichkeit einer Interaktion des Laserstrahls mit entstehenden Prozessnebenprodukten wird verkleinert, wodurch Balling-Effekte des Typs 3a reduziert werden können.
Oberflächentopografie	++	Durch einen bauraumpositionsunabhängig vergleichbaren Oberflächen-Laserstrahl-Relationswinkel ζ wird eine der Haupteinflussgrößen des Regressionsmodells vernachlässigt, sodass eine Homogenisierung erreicht werden kann.
Bauteilherstellkosten	++	Ein Einfluss auf die Produktionskosten ist nicht zu erwarten, da keine Anpassung der Fertigungsparameter oder der Prozesskette erforderlich ist.
Integrationsfähigkeit	--	Die Integrationsfähigkeit dieses Konzeptes ist nicht in bestehende Anlagentechnik gegeben. Eine Umsetzung bedarf daher einer Anlagenneuentwicklung.

Konzept 4 – Linearverfahrendes Objektiv

Das Konzept eines linearverfahrenden Objektivs zielt wie Konzept 3 ebenfalls auf einen konstanten Laserstrahlpolarwinkel ψ ab. Die Bewertung der Oberflächentopografie, des Gefüges sowie der Diskontinuitäten können daher Konzept 3 entnommen werden. Die vollständige Bewertung des Konzepts ist in Tabelle 6.12 dargestellt.

Tabelle 6.12 – Beschreibung der Erfüllungsgrade für die unterschiedlichen Bewertungskriterien des Homogenisierungskonzepts 4 der Oberflächentopografie (Linearverfahrendes Objektiv)

Bewertungskriterium	Bewertung	Beschreibung der Erfüllungsgrade
Gefüge	++	Eine Veränderung der mittleren Korngröße ist analog zu Konzept 3 nicht zu erwarten.
Diskontinuitäten	+	Die Wahrscheinlichkeit einer Interaktion des Laserstrahls mit entstehenden Prozessnebenprodukten wird analog zu Konzept 3 verkleinert.
Oberflächentopografie	++	Durch einen bauraumpositionsunabhängig vergleichbaren Oberflächen-Laserstrahl-Relationswinkel ζ wird eine der Haupteinflussgrößen des Regressionsmodells vernachlässigt, sodass eine Homogenisierung erreicht werden kann.
Bauteilherstellkosten	-	Aufgrund der Verfahrgeschwindigkeit von Linearportalen ist ein Anstieg der Bauzeit und infolgedessen der Bauteilherstellkosten zu erwarten.
Integrationsfähigkeit	--	Die Umsetzung bedarf analog zu Konzept 3 einer Anlagenneuentwicklung.

Konzept 5 – Spanende in-situ Nachbearbeitung

Das abschließende Konzept beinhaltet eine spanende in-situ Nachbearbeitung der Bauteile innerhalb der PBF-LB/M-Anlage, wodurch eine signifikante Reduzierung der Oberflächenrauheit erreicht werden kann. Darüber hinaus ist die resultierende Oberflächenrauheit unabhängig vom PBF-LB/M-Fertigungsprozess und den Einflussgrößen des Regressionsmodells. Die vollständige Bewertung des Konzepts ist in Tabelle 6.13 dargestellt.

Tabelle 6.13 – Beschreibung der Erfüllungsgrade für die unterschiedlichen Bewertungskriterien des Homogenisierungskonzepts 5 der Oberflächentopografie (Spanende in-situ Nachbearbeitung)

Bewertungskriterium	Bewertung	Beschreibung der Erfüllungsgrade
Gefüge	+	Aufgrund der entstehenden thermischen Bedingungen kann eine geringfügige Anpassung des konturnahen Gefüges stattfinden.
Diskontinuitäten	o	Da das Konzept eine ausschließliche Anpassung der oberflächennahen Bereiche beinhaltet, ist ein Einfluss auf entstehende Diskontinuitäten nicht zu erwarten, solange ein Konzept zur Entfernung der entstehenden Späne erarbeitet ist.
Oberflächentopografie	++	Das Konzept ermöglicht eine signifikante Beeinflussung der Oberflächenrauheit unabhängig der dargestellte Einflussgrößen der Regressionsmodelle.
Bauteilherstellkosten	--	Aufgrund des in-situ Prozessschritts der spanenden Nachbearbeitung, entstehen zusätzlichen Produktionskosten durch die längere Fertigungszeit, den größeren Pulververbrauch und durch mechanischen Verschleiß des Spanwerkzeugs.
Integrationsfähigkeit	--	Die Implementierung dieses Konzeptes ist nicht in der bestehenden Anlagentechnik gegeben. Eine Umsetzung bedarf daher einer Anlagenneuentwicklung.

Eine abschließende Gegenüberstellung der Konzepte auf Basis der gewichteten Kriterien in einer Nutzwertanalyse kann Tabelle 6.14 entnommen werden. Gemäß dem gewichteten Nutzen werden die Homogenisierungskonzepte wie nachfolgend dargestellt bewertet:

1. Bauraumpositionsabhängige Bauteilorientierung
2. Anpassung der Belichtungsstrategie oder -parameter
3. Telezentrisches f-θ-Objektiv
4. Linearverfahrendes Objektiv
5. Spanende in-situ Nachbearbeitung

Tabelle 6.14 – Nutzwertanalyse der Homogenisierungskonzepte der Oberflächentopografie

Homogenisierungskonzepte											
Spanende in-situ Nachbearbeitung		Linearverfahrendes Objektiv		Telezentrisches f-θ-Objektiv		Bauraumpositionsabhängige Bauteilorientierung		Anpassung der Belichtungsstrategie oder -parameter			
Teilnutzen	Punkte	Teilnutzen	Punkte	Teilnutzen	Punkte	Teilnutzen	Punkte	Teilnutzen	Punkte	Gewichtung	Bewertungskriterien
7	1	13	2	13	2	13	2	0	0	6,7%	Gefüge
0	0	30	1	30	1	0	0	0	0	30,0%	Materialdiskontinuitäten
60	2	60	2	60	2	60	2	30	1	30,0%	Oberflächentopografie
-27	-2	-13	-1	27	2	0	0	27	2	13,3%	Bauteilherstellkosten
-40	-2	-40	-2	-40	-2	40	2	40	2	20,0%	Integrationsfähigkeit
	-1		2		5		6		5	100%	Gesamtnutzen
0		50		90		113		97			Gewichteter Nutzen
5		4		3		1		2			Rang

6.3 Gestaltung der Homogenisierungskonzepte

Nachfolgend wird die konstruktive Ausgestaltung der einzelnen Homogenisierungskonzepte beschrieben. Da in den Regressionsmodellen der Diskontinuitätskennwerte $OT_{40\,\%}$ und $OT_{50\,\%}$ neben den Einflüssen der Schutzgasströmung auch die Pulverauftragscharakteristika als signifikante Einflüsse identifiziert werden können, werden zwei Homogenisierungskonzepte verfolgt. Dies wird ebenfalls an dem Entstehungsmechanismus der Diskontinuitäten und durch die Differenzierung in Balling-Effekte des Typs 3a sowie 3b motiviert. Abschließend wird das Homogenisierungskonzept der Oberflächentopografie vorgestellt.

6.3.1 Diskontinuitäten durch Balling-Effekte des Typs 3a

Gemäß der Nutzwertanalyse in Abschnitt 6.2 wird im Rahmen dieser Arbeit eine Modifikation strömungsführender Komponenten als Homogenisierungskonzept der Diskontinuitäten präferiert. Insbesondere die Strömungsgeschwindigkeit w_{q95} kann gemäß Tabelle 5.6 als signifikanter Einflussfaktor identifiziert werden. Eine Darstellung der Strömungsgeschwindigkeit w ohne Diskretisierung der Messposition kann Abbildung 6.1 entnommen werden.

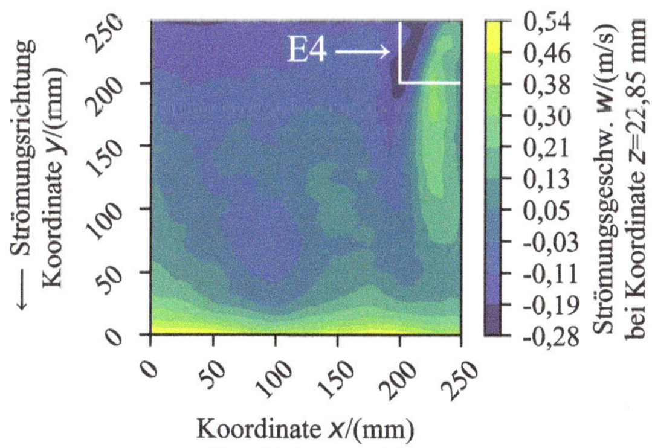

Abbildung 6.1 – Darstellung der Strömungsgeschwindigkeit w als Funktion der Position im Bauraum ohne Diskretisierung der Messposition

Während in Zelle E4 (erste in Beschichtungs- und Strömungsrichtung) in Abbildung 6.1 die größeren Strömungsgeschwindigkeiten auf eine inhomogene Volumenstromaufteilung vor der unteren Einlassdüse hindeuten, signalisiert der Wechsel von negativen und positiven Strömungskomponenten in z-Richtung in Spalte 4 (erste in Beschichtungsrichtung) einen Wirbel. Der Wirbel kann durch den entstehenden Freistrahl der Strömung nach Austritt aus der unteren Einlassdüse sowie durch die Interaktion der Primärströmung der unteren Einlassdüse mit der Sekundärströmung der oberen Einlassdüse entstehen. Darüber hinaus können in Reihe A (letzte in Strömungsrichtung) in Abbildung 6.1 die positiven Strömungskomponenten in z-Richtung auf die vorhandene Stufe an der Auslassdüse zurückgeführt werden. Jedes dieser Potentiale resultiert in einer speziellen Modifikation der strömungsführenden Komponenten. Auf eine Anpassung des Gesamtvolumenstroms wird hingegen verzichtet, da dies nicht in einer Homogenisierung der lokalen Strömungscharakteristika resultiert. Darüber hinaus kann durch die vergrößerte Strömungsgeschwindigkeit ein lokaler Pulverabtrag entstehen [210]. Zusammenfassend können für das Homogenisierungskonzept die nachfolgenden Potentiale identifiziert werden:

- Homogene Volumenstromaufteilung vor unterer Einlassdüse
- Verhinderung des Wirbels in Spalte 4
- Entfernung der Stufe an Auslassdüse

Obwohl durch Modifikation der Einlassdüse eine Anpassung der Strömungsbedingungen innerhalb der Prozesskammer vorgenommen werden kann, wird die Strömungscharakteristik bereits vorher maßgeblich definiert. Näherungsweise kann der angestrebte Zielzustand der Prozesskammer als Testbereich eines geschlossenen Windkanals betrachtet werden. Modifikationen der Einlassdüse wie von FERRAR et al. oder PHILO et al. stellen die Funktion eines Gleichrichters dar [14, 87].

Darüber hinaus wird in geschlossenen Windkanälen das Strömungsverhalten des Testbereichs ebenfalls durch die Strömungsführung und -umlenkung definiert [211]. An der vorliegenden Fertigungsanlage kann ein wesentlicher Bestandteil dieser Aufgabenstellung dem Krümmer vor der Einlassdüse zugewiesen werden. Der Krümmer besteht im Wesentlichen aus einer Volumenstromaufteilung in zwei Kanäle und einer Strömungsumlenkung um 90°. In den oberen Strömungskanal wird ein Großteil des Volumenstroms geleitet, um einen Gegendruck im oberen Bereich der Prozesskammer aufzubauen und ein Umwälzen der Strömung zu unterbinden. Der untere Kanal hingegen wird zusätzlich in sechs weitere Einzelkanäle unterteilt, um die Verlustenergie des großen Querschnitts zu verkleinern [178]. Durch die unterschiedliche Lauflänge der Einzelkanäle sowie die Übergabe des Kreis- auf ein Rechteckprofil weisen die Kanäle am Austritt eine unterschiedliche Krümmung auf. Eine Darstellung hiervon kann Abbildung 6.2 a) entnommen werden. Da anschließend bis zum Übergang zur Einlassdüse keine strömungsführenden Elemente verbaut sind, stellt die Schutzgasströmung ab Ende des Krümmers einen Freistrahl dar. Dies kann in einer seitlichen Ablenkung der Schutzgasströmung resultieren. Infolgedessen tritt am Eingang der Einlassdüse ein größerer Volumenstrom in Spalte 4 (erste in Beschichtungsrichtung) auf, wodurch die größeren Strömungsgeschwindigkeiten in Zelle E4 (erste in Beschichtungs- und Strömungsrichtung) in Abbildung 6.1 entstehen. Als Homogenisierungskonzept wird eine Modifikation des Krümmers gemäß Abbildung 6.2 b) vorgenommen. Neben einer homogenen Volumenstromaufteilung soll durch die gewählte Strömungsumlenkung eine homogene Strömungsverteilung am Übergang zur Einlassdüse entstehen. Die potenziell resultierenden größeren Druckverluste durch die Strömungsführung im Vergleich zur Ausgangssituation werden bewusst auf Basis der Strömungsuniformität akzeptiert.

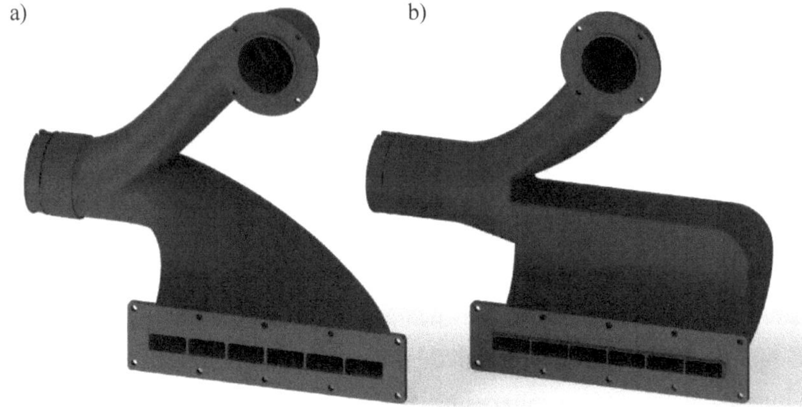

Abbildung 6.2 –Darstellung des Krümmers der
a) Ausgangssituation sowie des b) Homogenisierungskonzepts

Entgegen verschiedener Konstruktionen außerhalb der Prozesskammer, bestehen im Inneren keine strömungsführenden Einbauten. Nach der Einlassdüse stellt die Schutzgasströmung einen Freistrahl dar, der bis zur Auslassdüse auf der gegenüberliegenden Seite der Prozesskammer keine weitere Strömungsführung erfährt. Die Ausmaße der Prozesskammer sind auf Basis der Notwendigkeit von Dosier- und Überlaufplattform relativ groß. Zusätzlich wird eine ausreichende Höhe für die Entnahme der Substratplatte inklusive der Bauteile benötigt.

Da die Einlassdüse nicht über die gesamte Prozesskammerrückwand verläuft, wie es dem Beispiel des geschlossenen Windkanals entsprechen würde, stellt die Konstruktion strömungstechnisch einen Borda-Carnot-Diffusor dar. Diese unstetige Erweiterung resultiert in Wirbelgebieten sowie Druck- und Geschwindigkeitsverlusten an der Querschnittsänderung [130]. An der vorliegenden Prozesskammer tritt, wie es Abbildung 6.1 in Spalte 4 (erste in Beschichtungsrichtung) entnommen werden kann, ein Wirbelgebiet an der Querschnittsänderung auf.

Um die Borda-Carnot-Stoßverluste in Spalte 4 (erste in Beschichtungsrichtung) zu reduzieren, wird ein strömungsführendes Element innerhalb der Prozesskammer integriert. Da diese Vorrichtung im direkten Verfahrweg der Beschichtungseinheit steht, muss die Gestaltung so erfolgen, dass bei einer Implementierung der PBF-LB/M-Fertigungsprozess nicht beeinflusst wird. Als Konzept wird die Verwendung einer starren Leitwand mit magnetischer Kopplung an der Beschichtungseinheit präferiert. Die Leitwand wird auf einer Linearführung verfahren und durch einen zusätzlich angebrachten Anschlag in der Prozesskammer positioniert. Beim Zurückfahren der Beschichtungseinheit zur Dosierplattform wird die Leitwand aufgenommen. Die Kopplung erfolgt hierbei über Neodym Magnete. Während des Beschichtungsvorgangs wird die Leitwand durch den Anschlag von der Kopplung mit der Beschichtungseinheit gelöst. Durch diesen in Abbildung 6.3 dargestellten Aufbau müssen keine irreversiblen Veränderungen an der Fertigungsanlage durchgeführt werden. Zusätzlich wird kein Eingriff in die Prozesssoftware benötigt. In der Darstellung wird die Positionsstellung der Leitwand am Prozessablauf beim PBF-LB/M demonstriert.

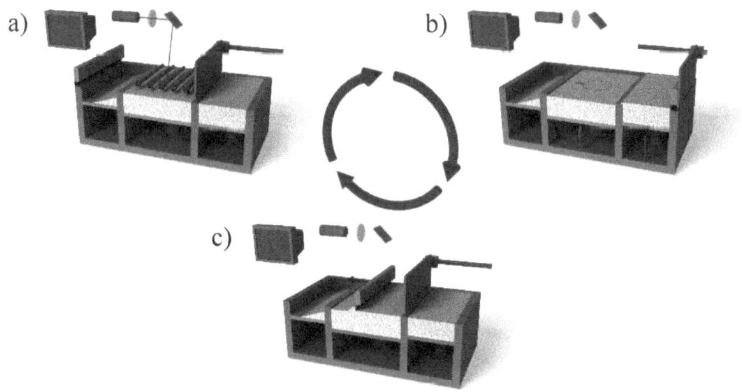

Abbildung 6.3 – Schematische Darstellung der Realisierung der dauerhaft implementierten Leitwand am Prozessablauf beim PBF-LB/M bestehend aus den drei Prozessschritten a) Belichtung, b) Bereitstellung und c) Beschichtung

Abschließend wird eine Entfernung der Stufe an der Auslassdüse bewertet, um die Strömungsgeschwindigkeiten in z-Richtung zu reduzieren. Folglich entsteht im Bereich der Reihe A (letzte in Strömungsrichtung) kein Totwassergebiet und keine Agglomeration von Prozessnebenprodukten. Nach ZHANG et al. kann ein Versatz einen signifikanten Einfluss auf die Menge an Prozessnebenprodukten nahe der Auslassdüse nehmen [88]. Ungeachtet dessen muss ebenfalls auf Basis des Strömungsprofils ein Abtransport der Prozessnebenprodukte ermöglicht werden. Infolgedessen wird der Partikelflug numerisch überprüft, um die notwendigen Bedingungen des Strömungsprofils zu bestimmen.

Für die numerische Analyse des Partikelflugs werden die Initialbedingungen des Partikels sowie die Strömungsbedingungen zugrunde gelegt. Die Initialbedingungen des Partikels werden auf Basis einer Beschleunigung aus dem Rückstoßdruck der Dampfkapillare angenommen. Gemäß Gleichung (6.1) kann der Rückstoßdruck p_{rec} in Abhängigkeit der Temperatur T mittels der integrierten Form der Clausius-Clapeyron-Gleichung berechnet werden [48, 212]. Auf Basis der chemischen Zusammensetzung und der Verdampfungsenthalpie der einzelnen Elemente aus Tabelle 3.1 kann für den verwendeten Werkstoff eine Verdampfungsenthalpie H_v von 391,6 kJ × mol^{-1} identifiziert werden. Zusätzlich werden der Umgebungsdruck p_0, die universelle Gaskonstante R sowie die Verdampfungstemperatur T_v in der Gleichung verwendet. Näherungsweise kann auf Basis der chemischen Zusammensetzung und der jeweiligen Verdampfungstemperaturen der einzelnen Elemente aus Tabelle 3.1 eine Verdampfungstemperatur T_v von 3167 K identifiziert werden. Aufgrund von Abkühlungsmechanismen während der Verdampfung wird die Temperatur innerhalb der Dampfkapillare begrenzt, sodass der Rückstoßdruck p_{rec} den Umgebungsdruck p_0 nicht übersteigen kann [213].

Die maximale erreichbare Temperatur T eines flüssigen Schweißspritzers wird darüber hinaus durch die Verdampfungstemperatur T_v sowie den Umgebungsdruck p_0 limitiert [50]. Der maximal erreichbare Rückstoßdruck p_{rec} wird in der nachfolgenden Betrachtung für eine Temperatur T eines flüssigen Schweißspritzers unmittelbar unter der Verdampfungstemperatur T_v angenommen.

$$p_{rec}(T) = 0{,}54 \times p_0 \times e^{\left[\frac{H_v}{R} \times \left(\frac{1}{T_v} - \frac{1}{T}\right)\right]} \tag{6.1}$$

Die daraus resultierenden Initialpartikelgeschwindigkeiten $c_{\infty,0}$ der Partikel werden aus den Untersuchungen von LY et al. für ausgewählte Partikeldurchmesser d gemäß Tabelle 6.15 abgeleitet [50]. Die aufgeführten Größenordnungen können hierbei als vergleichbar zu anderen experimentellen und simulativen Forschungsergebnissen angenommen werden [55, 213–215].

Tabelle 6.15 – Initialpartikelgeschwindigkeit $c_{\infty,0}$ von Partikeln unterschiedlicher Durchmesser abgeleitet aus Untersuchungen von LY et al. [50]

$d/(\mu m)$	10	30	50	70
$c_{\infty,0}/(m \times s^{-1})$	11,7	4,8	3,2	2,4

Der Partikelflug kann unter Zuhilfenahme der Anfangsbedingungen durch eine gewöhnliche Differentialgleichung erster Ordnung beschrieben werden. Neben der Initialpartikelgeschwindigkeit $c_{\infty,0}$ wird ein Initialpartikelflugwinkel ϑ_0 von 120° bis 150° entgegen der Belichtungsrichtung angenommen. Zusätzlich wird eine Belichtung in und entgegen der Schutzgasströmungsrichtung betrachtet, um Variationen innerhalb der alternierenden Belichtungslogik zu berücksichtigen. Der Initialpartikelflugwinkel ϑ_0 basiert auf Prozessaufnahmen, kann aber als vergleichbar zu experimentellen Forschungsergebnissen angenommen werden [216].

Darüber hinaus werden für den Partikelflug die einwirkenden Kräfte betrachtet. Für die numerische Betrachtung wird von der Flugbahn eines einzelnen Partikels ohne Stoßbeeinflussung durch andere Partikel ausgegangen. Da der Dichteunterschied $\rho_F \ll \rho_M$ zwischen dem Fluid und dem Material sehr groß ausfällt, können die statische Auftriebskraft, die Kraft aufgrund virtueller Masse sowie die Basset-Bousinesq-Kraft vernachlässigt werden. Darüber hinaus wird um das Partikel eine Zirkulationsfreiheit angenommen. Infolgedessen tritt keine dynamische Auftriebskraft senkrecht zur Anströmung oder durch den Magnus-Effekt induziert auf. Da die untersuchte Partikelgröße die mittlere freie Weglänge λ_F gemäß Tabelle 3.3 um ein Vielfaches übersteigt, kann ebenfalls auf die sogenannte Cunningham-Korrektur verzichtet werden [130, 217]. Als signifikante Kräfte werden die Gewichtskraft F_G sowie die Widerstandskraft F_W angenommen. Die Widerstandskraft F_W wird gemäß Gleichung (6.2) durch die Dichte ρ_F des Fluids, die angeströmte Fläche A, den Widerstandsbeiwert c_W sowie die relative Partikelgeschwindigkeit c_∞ berechnet [130].

$$F_W = \frac{\rho_F}{2} \times A \times c_W \times {c_\infty}^2 \tag{6.2}$$

Da im vorliegenden Fall die Reynolds-Zahl Re größer 1 ist, kann nicht von einer Stokes-Strömung ausgegangen werden. Der Widerstandsbeiwert c_W ist folglich direkt abhängig von der vorliegenden Reynolds-Zahl Re. Für die Definition des Widerstandsbeiwerts c_W gemäß HAIDER und LEVENSPIEL werden zusätzlich die sphärizitätsabhängigen Widerstandsbeiwertskoeffizienten $c_{W,A}$, $c_{W,B}$, $c_{W,C}$ und $c_{W,D}$ gemäß Gleichung (6.3) verwendet [218].

$$c_W = \frac{24}{Re} \times \left(1 + c_{W,A} \times Re^{c_{W,B}}\right) + \frac{c_{W,C}}{1 + \frac{c_{W,D}}{Re}} \tag{6.3}$$

Die Berechnung der sphärizitätsabhängigen Widerstandsbeiwertskoeffizienten $c_{w,A}$, $c_{w,B}$, $c_{w,C}$ und $c_{w,D}$ erfolgt gemäß Gleichung (6.4) [218]. Die Sphärizität Φ der Pulverpartikel wird für das verwendete Pulvermaterial gemäß Messungen mittels dynamischer Bildanalyse mit 0,95 angenommen.

$$\begin{aligned} c_{w,A} &= e^{2,3288-6,4581\times\Phi+2,4486\times\Phi^2} \\ c_{w,B} &= 0,0964+0,5565\times\Phi \\ c_{w,C} &= e^{4,905-13,8944\times\Phi+18,4222\times\Phi^2-10,2599\times\Phi^3} \\ c_{w,D} &= e^{1,4681+12,2584\times\Phi-20,7322\times\Phi^2+15,8855\times\Phi^3} \end{aligned} \tag{6.4}$$

Die Reynolds-Zahl Re wird im Fall der Umströmung eines Körpers nicht durch Gleichung (4.8), sondern durch Gleichung (6.5) definiert. Neben dem Partikeldurchmesser d und der relativen Partikelgeschwindigkeit c_∞ wird gemäß Tabelle 3.3 die Dichte ρ_F des Fluids sowie die dynamische Viskosität μ_F des Fluids verwendet [130].

$$Re = \frac{d \times c_\infty \times \rho_F}{\mu_F} \tag{6.5}$$

Die relative Partikelgeschwindigkeit c_∞ des Partikels innerhalb der Strömung wird gemäß Gleichung (6.6) durch die anteiligen relativen Partikelgeschwindigkeiten $c_{\infty,y}$ und $c_{\infty,z}$ in y- respektive in z-Richtung sowie die Strömungsgeschwindigkeiten u und w berechnet.

$$c_\infty = \sqrt{\left(c_{\infty,y}-u\right)^2+\left(c_{\infty,z}-w\right)^2} \tag{6.6}$$

Für die weitere Betrachtung wird die resultierende Beschleunigung a der Gewichtskraft F_G sowie der Widerstandskraft F_W auf Basis des zweiten newtonschen Gesetzes ermittelt. Unter Annahme einer Kugelform kann ein Term der Widerstandskraft F_W aus Gleichung (6.2) gemäß Gleichung (6.7) umgestellt werden. Die Kenngrößen sind die Dichte ρ_F des Fluids die Partikelmasse m, die angeströmte Fläche A, die Dichte ρ_M des Materials sowie der Partikeldurchmesser d.

$$\frac{\rho_F}{2 \times m} \times A = \frac{3 \times \rho_F}{4 \times \rho_M \times d} \tag{6.7}$$

Anschließend kann die anteilige Beschleunigung $dc_{\infty,y} \times dt^{-1}$ in y-Richtung gemäß Gleichung (6.8) dargestellt werden. Die Kenngrößen sind die Dichte ρ_F des Fluids die Dichte ρ_M des Materials der Partikeldurchmesser d, der Widerstandsbeiwert c_W die relative Partikelgeschwindigkeit c_∞ sowie der Partikelflugwinkel ϑ.

$$\frac{dc_{\infty,y}}{dt} = -\frac{3 \times \rho_F}{4 \times \rho_M \times d} \times c_W \times c_\infty{}^2 \times \cos(\vartheta) \tag{6.8}$$

Die anteilige Beschleunigung $dc_{\infty,z} \times dt^{-1}$ in z-Richtung wird gemäß Gleichung (6.9) durch die Gravitationsbeschleunigung g erweitert.

$$\frac{dc_{\infty,z}}{dt} = -\frac{3 \times \rho_F}{4 \times \rho_M \times d} \times c_W \times c_\infty{}^2 \times \sin(\vartheta) - g \tag{6.9}$$

Der Partikelflugwinkel ϑ wird hierbei durch das Verhältnis der relativen Partikelgeschwindigkeit $c_{\infty,y}$ und $c_{\infty,z}$ in y- respektive in z-Richtung sowie die Strömungsgeschwindigkeiten u und w zur relativen Partikelgeschwindigkeit c_∞ gemäß Gleichung (6.10) berechnet.

$$\vartheta = arccos\left(\frac{c_{\infty,y} - u}{c_\infty}\right) = arcsin\left(\frac{c_{\infty,z} - w}{c_\infty}\right) \tag{6.10}$$

Durch die beschriebenen Gleichungen (6.2) bis (6.10) und den Initialbedingungen gemäß Tabelle 6.15 kann der Partikelflug durch eine gewöhnliche Differentialgleichung erster Ordnung beschrieben werden. Das Ergebnis des Partikelflugs für unterschiedliche Durchmesser und unterschiedliche Positionen entlang der y-Achse kann Abbildung 6.4 entnommen werden. Durch die Farbkodierung wird die relative Partikelgeschwindigkeit c_∞ dargestellt. Darüber hinaus erfolgt eine Kennzeichnung der Flugbahn, falls ein Partikel nicht durch die Auslassdüse aus der Prozesskammer abgeführt wird. Als Randbedingung werden für die Schutzgasströmung die Messergebnisse der PIV angenommen. In y-Richtung tritt infolgedessen in Abhängigkeit der Position eine Strömungsgeschwindigkeit u zwischen 1,1 $\mathrm{m} \times \mathrm{s}^{-1}$ und 2,0 $\mathrm{m} \times \mathrm{s}^{-1}$ auf. In z-Richtung wird in Abhängigkeit der Position eine Strömungsgeschwindigkeit w zwischen -0,1 $\mathrm{m} \times \mathrm{s}^{-1}$ und 0,0 $\mathrm{m} \times \mathrm{s}^{-1}$ verwendet, da die gemessene Strömungsgeschwindigkeit w von 0,5 $\mathrm{m} \times \mathrm{s}^{-1}$ nach Entfernung der Stufe an der Auslassdüse nicht auftreten sollte.

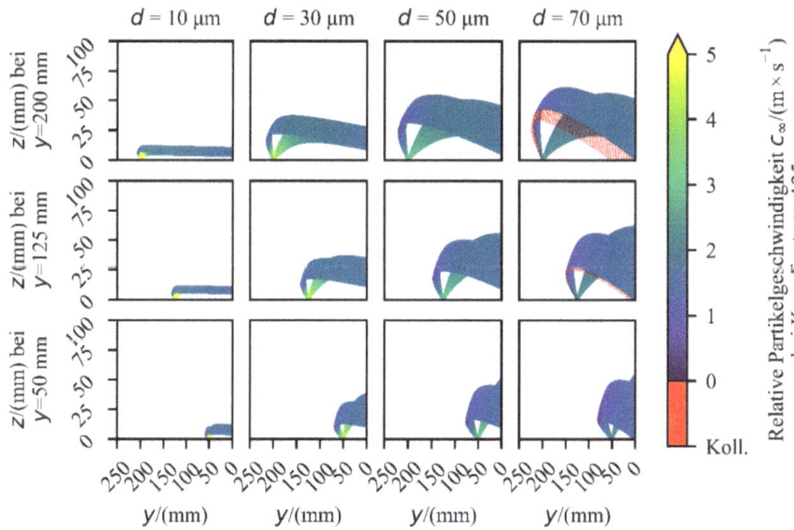

Abbildung 6.4 – Partikelflug für unterschiedliche Durchmesser (Spalten) und unterschiedliche Startpositionen entlang der y-Achse (Reihen)

Aufgrund des Partikelflugs in Abbildung 6.4 kann eine Beeinflussung der nachfolgenden Bauteilschicht im Prozess durch auf der Bauplattform landende Partikel identifiziert werden. Insbesondere größere Partikel werden länger durch die Massenträgheit definiert und folgen erst nach einer längeren Flugzeit der Schutzgasströmung. Dieser Effekt kann durch das erste newtonsche Gesetz oder die Stokes-Zahl St beschrieben werden [214]. Um eine Beeinflussung durch Prozessnebenprodukte bei Entfernung der Stufe zu unterbinden, muss eine konstante Strömungsgeschwindigkeit u von $2{,}5\ \mathrm{m} \times \mathrm{s}^{-1}$ eingestellt werden. Diese unterschreitet den Grenzwert an PBF-LB/M-Anlagen von $4{,}8\ \mathrm{m} \times \mathrm{s}^{-1}$ für Partikel aus Nickel-Legierungen, sodass kein lokaler Pulverabtrag entstehen würde [210]. Jedoch können gemäß Untersuchungen von ANWAR & PHAM sowie YOUNG et al. die Partikeldurchmesser d von Prozessnebenprodukten Werte von 100 µm überschreiten, sodass für einen vollständigen Abtransport von Prozessnebenprodukten durch die Schutzgasströmung größere Strömungsgeschwindigkeiten eingestellt werden müssen [55, 214]. Aufgrund der Limitierung des Abtransports von Prozessnebenprodukten durch die Schutzgasströmung, wird die Thematik der Prozessnebenproduktentfernung im Bereich der Reihe A (letzte in Strömungsrichtung) durch ein weiteres Homogenisierungskonzept behandelt.

Nach Anpassung der Volumenstromaufteilung durch den modifizierten Krümmer, sowie die Anbringung strömungsführender Elemente innerhalb der Prozesskammer, kann gemäß Abbildung 6.5 eine Änderung der Strömungscharakteristika in Spalte 4 (erste in Beschichtungsrichtung) erreicht werden. Während bei der Ausgangssituation am Einlass in einer Höhe von 20 mm und einem y-Achsenabschnitt von 230 mm ein Wirbelgebiet identifiziert werden kann, wird im Homogenisierungskonzept dieses unterbunden.

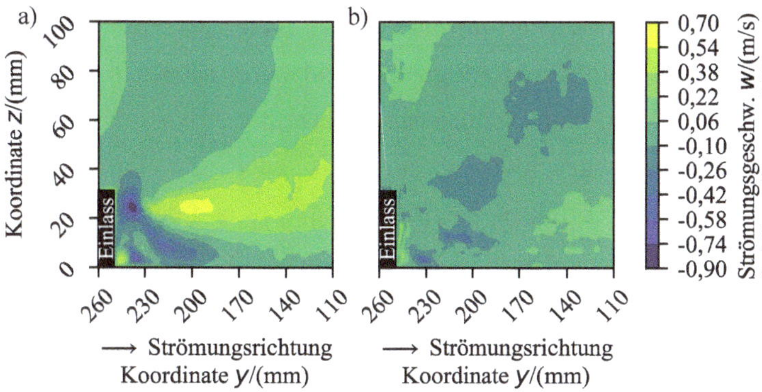

Abbildung 6.5 – Ausschnitt der Seitenansicht der Schutzgasströmung in Spalte 4 für a) die Ausgangssituation und b) das Homogenisierungskonzept

Während FERRAR et al. die Bedeutung der Strömungsuniformität im PBF-LB/M hervorheben, beschreiben PHILO et al. diese mittels dem dazugehörigen Strömungsuniformitätsindex γ [14, 87]. Dieser wird in der Aerodynamik verwendet, um die Uniformität einer Schutzgasströmung dimensionslos innerhalb einer Fläche zu beschreiben. Verwendung findet der Strömungsuniformitätsindex γ beispielsweise in der Auslegung und Konstruktion von Windkanälen [211]. Der Strömungsuniformitätsindex γ wird mittels Gleichung (6.11) durch die mittlere Strömungsgeschwindigkeit $\bar{u}$, die Gesamtfläche A_{Ges} sowie durch die lokale Geschwindigkeit u und die Fläche A als Funktion der Laufvariable i für die Anzahl an Flächen n_A berechnet [87].

$$\gamma = 1 - \frac{1}{2 \cdot |\bar{u}| \cdot A_{Ges}} \cdot \sum_{i=1}^{n_A} (A_i \cdot |(u_i - \bar{u})|) \qquad (6.11)$$

Die Ausganssituation der Fertigungsanlage kann mit einem Strömungsuniformitätsindex γ von -1,796 beziffert werden. Eine ideale uniforme Strömung wird durch einen Wert von 1 dargestellt. Das Homogenisierungskonzept resultiert in einem Strömungsuniformitätsindex γ von 0,139, wodurch eine Wirksamkeit nachgewiesen werden kann.

Neben dem Strömungsuniformitätsindex γ kann die Auswirkung des Konzeptes ebenfalls der Homogenitätsanalyse in Tabelle 6.16 entnommen werden. Vom Homogenisierungskonzept werden sowohl die einzelnen Strömungsgeschwindigkeiten als auch die Pulverauftragscharakteristika der effektiven Schichthöhe h_{eff} und der Prozessnebenprodukthöhe h_{spat} variiert, wie Abschnitt 10.3 entnommen werden kann. In der Ausgangssituation kann gemäß Tabelle 5.3 eine Inhomogenität entlang beider Richtungen identifiziert werden. Durch die Verwendung des Konzeptes können die Prozesscharakteristika der effektiven Schichthöhe h_{eff}, der Prozessnebenprodukthöhe h_{spat} sowie der Strömungsgeschwindigkeiten v_{med}, v_{q95} und w_{med} entlang der Beschichtungsrichtung homogenisiert werden.

Tabelle 6.16 – Homogenitätsanalyse der Prozesscharakteristika nach dem Homogenisierungskonzept von Balling-Effekten des Typs 3a

Prüfgröße $\hat{C}$ des jeweiligen Prozesscharakteristikums		Reihe/Spalte A/0	B/1	C/2	D/3	E/4
Effektive Schichthöhe h_{eff}	Reihe	3,637	4,002	1,137	0,470	0,567
	Spalte	0,366	0,225	0,059	0,453	0,153
Prozessnebenprodukthöhe h_{spat}	Reihe	0,584	3,545	0,634	1,284	2,895
	Spalte	0,123	0,029	0,089	0,020	0,095
Strömungsgeschwindigkeit u_{med}	Reihe	0,186	0,348	0,354	0,126	1,176
	Spalte	4,002	0,246	1,518	0,978	1,806
Strömungsgeschwindigkeit u_{q95}	Reihe	0,720	0,252	0,438	0,180	0,120
	Spalte	4,002	0,768	2,016	1,446	0,978
Strömungsgeschwindigkeit v_{med}	Reihe	2,586	1,878	0,912	1,752	4,002
	Spalte	0,144	0,138	0,348	0,216	0,264
Strömungsgeschwindigkeit v_{q95}	Reihe	3,132	1,266	0,798	1,752	4,002
	Spalte	0,126	0,102	0,324	0,126	0,372
Strömungsgeschwindigkeit w_{med}	Reihe	3,792	1,206	0,438	1,212	4,002
	Spalte	0,300	0,336	0,276	0,060	0,078
Strömungsgeschwindigkeit w_{q95}	Reihe	4,002	1,122	0,726	1,008	3,072
	Spalte	0,468	0,300	0,102	0,102	0,078

6.3.2 Diskontinuitäten durch Balling-Effekte des Typs 3b

Da gemäß Unterabschnitt 6.3.1 kein vollständiger Abtransport von Prozessnebenprodukten durch eine Modifikation strömungsführender Komponenten realisiert werden kann, wird zusätzlich ein zweites Homogenisierungskonzept für Diskontinuitäten realisiert. Gemäß der Nutzwertanalyse in Abschnitt 6.2 stellt die Entfernung von Prozessnebenprodukten ein ebenfalls hoch bewertetes Konzept dar, das ergänzend zum vorherigen Konzept in der Fertigungsanlage integriert werden kann. Da die auftretenden Diskontinuitäten durch Balling-Effekte des Typs 3b primär durch die Prozessnebenprodukthöhe h_{spat} induziert werden, kann die Entfernung von Prozessnebenprodukten auf die Reihe A (letzte in Strömungsrichtung) beschränkt werden. Die lokale Entfernung von Prozessnebenprodukten wird im Rahmen dieser Arbeit durch eine Absaugvorrichtung realisiert. Die anlagentechnische Umsetzung erfolgt mittels einer eigens konstruierten Absaugdüse, die an der Beschichtungseinheit montiert wird. Die Entfernung der Prozessnebenprodukte erfolgt über die Absaugdüse und einen daran angeschlossenen geerdeten Schlauch über eine Vakuumdurchführung außerhalb der Prozesskammer zu einem Fördermodul des Typs IPCM M extra der Firma EOS GmbH. Der PBF-LB/M-Fertigungsprozess wird bei diesem Konzept durch einen weiteren Prozessschritt ergänzt, wie Abbildung 6.6 entnommen werden kann. Nach der Bauteilbelichtung wird bei der Fahrt der Beschichtungseinheit zur Dosierplattform die Absaugvorrichtung manuell ein- und nach Entfernen der Prozessnebenprodukte ausgeschaltet. Die Entstehung von Unterdruck wird durch eine zusätzlich aktivierte Argon-Zufuhr an der Vakuumdurchführung während des Absaugvorgangs unterbunden. Für einen vollständigen Absaugvorgang wird die Geschwindigkeit der Beschichtungseinheit von 80 auf $40 \text{ mm} \times \text{s}^{-1}$ verkleinert. Der Dosierfaktor wird von 120 auf 300 % vergrößert, um eine vollständige Beschichtung zu gewährleisten.

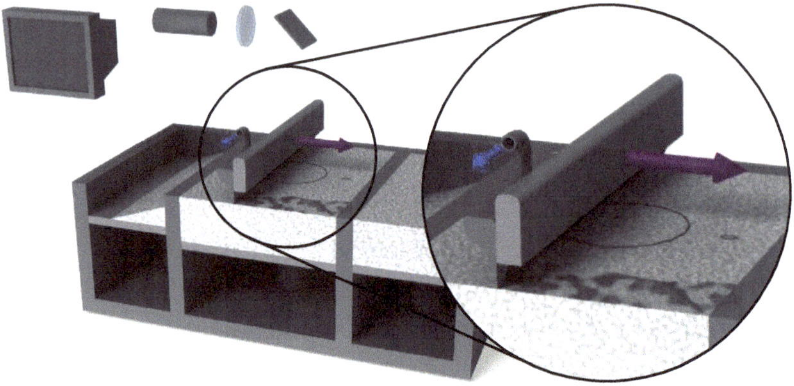

Abbildung 6.6 – Schematische Darstellung des Homogenisierungskonzepts der Balling-Effekte des Typs 3b durch einen zusätzlichen Prozessschritt Absaugung zwischen den Prozessschritten Belichtung und Bereitstellung

Durch die Absaugvorrichtung werden Prozessnebenprodukte auf der umgeschmolzenen Bauteilfläche sowie Pulver entfernt. Gemäß der eingestellten Erhöhung des Dosierfaktors je Schicht werden durch den Absaugvorgang bis zu ca. 70 µm des umliegenden Pulvers entfernt (180 % Erhöhung des Dosierfaktors bei 40 µm Schichten). Die Prozessnebenprodukthöhe h_{spat} auf den umgeschmolzenen Bauteilflächen in Reihe A (letzte in Strömungsrichtung) kann je nach Plattformbelegung Γ von 25 %, 50 % respektive 75 % gemäß Tabelle A12 bis Tabelle A14 durchschnittlich 24 µm, 52 µm respektive 68 µm aufweisen. Die Zusammensetzung des abgesaugten Materials kann unter Berücksichtigung der Plattformbelegung Γ berechnet werden. So besteht das abgesaugte Material bei einer Plattformbelegung Γ von 25 %, 50 % respektive 75 % aus einem Pulveranteil von 90 %, 58 % respektive 26 %.

Infolge des Absaugvorgangs werden sowohl die Prozessnebenprodukthöhe h_{spat} als auch die effektive Schichthöhe h_{eff} beeinflusst, wie Abschnitt 10.3 entnommen werden kann. Für diese beiden Prozesscharakteristika kann nach der Homogenisierung ausschließlich eine Inhomogenität entlang der Schutzgasströmungsrichtung identifiziert werden, wie in Tabelle 6.17 dargestellt wird. Signifikante Unterschiede der Prozesscharakteristika entlang der Beschichtungsrichtung, die vor der Homogenisierung noch bestanden, können nicht mehr festgestellt werden.

Tabelle 6.17 – Homogenitätsanalyse der Prozesscharakteristika nach dem Homogenisierungskonzept von Balling-Effekten des Typs 3b

Prüfgröße $\hat{C}$ des jeweiligen Prozesscharakteristikums		Reihe/Spalte A/0	B/1	C/2	D/3	E/4
Effektive Schichthöhe h_{eff}	Reihe	1,268	4,002	0,627	3,977	0,759
	Spalte	0,158	0,236	0,063	0,204	0,065
Prozessneben-produkthöhe h_{spat}	Reihe	4,002	4,002	1,752	0,996	1,742
	Spalte	0,151	0,050	0,061	0,074	0,109

6.3.3 Oberflächentopografie

Gemäß der Nutzwertanalyse in Abschnitt 6.2 wird im Rahmen dieser Arbeit eine Anpassung der Bauteilorientierung als Homogenisierungskonzept der Oberflächentopografie präferiert. Die Positionierung der Probekörper erfolgt auf den 25 definierten Messpositionen. Als Ausgangsbasis wird der Oberflächenpolarwinkel α der quadratischen Pyramidenstümpfe auf 130° definiert. Die dazugehörigen Oberflächenazimutwinkel ξ werden auf 0°, 90°, 180° sowie 270° festgelegt. Anschließend erfolgt eine Anpassung der Bauteilorientierung der Probekörper je Messposition auf Basis des Zusammenhangs im Regressionsmodell zum Term $\zeta^2 \times \alpha^2$ um die Hälfte des Laserstrahlpolarwinkels ψ in Richtung des Referenzpunkts im Mittelpunkt der Bauplattform an der Position L (125 mm | 125 mm). Die angepasste Bauteilorientierung ist in Abbildung 6.7 dargestellt.

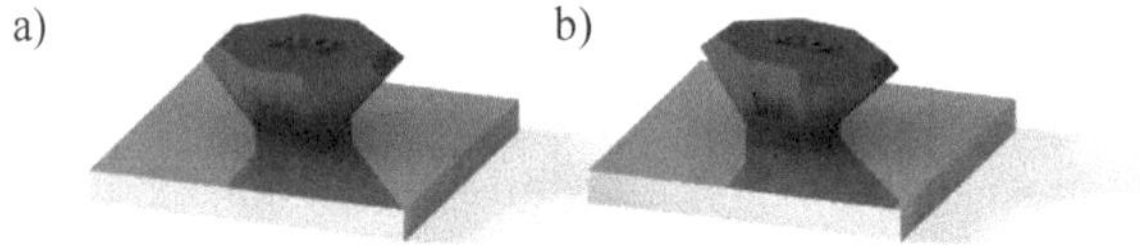

Abbildung 6.7 – Positionierung und Bauplattformbelegung innerhalb einer Messposition für die Quantifizierung des Homogenisierungskonzepts der Oberflächentopografie

Unter Verwendung dieses Homogenisierungskonzeptes wird keine Änderung der lokalen Prozesscharakteristika der Energieeinkopplung, des Pulverauftrages sowie der Schutzgasströmung bewirkt. Im Bereich der Bauauftragscharakteristika wird der Oberflächenpolarwinkel α sowie der Oberflächen-Laserstrahl-Relationswinkel ζ angepasst, wie Abschnitt 10.3 entnommen werden kann. Für diese beiden Prozesscharakteristika kann nach dem Homogenisierungskonzept eine Inhomogenität entlang beider Richtungen identifiziert werden, wie in Tabelle 6.18 dargestellt. In der Ausgangssituation ist hingegen für den Oberflächenpolarwinkel α eine Homogenität in beiden Richtungen und für den Oberflächen-Laserstrahl-Relationswinkel ζ eine Inhomogenität entlang der Beschichtungsrichtung identifiziert worden.

Tabelle 6.18 – Homogenitätsanalyse der Prozesscharakteristika nach dem Homogenisierungskonzept der Bauteilorientierungsanpassung

Prüfgröße $\hat{C}$ des jeweiligen Prozesscharakteristikums		Reihe/Spalte A/0	B/1	C/2	D/3	E/4
Oberflächenpolarwinkel α	Reihe	0,578	0,209	0,995	0,209	0,578
	Spalte	0,937	0,309	1,367	0,309	0,937
Oberflächen-Laserstrahl-Relationswinkel ζ	Reihe	0,578	0,205	0,995	0,214	0,578
	Spalte	0,945	0,309	1,367	0,315	0,931

7 Quantifizierung der Homogenisierungskonzepte

Nachfolgend werden die vorgestellten Homogenisierungskonzepte aus Kapitel 6 separat analysiert und diskutiert. Hierfür erfolgt eine Validierung der bestehenden Regressionsmodelle aus Kapitel 5 für die beiden Homogenisierungskonzepte der Diskontinuitäten in Abschnitt 7.1 und 7.2 sowie für das Homogenisierungskonzept der Bauteilorientierungsanpassung in Abschnitt 7.3. Für die Modellvalidierung werden mit Ausnahme der angepassten Prozesscharakteristika die Messergebnisse aus Abschnitt 10.2 verwendet. Die Messergebnisse der vom Homogenisierungskonzept betroffenen Prozesscharakteristika können Abschnitt 10.3 entnommen werden. Die Verwendung neuer Messdaten stellt eine Replikation der Beobachtungen dar und sollte in der Modellvalidierung möglichst nahe am Ergebnis der Prädiktion liegen. Die modellbedingten Erkenntnisse der Regressionsmodelle können infolgedessen für die Beschreibung der Bauraumpositionsabhängigkeit des PBF-LB/M-Verfahrens verwendet werden. Abschließend werden die Homogenisierungskonzepte sowie die Validierung der Regressionsmodelle in Abschnitt 7.4 diskutiert.

7.1 Homogenisierung der Balling-Effekte des Typs 3a

Gemäß des in Unterabschnitt 6.3.1 gestalteten Homogenisierungskonzeptes erfolgt eine Modifikation strömungsführender Komponenten. Dieses Konzept resultiert in einer Anpassung der Strömungsgeschwindigkeiten sowie der Pulverauftragscharakteristika der effektiven Schichthöhe h_{eff} und der Prozessnebenprodukthöhe h_{spat}. Das Ergebnis ohne Diskretisierung der Messposition der optischen Tomografie sowie des Reflexionsschallverfahrens kann Abbildung 7.1 entnommen werden. Durch das Homogenisierungskonzept können Indikationen in Spalte 4 (erste in Beschichtungsrichtung) reduziert werden, was durch beide Messverfahren detektiert wird.

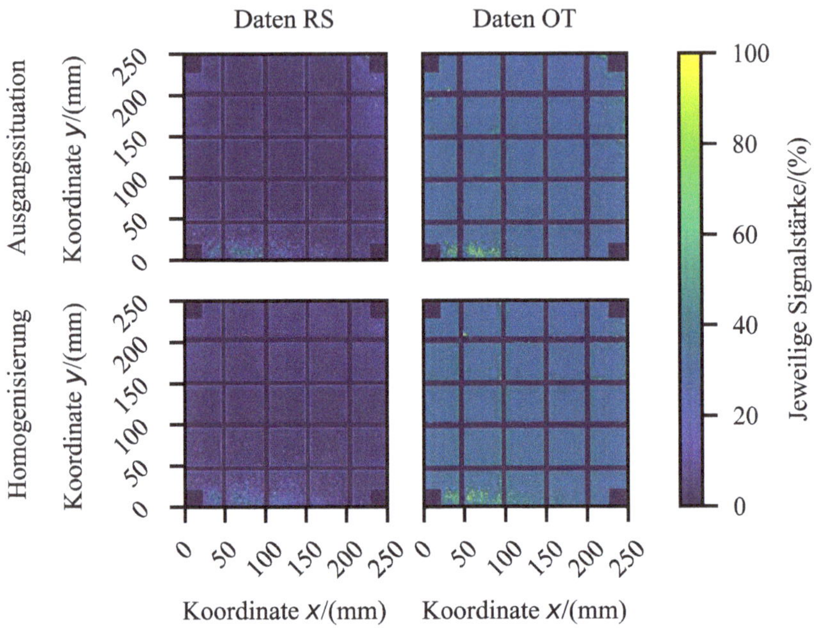

Abbildung 7.1 – Messergebnisse der optischen Tomografie sowie des Reflexionsschallverfahrens ohne Diskretisierung der Messposition für das Homogenisierungskonzept strömungsführender Komponenten

Für die Modellvalidierung werden mit Ausnahme der angepassten Prozesscharakteristika die Messergebnisse aus Abschnitt 10.2 verwendet. Die Messergebnisse der vom Homogenisierungskonzept betroffenen Prozesscharakteristika können Abschnitt 10.3 entnommen werden. In Tabelle 7.1 werden der mittlere quadratische Fehler MSE sowie der mittlere absolute Fehler MAE der Regressionsmodelle V1 bis V4 für die Diskontinuitätskennwerte $RS_{20\,\%}$, $RS_{80\,\%}$, $OT_{40\,\%}$ sowie $OT_{50\,\%}$ dargestellt. Die Regressionsmodelle können Abschnitt 10.4 entnommen werden. Im Vergleich zur Modellgüte der Regressionsmodelle der Ausgangssituation gemäß Tabelle 5.5, weisen die Messdaten des Homogenisierungskonzepts größere Abweichungen zur Prädiktion auf.

Tabelle 7.1 – Modellgüte der einzelnen Regressionsmodelle für das Homogenisierungskonzept strömungsführender Komponenten

$RS_{20\,\%}$	Regressionsmodell			
	V1	V2	V3	V4
Funktion	Tabelle A50	Tabelle A51	Tabelle A52	Tabelle A53
$MSE/(\%)$	30,5	28,8	19,5	21,4
$MAE/(\%)$	45,7	40,8	34,3	33,6
$RS_{80\,\%}$	Regressionsmodell			
	V1	V2	V3	V4
Funktion	Tabelle A54	Tabelle A55	Tabelle A56	Tabelle A57
$MSE/(\%)$	16,4	8,0	7,7	8,4
$MAE/(\%)$	19,1	8,0	13,8	9,2
$OT_{40\,\%}$	Regressionsmodell			
	V1	V2	V3	V4
Funktion	Tabelle A58	Tabelle A59	Tabelle A60	Tabelle A61
$MSE/(\%)$	20,2	16,9	32,3	48,4
$MAE/(\%)$	25,8	31,8	33,3	51,5
$OT_{50\,\%}$	Regressionsmodell			
	V1	V2	V3	V4
Funktion	Tabelle A62	Tabelle A63	Tabelle A64	Tabelle A65
$MSE/(\%)$	20,7	15,8	28,8	62,2
$MAE/(\%)$	24,0	21,6	33,7	64,5

Nachfolgend werden in Tabelle 7.2 die Prädiktionsfehler für die Regressionsmodelle dargestellt. Die Spalten stehen hierbei jeweils für eines der Regressionsmodelle V1 bis V4. Bei einer idealen Prädiktion wären keine Pseudofehler und keine nicht identifizierte Diskontinuität vorhanden. Ein Pseudofehler stellt eine Prädiktion dar, die eine Diskontinuität identifiziert, aber an der keine vorhanden ist. Eine nicht identifizierte Diskontinuität hingegen wird durch das Regressionsmodell nicht festgestellt. Zusätzlich wird in Tabelle 7.2 die Menge der nicht identifizierten Diskontinuitäten dargestellt, die in Relation zur Gesamtmenge der Diskontinuitäten steht. Der Anteil an Pseudofehlern sowie nicht identifizierten Diskontinuitäten fällt im Vergleich zur Ausgangssituation in Tabelle 5.7 partiell größer aus. Insbesondere das Regressionsmodell V1 für den Diskontinuitätskennwert $RS_{80\,\%}$ fällt mit einem relativ großen Anteil an nicht identifizierten Diskontinuitäten auf.

Tabelle 7.2 – Prädiktionsfehler der einzelnen Regressionsmodelle für das Homogenisierungskonzept strömungsführender Komponenten

$RS_{20\,\%}$	Regressionsmodell			
	V1	V2	V3	V4
Anteil Pseudofehler/(%)	24,0	24,0	8,0	8,0
Binomial normierter Flächenanteil an nicht identifizierten Diskontinuitäten/(%)	20,0	8,0	16,0	24,0
Realer Flächenanteil an nicht identifizierten Diskontinuitäten/(%)	2,3	1,1	2,2	3,4
$RS_{80\,\%}$	Regressionsmodell			
	V1	V2	V3	V4
Anteil Pseudofehler/(%)	12,0	8,0	8,0	8,0
Binomial normierter Flächenanteil an nicht identifizierten Diskontinuitäten/(%)	4,0	0,0	0,0	0,0
Realer Flächenanteil an nicht identifizierten Diskontinuitäten/(%)	21,7	0,0	0,0	0,0
$OT_{40\,\%}$	Regressionsmodell			
	V1	V2	V3	V4
Anteil Pseudofehler/(%)	21,3	24,0	32,0	32,0
Binomial normierter Flächenanteil an nicht identifizierten Diskontinuitäten/(%)	4,0	4,0	0,0	20,0
Realer Flächenanteil an nicht identifizierten Diskontinuitäten/(%)	0,1	0,1	0,0	4,3
$OT_{50\,\%}$	Regressionsmodell			
	V1	V2	V3	V4
Anteil Pseudofehler/(%)	20,0	20,0	8,0	28,0
Binomial normierter Flächenanteil an nicht identifizierten Diskontinuitäten/(%)	0,0	0,0	21,3	36,0
Realer Flächenanteil an nicht identifizierten Diskontinuitäten/(%)	0,0	0,0	5,0	6,6

Wie einer Gegenüberstellung der Ausgangssituation sowie dem Homogenisierungskonzept in Abbildung 7.1 entnommen werden kann, können in Spalte 4 (erste in Beschichtungsrichtung) Diskontinuitäten durch Balling-Effekte des Typs 3a unterbunden werden. Dies betrifft sowohl Indikationen der optischen Tomografie als auch des Reflexionsschallverfahrens. Gemäß Tabelle 7.3 kann durch das Homogenisierungskonzept der reale Flächenanteil an Diskontinuitäten je Probekörper reduziert werden. Diskontinuitäten in Reihe A (letzte in Strömungsrichtung) werden ebenfalls beeinflusst, sodass Diskontinuitäten größer 80 % Signalstärke unterbunden werden können.

Tabelle 7.3 – Veränderungen der Diskontinuitäten in Reihe A sowie Spalte 4 für das Homogenisierungskonzept strömungsführender Komponenten

Rel. Diskontinuitäten je Probekörper/(%)	Ausgangs-situation	Homogenisierungs-konzept
$RS_{20-100\,\%}$ in Reihe A	8,00	8,26 (+3 %)
$RS_{80-100\,\%}$ in Reihe A	0,14	0,00 (-100 %)
$RS_{20-100\,\%}$ in Spalte 4	0,64	0,12 (-81 %)
$RS_{80-100\,\%}$ in Spalte 4	0,04	0,00 (-100 %)

7.2 Homogenisierung der Balling-Effekte des Typs 3b

Gemäß des in Unterabschnitt 6.3.2 gestalteten Homogenisierungskonzeptes der Diskontinuitäten erfolgt eine Entfernung von Prozessnebenprodukten. Dieses Konzept resultiert in einer Anpassung der Pulverauftragscharakteristika der effektiven Schichthöhe h_{eff} und der Prozessnebenprodukthöhe h_{spat}. Das Ergebnis ohne Diskretisierung der Messposition der optischen Tomografie sowie des Reflexionsschallverfahrens kann Abbildung 7.2 entnommen werden. Durch das Homogenisierungskonzept können Indikationen in Reihe A (letzte in Strömungsrichtung) reduziert werden, was durch beide Messverfahren detektiert wird.

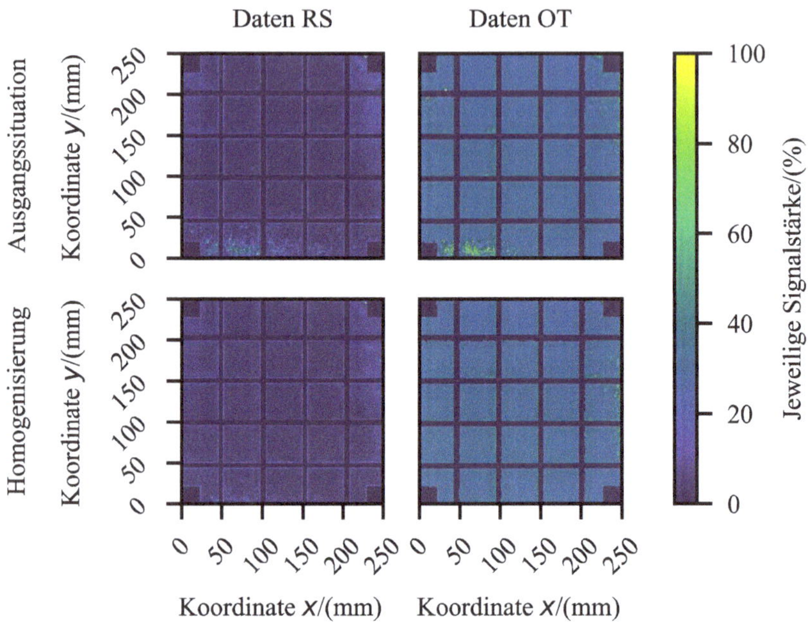

Abbildung 7.2 – Messergebnisse der optischen Tomografie sowie des Reflexionsschallverfahrens ohne Diskretisierung der Messposition für das Homogenisierungskonzept der Entfernung von Prozessnebenprodukten

Für die Modellvalidierung werden mit Ausnahme der angepassten Prozesscharakteristika die Messergebnisse aus Abschnitt 10.2 verwendet. Die Messergebnisse der angepassten Prozesscharakteristika können Abschnitt 10.3 entnommen werden. In Tabelle 7.4 werden der mittlere quadratische Fehler MSE sowie der mittlere absolute Fehler MAE der Regressionsmodelle V1 bis V4 für die Diskontinuitätskennwerte $RS_{20\,\%}$, $RS_{80\,\%}$, $OT_{40\,\%}$ sowie $OT_{50\,\%}$ dargestellt. Die verwendeten Regressionsmodelle können Abschnitt 10.4 entnommen werden. Im Vergleich zur Modellgüte der Regressionsmodelle der Ausgangssituation gemäß Tabelle 5.5, weisen die Messdaten des Homogenisierungskonzepts größere Abweichungen zur Prädiktion auf. Dies trifft insbesondere für die Diskontinuitätskennwerte $OT_{40\,\%}$ und $OT_{50\,\%}$ zu.

Tabelle 7.4 – Modellgüte der einzelnen Regressionsmodelle für das Homogenisierungskonzept der Entfernung von Prozessnebenprodukten

$RS_{20\,\%}$	Regressionsmodell			
	V1	V2	V3	V4
Funktion	Tabelle A50	Tabelle A51	Tabelle A52	Tabelle A53
$MSE/(\%)$	10,1	9,3	12,3	7,1
$MAE/(\%)$	21,7	21,1	26,2	16,1
$RS_{80\,\%}$	Regressionsmodell			
	V1	V2	V3	V4
Funktion	Tabelle A54	Tabelle A55	Tabelle A56	Tabelle A57
$MSE/(\%)$	12,0	20,0	7,9	4,0
$MAE/(\%)$	12,0	20,0	14,9	4,0
$OT_{40\,\%}$	Regressionsmodell			
	V1	V2	V3	V4
Funktion	Tabelle A58	Tabelle A59	Tabelle A60	Tabelle A61
$MSE/(\%)$	35,9	27,7	28,9	35,8
$MAE/(\%)$	44,1	45,2	31,7	37,1
$OT_{50\,\%}$	Regressionsmodell			
	V1	V2	V3	V4
Funktion	Tabelle A62	Tabelle A63	Tabelle A64	Tabelle A65
$MSE/(\%)$	35,4	30,1	20,5	40,3
$MAE/(\%)$	40,2	38,5	24,0	41,3

Nachfolgend werden in Tabelle 7.5 die Prädiktionsfehler für die Regressionsmodelle dargestellt. Der Anteil an Pseudofehlern sowie nicht identifizierten Diskontinuitäten fällt im Vergleich zur Ausgangssituation in Tabelle 5.7 partiell größer aus. Insbesondere das Regressionsmodell V4 für den Diskontinuitätskennwert $RS_{20\,\%}$ sowie die Regressionsmodelle V1 für die Diskontinuitätskennwerte $OT_{40\,\%}$ und $OT_{50\,\%}$ fallen mit einem relativ großen Anteil an nicht identifizierten Diskontinuitäten auf. Insgesamt ist der Anteil an Pseudofehlern größer als der von nicht identifizierten Diskontinuitäten, sodass die Regressionsmodelle als konservativ in der Bewertung angesehen werden können.

Tabelle 7.5 – Prädiktionsfehler der einzelnen Regressionsmodelle für das Homogenisierungskonzept der Entfernung von Prozessnebenprodukten

$RS_{20\,\%}$	Regressionsmodell			
	V1	V2	V3	V4
Anteil Pseudofehler/(%)	4,0	10,7	12,0	4,0
Binomial normierter Flächenanteil an nicht identifizierten Diskontinuitäten/(%)	4,0	4,0	0,0	8,0
Realer Flächenanteil an nicht identifizierten Diskontinuitäten/(%)	5,0	1,9	0,0	11,2
$RS_{80\,\%}$	Regressionsmodell			
	V1	V2	V3	V4
Anteil Pseudofehler/(%)	12,0	20,0	8,0	4,0
Binomial normierter Flächenanteil an nicht identifizierten Diskontinuitäten/(%)	0,0	0,0	0,0	0,0
Realer Flächenanteil an nicht identifizierten Diskontinuitäten/(%)	0,0	0,0	0,0	0,0
$OT_{40\,\%}$	Regressionsmodell			
	V1	V2	V3	V4
Anteil Pseudofehler/(%)	32,0	32,0	30,7	37,3
Binomial normierter Flächenanteil an nicht identifizierten Diskontinuitäten/(%)	10,7	0,0	0,0	0,0
Realer Flächenanteil an nicht identifizierten Diskontinuitäten/(%)	18,5	0,0	0,0	0,0
$OT_{50\,\%}$	Regressionsmodell			
	V1	V2	V3	V4
Anteil Pseudofehler/(%)	28,0	29,3	20,0	41,3
Binomial normierter Flächenanteil an nicht identifizierten Diskontinuitäten/(%)	12,0	2,7	4,0	0,0
Realer Flächenanteil an nicht identifizierten Diskontinuitäten/(%)	28,5	0,9	3,7	0,0

Wie der Gegenüberstellung der Ausgangssituation und dem Homogenisierungskonzept gemäß Abbildung 7.2 entnommen werden kann, können in Reihe A (letzte in Strömungsrichtung) Diskontinuitäten durch Balling-Effekte des Typs 3b unterbunden werden. Dies betrifft sowohl Indikationen der optischen Tomografie als auch des Reflexionsschallverfahrens. Gemäß Tabelle 7.6 kann in Reihe A (letzte in Strömungsrichtung) durch das Homogenisierungskonzept der reale Flächenanteil an Diskontinuitäten reduziert werden. Diskontinuitäten in Spalte 4 (erste in Beschichtungsrichtung) werden hingegen primär durch Balling-Effekte des Typs 3a induziert und werden von diesem Konzept nicht beeinflusst.

Tabelle 7.6 – Veränderungen der Diskontinuitäten in Reihe A sowie Spalte 4 durch die Entfernung von Prozessnebenprodukten

Rel. Diskontinuitäten je Probekörper/(%)	Ausgangssituation	Homogenisierungskonzept
$RS_{20-100\,\%}$ in Reihe A	8,00	0,42 (-95 %)
$RS_{80-100\,\%}$ in Reihe A	0,14	0,00 (-100 %)
$RS_{20-100\,\%}$ in Spalte 4	0,64	0,50 (-22 %)
$RS_{80-100\,\%}$ in Spalte 4	0,04	0,02 (-50 %)

7.3 Homogenisierung der Oberflächentopografie

Gemäß des gestalteten Homogenisierungskonzeptes der Oberflächentopografie erfolgt eine Anpassung der Bauteilorientierung der Probekörper je Messposition. Die Ausrichtung erfolgt je Messposition, auf Basis des Zusammenhangs im Regressionsmodell zum Term $\zeta^2 \times \alpha^2$, um die Hälfte des Laserstrahlpolarwinkels ψ in Richtung des Referenzpunkts im Mittelpunkt der Bauplattform an der Position L (125 mm | 125 mm). Dieses Konzept resultiert in einer ausschließlichen Anpassung dieser lokalen Prozesscharakteristika. Obwohl die Anpassung der Bauteilorientierung auf Basis des Regressionsmodells V4 durchgeführt wird, werden in Tabelle 7.7 der mittlere quadratische Fehler MSE sowie der mittlere absolute Fehler MAE sämtlicher Regressionsmodelle dargestellt. Die verwendeten Regressionsmodelle können Abschnitt 10.4 entnommen werden.

Die Prädiktionsgüte des Homogenisierungskonzepts entspricht näherungsweise der Prädiktionsgüte der Ausgangssituation aus Tabelle 5.9. Die genaueste Prädiktion kann für sämtliche Regressionsmodelle durch den Komplexitätsgrad V4 ermöglicht werden, obwohl die Prädiktionsgüte bei diesem geringfügig niedriger zur Ausgangssituation ist.

Tabelle 7.7 – Modellgüte der einzelnen Regressionsmodelle für das Homogenisierungskonzept der Bauteilorientierungsanpassung

S_a	Regressionsmodell			
	V1	V2	V3	V4
Funktion	Tabelle A66	Tabelle A67	Tabelle A68	Tabelle A69
$MSE/(\mu m^2)$	27,7	24,7	24,5	15,8
$MAE/(\mu m)$	4,00	3,83	3,84	3,02
S_{dq}	Regressionsmodell			
	V1	V2	V3	V4
Funktion	Tabelle A70	Tabelle A71	Tabelle A72	Tabelle A73
$MSE/(1)$	0,057	0,052	0,053	0,033
$MAE/(1)$	0,199	0,192	0,194	0,149
S_{dr}	Regressionsmodell			
	V1	V2	V3	V4
Funktion	Tabelle A74	Tabelle A75	Tabelle A76	Tabelle A77
$MSE/(\%^2)$	837	789	774	517
$MAE/(\%)$	24,1	23,9	23,4	18,8
S_z	Regressionsmodell			
	V1	V2	V3	V4
Funktion	Tabelle A78	Tabelle A79	Tabelle A80	Tabelle A81
$MSE/(\mu m^2)$	4505	4464	4445	4104
$MAE/(\mu m)$	40,5	40,0	40,0	36,3

In Abbildung 7.3 werden analog Unterabschnitt 5.3.2 für sämtliche Flächenrauheitskennwerte die Prädiktionsfehler für die einzelnen Regressionsmodelle dargestellt. Die Spalten stehen analog Abbildung 5.2 für eines der Regressionsmodelle V1 bis V4. In den Reihen werden Prädiktionsfehler der einzelnen Flächenrauheitskennwerte dargestellt.

Analog Abbildung 5.2 werden insbesondere große Rauheitswerte in der Prädiktion unterschätzt. Unabhängig des Flächenrauheitskennwerts wird die Prädiktionsgüte mit steigendem Komplexitätsgrad größer.

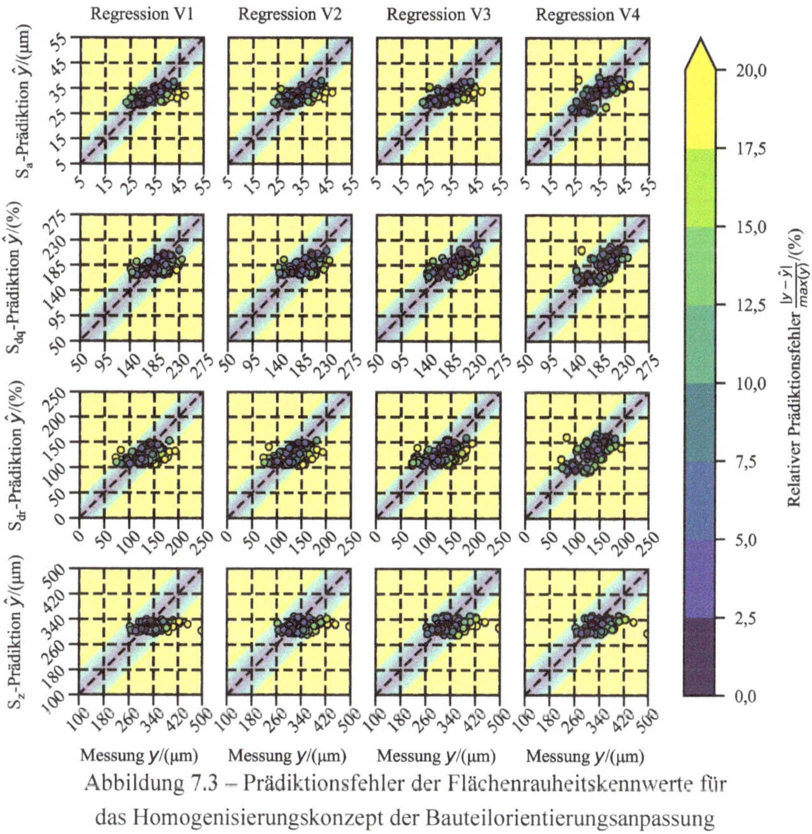

Abbildung 7.3 – Prädiktionsfehler der Flächenrauheitskennwerte für das Homogenisierungskonzept der Bauteilorientierungsanpassung

Nachfolgend werden in Tabelle 7.8 diverse Lageparameter sowie die Standardabweichung der Ausgangssituation mit einem Oberflächenpolarwinkel α von 130° und der Homogenisierung dargestellt. Während das arithmetische Mittel beider Versuchsreihen vergleichbar ist, fällt die Spannweite vom 10 %- zum 90 %-Quantil nach der Homogenisierung kleiner aus. Dies ist ebenfalls in der kleineren Standardabweichung der Homogenisierungsversuchsreihe zu sehen.

Tabelle 7.8 – Gegenüberstellung der Modellgüte für sämtliche Flächenrauheitskennwerte vor und nach der Homogenisierung

$S_a/(\mu m)$	Arith. Mittel	10 %-Quant.	90 %-Quant.	St. Abw.
Ausgangssituation	33,6	22,9	46,2	9,2
Homogenisierung	34,4	27,7	41,5	5,5
$S_{dq}//(1)$	Mittelwert	10 %-Quant.	90 %-Quant.	St. Abw.
Ausgangssituation	1,91	1,41	2,44	0,41
Homogenisierung	1,95	1,62	2,21	0,22
$S_{dr}/(\%)$	Mittelwert	10 %-Quant.	90 %-Quant.	St. Abw.
Ausgangssituation	132	73	203	51
Homogenisierung	135	95	167	27
$S_z/(\mu m)$	Mittelwert	10 %-Quant.	90 %-Quant.	St. Abw.
Ausgangssituation	324	267	388	46
Homogenisierung	349	299	396	60

Abschließend wird in Tabelle 7.9 die Veränderung der Spannweite zwischen dem 10 %- und 90 %-Quantil dargestellt. Unabhängig des Flächenrauheitskennwerts kann durch das Homogenisierungskonzept eine Reduzierung der Spannweite erreicht werden. Die Reduzierung fällt jedoch beim Flächenrauheitskennwert S_z kleiner aus.

Tabelle 7.9 – Veränderungen der Spannweite zwischen dem 10 %- und 90 %-Quantil durch das Homogenisierungskonzept

Spannweite zwischen dem 10 %- und 90 %-Quantil	Ausgangs-situation	Homogenisierungs-konzept
Flächenrauheitskennwert $S_a/(\mu m)$	23,3	13,8 (-41 %)
Flächenrauheitskennwert $S_{dq}/(1)$	1,03	0,59 (-43 %)
Flächenrauheitskennwert $S_{dr}/(\%)$	130	73 (-44 %)
Flächenrauheitskennwert $S_z/(\mu m)$	121	96 (-21 %)

7.4 Diskussion der Homogenisierungskonzepte

Nachfolgend werden die Prozess- und Anlagenadaptionen hinsichtlich einer Homogenisierung der rissinitiierenden Bauteilcharakteristika der Oberflächenrauheit und der Diskontinuitäten separat betrachtet. Anfangs wird erneut auf die erste Forschungsfrage eingegangen, indem eine Validierung der modellbedingten Erkenntnisse mittels Replikation der Beobachtungen diskutiert wird. Darauffolgend wird die dritte Forschungsfrage beantwortet und die Prozess- und Anlagenadaptionen hinsichtlich der Homogenisierung des PBF-LB/M-Verfahrens betrachtet.

7.4.1 Modellvalidierung

Durch die Vorgehensweise der multiplen Regression können signifikante Prozesscharakteristika identifiziert und deren relative Einflussevaluation bestimmt werden. Darüber hinaus bietet die Darstellung innerhalb der Regressionsmodelle eine Basis, um die physikalischen Zusammenhänge des PBF-LB/M-Verfahrens zur Bildung der Diskontinuitäten sowie der Oberflächentopografie analytisch beschreiben zu können. Neben der gewünschten Homogenisierung der rissinitiierenden Bauteilcharakteristika des PBF-LB/M-Verfahrens können die Homogenisierungskonzepte als Validierung der modellbedingten Erkenntnisse mittels Replikation der Beobachtungen verwendet werden. Die Regressionsmodelle können folglich für die Beschreibung der Bauraumpositionsabhängigkeit sowie Prädiktion resultierender Bauteilcharakteristika des PBF-LB/M-Verfahrens angewandt werden.

Die Prädiktion der Diskontinuitäten erfolgt mittels eines binomial logistischen Regressionsmodells in einem binären Zustand. Die Angaben der Beurteilungsgröße MAE stellen eine Prädiktion einer Wahrscheinlichkeit P der Diskontinuität dar. Die Regressionsmodelle bieten infolgedessen keine Möglichkeit, den realen Flächenanteil an Indikationen innerhalb einer Messposition zu bewerten. Die Bewertung in Abschnitt 7.1 und 7.2 wird daher durch den Anteil an Pseudofehlern sowie den Flächenanteil an nicht identifizierten Diskontinuitäten erweitert. Hierbei treten beim Komplexitätsgrad V2 bestehend aus den einzelnen Prozesscharakteristika einschließlich Transformationen weniger Prädiktionsfehler verglichen zu den anderen Komplexitätsgraden auf. In Relation zu der mittels Kreuzvalidierung getesteten Ausgangssituation ist die Modellgüte jedoch bei sämtlichen Komplexitätsgraden für die Homogenisierungskonzepte kleiner. Als mögliche Ursache hierfür kann der Informationsverlust durch Diskretisierung der Messposition und -dimension genannt werden. Extremwerte der jeweiligen Prozesscharakteristika werden folglich in den Regressionsmodellen nicht berücksichtigt. Örtlich oder zeitlich lokale Extremwerte können jedoch bereits zur Bildung von Diskontinuitäten beitragen. Darüber hinaus bietet die binomiale logistische Regression lediglich die Möglichkeit Wahrscheinlichkeiten eines binären Zustands vorherzusagen. Eine fehlerhafte Prädiktion kann daher nicht im Ausmaß bewertet oder differenziert werden.

Die Prädiktion der Oberflächentopografie auf Basis der multiplen linearen Regression liefert hingegen nahezu vergleichbare Ergebnisse in der Modellgüte von Ausgangssituation und Homogenisierungskonzept. Eine Ausnahme hiervon stellt der Flächenrauheitskennwert S_z dar, der am Homogenisierungskonzept größere Prädiktionsfehler aufweist. Dies kann potenziell auf die Störanfälligkeit der Kenngröße zurückgeführt werden [97], sodass lokale Rauheitsspitzen eine Prädiktion erschweren. Bei sämtlichen Flächenrauheitskennwerten sind beim Komplexitätsgrad V4 bestehend aus den einzelnen Prozesscharakteristika einschließlich Transformationen und Interaktionen präzisere Prädiktionen verglichen zu den anderen Komplexitätsgraden möglich.

7.4.2 Homogenisierung der Bauteilcharakteristika

Neben einer Validierung der erarbeiteten Regressionsmodelle sollen die in Kapitel 6 konzipierten Homogenisierungskonzepte hinsichtlich einer Einschränkung der Bauraumpositionsabhängigkeit sowie einer Reduzierung rissinitiierender Bauteilcharakteristika des PBF-LB/M-Verfahrens bewertet werden. Nachfolgend werden die drei Prozess- und Anlagenadaptionen separat diskutiert.

Homogenisierung der Balling-Effekte des Typs 3a

Das Homogenisierungskonzept strömungsführender Komponenten resultiert in einer Beeinflussung von Balling-Effekten des Typs 3a sowie von Balling-Effekten des Typs 3b. Die Beeinflussung von Balling-Effekten des Typs 3a kann hierbei primär auf die uniformere Schutzgasströmung mit Reduzierung der strömungstechnischen Störkomponenten und potenziellen Verwirbelungen zurückgeführt werden. Hierdurch wird die Verweilzeit der Prozessnebenprodukte innerhalb der Prozesskammer und folglich eine Interaktion der Laserstrahlung mit Prozessnebenprodukten beeinflusst, sodass die Neigung zur Bildung von Diskontinuitäten reduziert werden kann [42, 190, 191]. Darüber hinaus wird durch die veränderte Strömungsführung die Entfernung von Prozessnebenprodukten beeinflusst, sodass die Prozessnebenprodukthöhe h_{spat} in Reihe A und B (letzte und vorletzte in Strömungsrichtung) kleiner ausfällt. Infolgedessen können durch das Homogenisierungskonzept Diskontinuitäten mit einem Ersatzfehler größer 400 µm vollständig unterbunden werden. Die Anzahl an Diskontinuitäten mit einem Ersatzfehler größer 200 µm können darüber hinaus durch die Vermeidung von Totwassergebieten um 81 % reduziert werden. Im Bereich der Auslassdüse tritt hingegen eine Vergrößerung um 3 % auf. Das Potential einer Anpassung der strömungsführenden Komponenten zur Beeinflussung der Strömungscharakteristik ist bereits durch andere

Autoren nachgewiesen, jedoch weiterhin an bestehender Anlagentechnik gegeben [14, 85–88]. Hierbei sollte insbesondere bei einer Anlagenneuentwicklung der angestrebte uniforme Zielzustand der Strömungscharakteristik dem eines Testbereichs eines geschlossenen Windkanals angenähert werden.

Homogenisierung der Balling-Effekte des Typs 3b

Da die auftretenden Diskontinuitäten durch Balling-Effekte des Typs 3b primär durch die Prozessnebenprodukthöhe h_{spat} induziert werden, kann die Entfernung von Prozessnebenprodukten auf Reihe A (letzte in Strömungsrichtung) als ausreichend bezeichnet werden. Das für die Beeinflussung von Balling-Effekten des Typs 3b konzipierte Homogenisierungskonzept der Entfernung von Prozessnebenprodukten ermöglicht im Bereich der Auslassdüse eine Reduzierung von Diskontinuitäten mit einem Ersatzfehler größer 200 µm um 95 % sowie größer 400 µm um 100 %. Als zusätzliches Homogenisierungskonzept aufgrund potenziell unvollständigen Abtransportes von Prozessnebenprodukten durch die Schutzgasströmung bietet die Entfernung von Prozessnebenprodukten insbesondere Potential bei Fertigungsanlagen mit großer Lauflänge der Schutzgasströmung. Eine Kombination mit einer uniformen Schutzgasströmung kann für eine effiziente Unterbindung von Balling-Effekten des Typs 3a und 3b sowie der daraus resultierenden Diskontinuitäten verwendet werden.

Homogenisierung der Oberflächentopografie

Im Allgemeinen führt die Anpassung der Bauteilorientierung zu einer Homogenisierung der baupositions- und orientierungsabhängigen Flächenrauheitskennwerte. Das Homogenisierungskonzept der Bauteilorientierungsanpassung basiert auf einer Anpassung des Terms $\zeta^2 \times \alpha^2$ des Regressionsmodells V4. Infolgedessen werden durch die Abhängigkeit zum Laserstrahlpolarwinkel ψ die zu erreichenden Rauheitswerte mit größerem Abstand zum Zentrum ebenfalls größer. Eine vollständige Bauraumpositionsunabhängigkeit kann folglich durch eine ausschließliche Anpassung der Bauteilorientierung nicht erreicht werden. Ungeachtet dessen kann durch dieses Homogenisierungskonzept die Spannweite zwischen dem 10 %- und 90 %-Quantil für sämtliche Flächenrauheitskennwerte um bis zu 44 % verkleinert werden. Mit Ausnahme des Flächenrauheitskennwerts S_z ist dies ebenfalls in der kleineren Standardabweichung der Homogenisierungsversuchsreihe zu sehen. Am arithmetischen Mittelwert über alle Messpositionen tritt hingegen keine oder nur eine geringe Veränderung sämtlicher Flächenrauheitskennwerte zwischen der Ausgangssituation und dem Homogenisierungskonzept auf. Die Homogenisierung basiert auf einer Verkleinerung der Oberflächenrauheit an einer Seitenfläche des Probekörpers, während dies auf der gegenüberliegenden Seitenfläche mit einer Vergrößerung der Oberflächenrauheit einhergeht [105]. Hierdurch können lokale Rauheitsspitzen angepasst und das Ermüdungsverhalten von Bauteilen aufgrund einer Rissinitiierung beeinflusst werden [18].

8 Zusammenfassung und Ausblick

In der vorliegenden Dissertation wird die bauraumpositionsabhängige Ausbildung rissinitiierender Bauteilcharakteristika des PBF-LB/M-Verfahrens untersucht. Hauptaugenmerk liegt auf Diskontinuitäten im Bauteil, wie beispielsweise Lagenbindefehler, sowie auf der Oberflächentopografie, die das Ermüdungsverhalten beeinträchtigen können. Anhand von Homogenitätsanalysen werden bauraumpositionsabhängige Prozesscharakteristika innerhalb der Energieeinkopplung, des Pulverauftrages sowie der Schutzgasströmung identifiziert und deren Einfluss mittels Regressionsanalysen evaluiert. Die Untersuchungen dienen als Grundlage für die Synthese von Homogenisierungskonzepten, um mittels Prozess- und Anlagenadaptionen eine gezielte Reduzierung der Bauraumpositionsabhängigkeit zu erreichen.

8.1 Zusammenfassung

Um die Thematik zu erfassen, gibt die Dissertation zunächst einen grundlegenden Einblick in den derzeitigen Stand der Wissenschaft und Technik im Bereich des PBF-LB/M-Verfahrens (vgl. Kapitel 2). Im weiteren Verlauf werden die verwendeten Materialien und Methoden dargestellt. Neben der Versuchsumgebung werden die Messmethoden und -geräte sowie die statistischen Analysemethoden definiert (vgl. Kapitel 3). Darauf aufbauend erfolgt die Diskretisierung der Messposition und -dimension sowie die Versuchsdefinition zur Quantifizierung der Prozess- sowie Bauteilcharakteristika (vgl. Kapitel 4). Die Beantwortung der ersten Forschungsfrage erfolgt anschließend in Kapitel 5, in dem der Einfluss lokaler Prozess- auf die rissinitiierenden Bauteilcharakteristika identifiziert und in der Ausprägung quantifiziert wird. Die hierfür erarbeiteten Regressionsmodelle ermöglichen eine mathematische Beschreibung der Entstehung von Diskontinuitäten sowie der Ausbildung der Oberflächentopografie im PBF-LB/M-Verfahren.

In beiden Regressionsmodellen können jeweils sechs Prozesscharakteristika als signifikante Einflussgrößen identifiziert werden. Die beiden rissinitiierenden Bauteilcharakteristika können infolgedessen durch ausschließliche Verwendung dieser Prozesscharakteristika definiert und variiert werden. Darüber hinaus können die Regressionsmodelle für die Beschreibung der Bauraumpositionsabhängigkeit sowie für die Prädiktion resultierender Bauteilcharakteristika in der Fertigungsvorbereitung verwendet werden.

Darauf aufbauend erfolgt in Kapitel 6 die Beantwortung der zweiten Forschungsfrage mittels einer Synthese von Homogenisierungskonzepten zur Reduzierung der Positionsabhängigkeit. Die Beantwortung beruht auf einer Nutzwertanalyse diverser Prozess- und Anlagenadaptionen auf Basis der signifikanten Einflussgrößen der erarbeiteten Regressionsmodelle. Im Anschluss erfolgt die konstruktive Ausgestaltung der geeigneten Homogenisierungskonzepte. Zur Reduzierung von Diskontinuitäten werden, mit der Modifikation strömungsführender Komponenten sowie der Entfernung von Prozessnebenprodukten, zwei Homogenisierungskonzepte umgesetzt. Die Homogenisierung der Oberflächentopografie erfolgt mittels einer bauraumpositionsabhängigen Bauteilorientierung.

Im darauffolgenden Kapitel 7 wird die dritte Forschungsfrage beantwortet. In diesem werden die Veränderungen der Prozesscharakteristika durch die Homogenisierungskonzepte quantifiziert und die definierten Regressionsmodelle mit den Messergebnissen validiert. Darüber hinaus wird die Homogenisierung der rissinitiierenden Bauteilcharakteristika evaluiert. Durch die Modifikation strömungsführender Komponenten kann die Anzahl an Diskontinuitäten mit einem Ersatzfehler größer 200 μm durch die Vermeidung von Totwassergebieten um 81 % reduziert werden. Die Entfernung von Prozessnebenprodukten ermöglicht im Bereich der Auslassdüse eine Reduzierung von Diskontinuitäten mit einem Ersatzfehler größer 200 µm um 95 %. Im Bereich der Oberflächentopografie kann durch das Homogenisierungskonzept der Bauteilorientierungsanpassung eine Reduzierung der Spannweite zwischen dem 10 %- und 90 %-Quantil um bis zu 44 % erreicht werden.

8.2 Ausblick

Basierend auf den Ergebnissen dieser Arbeit bestehen Anknüpfungspunkte für zukünftige Arbeiten. Aus Perspektive eines Endanwenders wäre eine Erweiterung der Regressionsmodelle für universellere Prädiktionen von Bauteilcharakteristika erstrebenswert. Eine Erweiterung um parametrisierbare Kenngrößen, wie beispielsweise Laserleistung, Scangeschwindigkeit oder Spurabstand, ermöglicht eine Flexibilität in der Anwendung durch die Möglichkeit einer Abwägung zwischen Qualitätsanforderungen und Herstellkosten an Bauteilen. Eine Erweiterung um die Bauraumpositionsabhängigkeit entlang der Bauhöhe ermöglicht darüber hinaus eine Berücksichtigung zusätzlicher Prozesscharakteristika, die beispielsweise durch die Belichtungslogik oder veränderte Wärmeleitungsbedingungen induziert werden. Insbesondere bei filigranen Bauteilen können diese lokalen Variationen entlang der Bauhöhe in heterogenen Bauteilcharakteristika resultieren. Die Berücksichtigung der Prozesscharakteristika entlang der Bauhöhe ermöglicht infolgedessen eine Prädiktion der resultierenden Bauteilcharakteristika in der Fertigungsvorbereitung und gegebenenfalls eine Homogenisierung durch Prozess- oder Anlagenadaptionen. Des Weiteren wäre die Prädiktion weiterer Bauteilcharakteristika erstrebenswert. Neben den im Rahmen dieser Arbeit untersuchten Einflüsse auf Diskontinuitäten und die Oberflächentopografie können lokale Prozesscharakteristika in weiteren lokalen Variationen von Bauteilcharakteristika resultieren. Insbesondere Anpassungen innerhalb der Energieeinkopplung durch Prozesscharakteristika wie die große Ellipsenhalbachse w_a oder den Schweißrichtungswinkel υ können beispielsweise eine Veränderung der Korngröße und -ausrichtung bewirken. Darüber hinaus können als Bauteilcharakteristika der thermische Bauteilverzug oder mechanische Eigenschaften berücksichtigt werden. Ebenfalls werden Diskontinuitäten im Rahmen dieser Arbeit auf Lagenbindefehler größer einem Ersatzfehler von 200 µm beschränkt. Eine mögliche Rissinitiierung kann ebenfalls durch Diskontinuitäten wie Poren oder Heißrisse induziert werden.

Abschließend wäre aus Perspektive eines Anlagenherstellers die Umsetzung von ausgewählten Homogenisierungskonzepten sowie die gezielte Anpassung von Bauteilcharakteristika erstrebenswert. Im Rahmen dieser Arbeit werden drei Homogenisierungskonzepte ausgestaltet und für die Modellvalidierung verwendet. Die Auswahl der Konzepte basiert auf der Nutzwertanalyse in Kapitel 6. Obwohl dieses Verfahren für eine objektive Entscheidungsfindung unabhängiger Bewertungskriterien verwendet wird, kann eine gewisse subjektive Bewertung nicht ausgeschlossen werden. Die anderen Konzepte können infolgedessen je nach Anwender potenziell gleich- oder höherwertig sein. Insbesondere das Kriterium Integrationsfähigkeit kann an einer Anlagenneuentwicklung kleiner gewichtet werden, sodass andere Konzepte in diesem Fall aufgegriffen und umgesetzt werden sollten. Neben einer Homogenisierung der Prozesscharakteristika können die erarbeiteten Konzepte ebenfalls für eine gezielte Anpassung der resultierenden Bauteilcharakteristika verwendet werden. Das erarbeitete Prozessverständnis kann in zukünftiger Anlagentechnik Anwendung finden, um die verfahrensbedingte Bauraumpositionsabhängigkeit zu reduzieren und die Etablierung des Fertigungsverfahrens zu unterstützen.

9 Literatur

[1] D. B. Newell und E. Tiesinga, „The international system of units (SI)“, 2019.

[2] I. Campbell, O. Diegel, J. Kowen und T. Wohlers, *Wohlers Report 2017: 3D Printing and Additive Manufacturing State of the Industry: Annual Worldwide Progress Report*. Fort Collins: Wohlers Associates, Inc., 2017.

[3] A. Gebhardt, J. Kessler und L. Thurn, *3D printing: Understanding additive manufacturing,* 2. Aufl. Munich, Cincinnati: Carl Hanser Verlag GmbH & Co. KG, 2019. [Online]. Verfügbar unter: https://www.hanser-elibrary.com/doi/book/10.3139/9781569907030

[4] M. F. Zäh, Hg., *Wirtschaftliche Fertigung mit Rapid-Technologien: Anwender-Leitfaden zur Auswahl geeigneter Verfahren,* 1. Aufl. München: Hanser, 2013.

[5] R. Neugebauer, *Biologische Transformation*. Berlin, Heidelberg: Springer Berlin Heidelberg; Imprint: Springer Vieweg, 2019. [Online]. Verfügbar unter: https://doi.org/10.1007/978-3-662-58243-5

[6] J. Coykendall, M. Cotteleer, J. Holdowsky und M. Mahto, *3D opportunity in aerospace and defense: Additive manufacturing takes flight*. Deloitte University Press, 2014. [Online]. Verfügbar unter: https://www2.deloitte.com/us/en/insights/focus/3d-opportunity/additive-manufacturing-3d-opportunity-in-aerospace.html

[7] P. Han, „Additive Design and Manufacturing of Jet Engine Parts“, *Engineering*, Jg. 3, Nr. 5, S. 648–652, 2017, doi: 10.1016/J.ENG.2017.05.017.

[8] R. Dehoff *et al.*, „Case Study: Additive Manufacturing of Aerospace Brackets“, *Advanced Materials & Processes*, Jg. 171, Nr. 3, 2013.

[9] M. Biedermann, T. Kamps und C. Kiener, „Redesign of a Burner Tip with Multiple Integrated Flow Distributors“, *Fraunhofer Direct Digital Manufacturing Conference: proceedings*, S. 389–398, 2018.

[10] J. Li *et al.*, „Understanding Optimization and Simulation of Aero-structure Design for Next Generation Production with a Metal Additive Manufacturing Process“, *Fraunhofer Direct Digital Manufacturing Conference: proceedings*, S. 81–90, 2018.

[11] T. D. Ngo, A. Kashani, G. Imbalzano, K. T. Nguyen und D. Hui, „Additive manufacturing (3D printing): A review of materials, methods, applications and challenges“, *Composites Part B: Engineering*, Jg. 143, S. 172–196, 2018, doi: 10.1016/j.compositesb.2018.02.012.

[12] S. Kleszczynski, A. Ladewig, K. Friedberger, J. zur Jacobsmühlen, D. Merhof und G. Witt, „Position Dependency of Surface Roughness in Parts from Laser Beam Melting Systems“, *Proceedings of the Annual International Solid Freeform Fabrication Symposium*, Jg. 26, S. 360–370, 2015.

[13] U. Ali *et al.*, „On the measurement of relative powder-bed compaction density in powder-bed additive manufacturing processes“, *Materials & Design*, Jg. 155, Nr. 11, S. 495–501, 2018, doi: 10.1016/j.matdes.2018.06.030.

[14] B. Ferrar, L. Mullen, E. Jones, R. Stamp und C. J. Sutcliffe, „Gas flow effects on selective laser melting (SLM) manufacturing performance“, *Journal of Materials Processing Technology*, Jg. 212, Nr. 2, S. 355–364, 2012, doi: 10.1016/j.jmatprotec.2011.09.020.

[15] R. C. Reed, *The superalloys: Fundamentals and applications*. Cambridge: Cambridge University Press, 2006.

[16] N. E. Prasad und R. J. H. Wanhill, *Aerospace Materials and Material Technologies: Volume 1: Aerospace Materials*. Singapore: Springer Singapore, 2016. [Online]. Verfügbar unter: http://gbv.eblib.com/patron/FullRecord.aspx?p=4741469

[17] S. Bagehorn, J. Wehr und H. J. Maier, „Application of mechanical surface finishing processes for roughness reduction and fatigue improvement of additively manufactured Ti-6Al-4V parts“, *International Journal of Fatigue*, Jg. 102, Nr. 10, S. 135–142, 2017, doi: 10.1016/j.ijfatigue.2017.05.008.

[18] R. Konečná, G. Nicoletto, L. Kunz und A. Bača, „Microstructure and directional fatigue behavior of Inconel 718 produced by selective laser melting“, *Procedia Structural Integrity*, Jg. 2, S. 2381–2388, 2016, doi: 10.1016/j.prostr.2016.06.298.

[19] I. Koutiri, E. Pessard, P. Peyre, O. Amlou und T. de Terris, „Influence of SLM process parameters on the surface finish, porosity rate and fatigue behavior of as-built Inconel 625 parts“, *Journal of Materials Processing Technology*, Jg. 255, S. 536–546, 2018, doi: 10.1016/j.jmatprotec.2017.12.043.

[20] M. Brandt, Hg., *Laser additive manufacturing: Materials, design, technologies, and applications*. Kent: Elsevier Science, 2016. [Online]. Verfügbar unter: http://search.ebscohost.com/login.aspx?direct=true&scope=site&db=nlebk&AN=1144615

[21] M. Seabra *et al.*, „Selective laser melting (SLM) and topology optimization for lighter aerospace componentes“, *Procedia Structural Integrity*, Jg. 1, Nr. 7, S. 289–296, 2016, doi: 10.1016/j.prostr.2016.02.039.

[22] D. Greitemeier, C. Dalle Donne, F. Syassen, J. Eufinger und T. Melz, „Effect of surface roughness on fatigue performance of additive manufactured Ti–6Al–4V“, *Materials Science and Technology*, Jg. 32, Nr. 7, S. 629–634, 2016, doi: 10.1179/1743284715Y.0000000053.

[23] A. M. Vilardell *et al.*, „Influence of surface topography on fatigue behavior of Ti6Al4V alloy by laser powder bed fusion“, *Procedia CIRP*, Jg. 74, S. 49–52, 2018, doi: 10.1016/j.procir.2018.08.028.

[24] U. Ali, H. Fayazfar, F. Ahmed und E. Toyserkani, „Internal surface roughness enhancement of parts made by laser powder-bed fusion additive manufacturing“, *Vacuum*, Jg. 177, 2020, doi: 10.1016/j.vacuum.2020.109314.

[25] A. M. Khorasani, I. Gibson, A. Ghasemi und A. Ghaderi, „Modelling of laser powder bed fusion process and analysing the effective parameters on surface characteristics of Ti-6Al-4V“, *International Journal of Mechanical Sciences*, Jg. 168, Nr. 11, S. 105299, 2020, doi: 10.1016/j.ijmecsci.2019.105299.

[26] N. E. Uzan, S. Ramati, R. Shneck, N. Frage und O. Yeheskel, „On the effect of shot-peening on fatigue resistance of AlSi10Mg specimens fabricated by additive manufacturing using selective laser melting (AM-SLM)“, *Additive Manufacturing*, Jg. 21, S. 458–464, 2018, doi: 10.1016/j.addma.2018.03.030.

[27] T. DebRoy *et al.*, „Additive manufacturing of metallic components – Process, structure and properties“, *Progress in Materials Science*, Jg. 92, Nr. 5, S. 112–224, 2018, doi: 10.1016/j.pmatsci.2017.10.001.

[28] H. Attar, M. Calin, L. C. Zhang, S. Scudino und J. Eckert, „Manufacture by selective laser melting and mechanical behavior of commercially pure titanium“, *Materials Science and Engineering: A*, Jg. 593, S. 170–177, 2014, doi: 10.1016/j.msea.2013.11.038.

[29] H. Gong, K. Rafi, H. Gu, G. D. Janaki Ram, T. Starr und B. Stucker, „Influence of defects on mechanical properties of Ti–6Al–4V components produced by selective laser melting and electron beam melting“, *Materials & Design*, Jg. 86, S. 545–554, 2015, doi: 10.1016/j.matdes.2015.07.147.

[30] S. Leuders *et al.*, „On the mechanical behaviour of titanium alloy TiAl6V4 manufactured by selective laser melting: Fatigue resistance and crack growth performance“, *International Journal of Fatigue*, Jg. 48, Nr. 2, S. 300–307, 2013, doi: 10.1016/j.ijfatigue.2012.11.011.

[31] E. Wycisk, A. Solbach, S. Siddique, D. Herzog, F. Walther und C. Emmelmann, „Effects of Defects in Laser Additive Manufactured Ti-6Al-4V on Fatigue Properties“, *Physics Procedia*, Jg. 56, S. 371–378, 2014, doi: 10.1016/j.phpro.2014.08.120.

[32] G. Kasperovich und J. Hausmann, „Improvement of fatigue resistance and ductility of TiAl6V4 processed by selective laser melting“, *Journal of Materials Processing Technology*, Jg. 220, 1–3, S. 202–214, 2015, doi: 10.1016/j.jmatprotec.2015.01.025.

[33] V. A. Popovich, E. V. Borisov, A. A. Popovich, V. Sufiiarov, D. V. Masaylo und L. Alzina, „Impact of heat treatment on mechanical behaviour of Inconel 718 processed with tailored microstructure by selective laser melting“, *Materials & Design*, Jg. 131, Nr. 8, S. 12–22, 2017, doi: 10.1016/j.matdes.2017.05.065.

[34] A. Ghosh, X. Wang, A.-M. Kietzig und M. Brochu, „Layer-by-layer combination of laser powder bed fusion (LPBF) and femtosecond laser surface machining of fabricated stainless steel components“, *Journal of Manufacturing Processes*, Jg. 35, Nr. 9, S. 327–336, 2018, doi: 10.1016/j.jmapro.2018.08.016.

[35] E. Yasa, J.-P. Kruth und J. Deckers, „Manufacturing by combining Selective Laser Melting and Selective Laser Erosion/laser re-melting“, *CIRP Annals*, Jg. 60, Nr. 1, S. 263–266, 2011, doi: 10.1016/j.cirp.2011.03.063.

[36] W. Tillmann, C. Schaak, J. Nellesen, M. Schaper, M. E. Aydinöz und K.-P. Hoyer, „Hot isostatic pressing of IN718 components manufactured by selective laser melting“, *Additive Manufacturing*, Jg. 13, Nr. 1, S. 93–102, 2017, doi: 10.1016/j.addma.2016.11.006.

[37] *DIN EN ISO/ASTM 52911-1:2020-05, Additive Fertigung - Konstruktion - Teil 1: Laserbasierte Pulverbettfusion von Metallen (ISO/ASTM 52911-1:2019); Deutsche Fassung EN ISO/ASTM 52911-1:2019*, Berlin.

[38] W. Meiners, *Direktes selektives Laser Sintern einkomponentiger metallischer Werkstoffe*. Dissertation. Aachen: Shaker-Verl., 1999.

[39] P. Bidare, I. Bitharas, R. M. Ward, M. M. Attallah und A. J. Moore, „Fluid and particle dynamics in laser powder bed fusion“, *Acta Materialia*, Jg. 142, S. 107–120, 2018, doi: 10.1016/j.actamat.2017.09.051.

[40] V. Gunenthiram *et al.*, „Experimental analysis of spatter generation and melt-pool behavior during the powder bed laser beam melting process“, *Journal of Materials Processing Technology*, Jg. 251, S. 376–386, 2018, doi: 10.1016/j.jmatprotec.2017.08.012.

[41] D. Wang *et al.*, „Mechanisms and characteristics of spatter generation in SLM processing and its effect on the properties“, *Materials & Design*, Jg. 117, Nr. 4, S. 121–130, 2017, doi: 10.1016/j.matdes.2016.12.060.

[42] A. Ladewig, G. Schlick, M. Fisser, V. Schulze und U. Glatzel, „Influence of the shielding gas flow on the removal of process by-products in the selective laser melting process“, *Additive Manufacturing*, Jg. 10, Nr. 2, S. 1–9, 2016, doi: 10.1016/j.addma.2016.01.004.

[43] C. Brock, R. Hohenstein und M. Schmidt, „Mechanisms of vapour plume formation in laser deep penetration welding“, *Optics and Lasers in Engineering*, Jg. 58, Nr. 1, S. 93–101, 2014, doi: 10.1016/j.optlaseng.2014.02.001.

[44] F. Tenner, C. Brock, F. Klämpfl und M. Schmidt, „Analysis of the correlation between plasma plume and keyhole behavior in laser metal welding for the modeling of the keyhole geometry“, *Optics and Lasers in Engineering*, Jg. 64, Nr. 1, S. 32–41, 2015, doi: 10.1016/j.optlaseng.2014.07.009.

[45] H. Zheng, H. Li, L. Lang, S. Gong und Y. Ge, „Effects of scan speed on vapor plume behavior and spatter generation in laser powder bed fusion additive manufacturing“, *Journal of Manufacturing Processes*, Jg. 36, Nr. 1, S. 60–67, 2018, doi: 10.1016/j.jmapro.2018.09.011.

[46] R. Cunningham *et al.*, „Keyhole threshold and morphology in laser melting revealed by ultrahigh-speed x-ray imaging“ (eng), *Science (New York, N.Y.)*, Jg. 363, Nr. 6429, S. 849–852, 2019, doi: 10.1126/science.aav4687.

[47] R. Fabbro, „Melt pool and keyhole behaviour analysis for deep penetration laser welding“, *J. Phys. D: Appl. Phys.*, Jg. 43, Nr. 44, S. 445501, 2010, doi: 10.1088/0022-3727/43/44/445501.

[48] S. A. Khairallah, A. T. Anderson, A. Rubenchik und W. E. King, „Laser powder-bed fusion additive manufacturing: Physics of complex melt flow and formation mechanisms of pores, spatter, and denudation zones“, *Acta Materialia*, Jg. 108, Nr. 16, S. 36–45, 2016, doi: 10.1016/j.actamat.2016.02.014.

[49] Y. Liu, Y. Yang, S. Mai, Di Wang und C. Song, „Investigation into spatter behavior during selective laser melting of AISI 316L stainless steel powder“,

Materials & Design, Jg. 87, 9–12, S. 797–806, 2015, doi: 10.1016/j.matdes.2015.08.086.

[50] S. Ly, A. M. Rubenchik, S. A. Khairallah, G. Guss und M. J. Matthews, „Metal vapor micro-jet controls material redistribution in laser powder bed fusion additive manufacturing“ (eng), *Scientific reports*, Jg. 7, Nr. 1, S. 4085, 2017, doi: 10.1038/s41598-017-04237-z.

[51] Q. Guo *et al.*, „Transient dynamics of powder spattering in laser powder bed fusion additive manufacturing process revealed by in-situ high-speed high-energy x-ray imaging“, *Acta Materialia*, Jg. 151, S. 169–180, 2018, doi: 10.1016/j.actamat.2018.03.036.

[52] M. J. Matthews, G. Guss, S. A. Khairallah, A. M. Rubenchik, P. J. Depond und W. E. King, „Denudation of metal powder layers in laser powder bed fusion processes“, *Acta Materialia*, Jg. 114, S. 33–42, 2016, doi: 10.1016/j.actamat.2016.05.017.

[53] T. Heß, *Beitrag zur Qualifizierung des pulverbettbasierten Laserstrahlschmelzens zur Serienfertigung am Beispiel der Triebwerksindustrie*. Dissertation. Aachen: Shaker-Verl., 2015.

[54] A. Gasper *et al.*, „Spatter and oxide formation in laser powder bed fusion of Inconel 718“, *Additive Manufacturing*, Jg. 24, S. 446–456, 2018, doi: 10.1016/j.addma.2018.09.032.

[55] Z. A. Young *et al.*, „Types of spatter and their features and formation mechanisms in laser powder bed fusion additive manufacturing process“, *Additive Manufacturing*, Jg. 36, S. 101438, 2020, doi: 10.1016/j.addma.2020.101438.

[56] J. P. Kruth, L. Froyen, J. van Vaerenbergh, P. Mercelis, M. Rombouts und B. Lauwers, „Selective laser melting of iron-based powder“, *Journal of Materials Processing Technology*, Jg. 149, 1-3, S. 616–622, 2004, doi: 10.1016/j.jmatprotec.2003.11.051.

[57] M. Simonelli *et al.*, „A Study on the Laser Spatter and the Oxidation Reactions During Selective Laser Melting of 316L Stainless Steel, Al-Si10-Mg, and Ti-6Al-4V“, *Metall and Mat Trans A*, Jg. 46, Nr. 9, S. 3842–3851, 2015, doi: 10.1007/s11661-015-2882-8.

[58] M. Taheri Andani, R. Dehghani, M. R. Karamooz-Ravari, R. Mirzaeifar und J. Ni, „Spatter formation in selective laser melting process using multi-laser technology“, *Materials & Design*, Jg. 131, Nr. 2, S. 460–469, 2017, doi: 10.1016/j.matdes.2017.06.040.

[59] M. Schniedenharn, *Einfluss von Fokusshift und Prozessnebenprodukten auf den Laser Powder Bed Fusion Prozess: On the influence of focal shift and process by-products on the laser powder bed fusion process,* 1. Aufl. Aachen: Apprimus Verlag, 2020.

[60] V. Gunenthiram, P. Peyre, M. Schneider, M. Dal, F. Coste und R. Fabbro, „Analysis of laser–melt pool–powder bed interaction during the selective laser melting of a stainless steel“, *Journal of Laser Applications*, Jg. 29, Nr. 2, S. 22303, 2017, doi: 10.2351/1.4983259.

[61] U. Scipioni Bertoli, G. Guss, S. Wu, M. J. Matthews und J. M. Schoenung, „In-situ characterization of laser-powder interaction and cooling rates through high-speed imaging of powder bed fusion additive manufacturing“, *Materials & Design*, Jg. 135, Nr. 3, S. 385–396, 2017, doi: 10.1016/j.matdes.2017.09.044.

[62] A. Ladewig, *Optische Tomographie - Online Prozessüberwachung für das selektive Laserschmelzen*. Dissertation, 1. Aufl. Düren: Shaker, 2019.

[63] Z. Zhang *et al.*, „3-Dimensional heat transfer modeling for laser powder-bed fusion additive manufacturing with volumetric heat sources based on varied thermal conductivity and absorptivity“, *Optics & Laser Technology*, Jg. 109, B, S. 297–312, 2019, doi: 10.1016/j.optlastec.2018.08.012.

[64] A. V. Gusarov, I. Yadroitsev, P. Bertrand und I. Smurov, „Heat transfer modelling and stability analysis of selective laser melting“, *Applied Surface Science*, Jg. 254, Nr. 4, S. 975–979, 2007, doi: 10.1016/j.apsusc.2007.08.074.

[65] M. Xia, D. Gu, G. Yu, D. Dai, H. Chen und Q. Shi, „Porosity evolution and its thermodynamic mechanism of randomly packed powder-bed during selective laser melting of Inconel 718 alloy“, *International Journal of Machine Tools and Manufacture*, Jg. 116, S. 96–106, 2017, doi: 10.1016/j.ijmachtools.2017.01.005.

[66] I. Yadroitsev, P. Bertrand und I. Smurov, „Parametric analysis of the selective laser melting process“, *Applied Surface Science*, Jg. 253, Nr. 19, S. 8064–8069, 2007, doi: 10.1016/j.apsusc.2007.02.088.

[67] I. Yadroitsev, A. Gusarov, I. Yadroitsava und I. Smurov, „Single track formation in selective laser melting of metal powders“, *Journal of Materials Processing Technology*, Jg. 210, Nr. 12, S. 1624–1631, 2010, doi: 10.1016/j.jmatprotec.2010.05.010.

[68] Z. Hu, H. Zhu, C. Zhang, H. Zhang, T. Qi und X. Zeng, „Contact angle evolution during selective laser melting“, *Materials & Design*, Jg. 139, S. 304–313, 2018, doi: 10.1016/j.matdes.2017.11.002.

[69] D. Gu und Y. Shen, „Balling phenomena in direct laser sintering of stainless steel powder: Metallurgical mechanisms and control methods“, *Materials & Design*, Jg. 30, Nr. 8, S. 2903–2910, 2009, doi: 10.1016/j.matdes.2009.01.013.

[70] D. Ye, K. Zhu, J. Y. H. Fuh, Y. Zhang und H. G. Soon, „The investigation of plume and spatter signatures on melted states in selective laser melting“, *Optics & Laser Technology*, Jg. 111, S. 395–406, 2019, doi: 10.1016/j.optlastec.2018.10.019.

[71] P. Ylander, A. Lösser, C. Eischer und N. Raitanen, „Correlation Studies on Additive Manufacturing Process Monitoring and Part Quality“, *Fraunhofer Direct Digital Manufacturing Conference: proceedings*, S. 129–134, 2018.

[72] *DIN EN ISO 6520-1:2007-11, Schweißen und verwandte Prozesse - Einteilung von geometrischen Unregelmäßigkeiten an metallischen Werkstoffen - Teil 1: Schmelzschweißen (ISO 6520-1:2007); Dreisprachige Fassung EN ISO 6520-1:2007*, Berlin.

[73] B. Zhang, Y. Li und Q. Bai, „Defect Formation Mechanisms in Selective Laser Melting: A Review“, *Chin. J. Mech. Eng.*, Jg. 30, Nr. 3, S. 515–527, 2017, doi: 10.1007/s10033-017-0121-5.

[74] F. Haeckel, M. Meixlsperger und T. Burkert, „Technological Challenges for Automotive Series Production in Laser Beam Melting“, *Proceedings of the Annual International Solid Freeform Fabrication Symposium*, Jg. 28, S. 2682–2698, 2017.

[75] H. Hügel und T. Graf, *Laser in der Fertigung: Strahlquellen, Systeme, Fertigungsverfahren,* 2. Aufl. Wiesbaden: Vieweg + Teubner, 2009. [Online]. Verfügbar unter: http://deposit.d-nb.de/cgi-bin/dokserv?id=2880164&prov=M&dok_var=1&dok_ext=htm

[76] G. E. Bean, D. B. Witkin, T. D. McLouth, D. N. Patel und R. J. Zaldivar, „Effect of laser focus shift on surface quality and density of Inconel 718 parts produced via selective laser melting“, *Additive Manufacturing*, Jg. 22, June (4), S. 207–215, 2018, doi: 10.1016/j.addma.2018.04.024.

[77] T. Bonhoff, M. Poppe, J. Stollenwerk, J. H. Schleifenbaum und P. Loosen, „Multi-physical analysis of thermo-optical effects for different Selective Laser Melting (SLM) scanning strategies“, *Procedia CIRP*, Jg. 74, Nr. 28, S. 97–101, 2018, doi: 10.1016/j.procir.2018.08.048.

[78] M. Tang, P. C. Pistorius und J. L. Beuth, „Prediction of lack-of-fusion porosity for powder bed fusion“, *Additive Manufacturing*, Jg. 14, S. 39–48, 2017, doi: 10.1016/j.addma.2016.12.001.

[79] B. Ahuja *et al.*, „A round robin study for laser beam melting in metal powder bed“, *SAJIE*, Jg. 27, Nr. 2, 2016, doi: 10.7166/27-2-1201.

[80] T. Fiegl, M. Franke und C. Körner, „Impact of build envelope on the properties of additive manufactured parts from AlSi10Mg“, *Optics & Laser Technology*, Jg. 111, Nr. 2, S. 51–57, 2019, doi: 10.1016/j.optlastec.2018.08.050.

[81] S. Sendino, M. Gardon, F. Lartategui, S. Martinez und A. Lamikiz, „The Effect of the Laser Incidence Angle in the Surface of L-PBF Processed Parts“, *Coatings*, Jg. 10, Nr. 11, S. 1024, 2020, doi: 10.3390/coatings10111024.

[82] L. Scime und J. Beuth, „Anomaly detection and classification in a laser powder bed additive manufacturing process using a trained computer vision algorithm“, *Additive Manufacturing*, Jg. 19, S. 114–126, 2018, doi: 10.1016/j.addma.2017.11.009.

[83] A. R. Nassar, M. A. Gundermann, E. W. Reutzel, P. Guerrier, M. H. Krane und M. J. Weldon, „Formation processes for large ejecta and interactions with melt pool formation in powder bed fusion additive manufacturing“ (eng), *Scientific reports*, Jg. 9, Nr. 1, S. 5038, 2019, doi: 10.1038/s41598-019-41415-7.

[84] E. Yasa, J. Deckers und J.-P. Kruth, „The investigation of the influence of laser re-melting on density, surface quality and microstructure of selective laser melting parts“, *Rapid Prototyping Journal*, Jg. 17, Nr. 5, S. 312–327, 2011, doi: 10.1108/13552541111156450.

[85] L. Jauer, *Laser Powder Bed Fusion von Magnesiumlegierungen,* 1. Aufl. Aachen: Apprimus Verlag, 2018.

[86] C.-J. Kong, C. J. Tuck, I. A. Ashcroft, R. D. Wildman und R. Hague, „High Density Ti6Al4V via SLM Processing: Microstructure and Mechanical Properties“, *Proceedings of the Annual International Solid Freeform Fabrication Symposium*, Jg. 22, S. 475–483, 2011.

[87] A. M. Philo, C. J. Sutcliffe, S. Sillars, J. Sienz, S. G. R. Brown und N. P. Lavery, „A Study into the Effects of Gas Flow Inlet Design of the Renishaw AM250 Laser Powder Bed Fusion Machine using Computational Modelling“, *Proceedings of the Annual International Solid Freeform Fabrication Symposium*, Jg. 28, S. 1203–1219, 2017.

[88] X. Zhang, B. Cheng und C. Tuffile, „Simulation study of the spatter removal process and optimization design of gas flow system in laser powder bed fusion“, *Additive Manufacturing*, Jg. 32, no. 1, S. 101049, 2020, doi: 10.1016/j.addma.2020.101049.

[89] C. Galy, E. Le Guen, E. Lacoste und C. Arvieu, „Main defects observed in aluminum alloy parts produced by SLM: From causes to consequences“, *Additive Manufacturing*, Jg. 22, Nr. 23, S. 165–175, 2018, doi: 10.1016/j.addma.2018.05.005.

[90] L. Hitzler, J. Hirsch, M. Merkel, W. Hall und A. Öchsner, „Position dependent surface quality in selective laser melting“, *Mat.-wiss. u. Werkstofftech.*, Jg. 48, Nr. 5, S. 327–334, 2017, doi: 10.1002/mawe.201600742.

[91] Y. Tian, D. Tomus, P. Rometsch und X. Wu, „Influences of processing parameters on surface roughness of Hastelloy X produced by selective laser melting“, *Additive Manufacturing*, Jg. 13, Nr. 5, S. 103–112, 2017, doi: 10.1016/j.addma.2016.10.010.

[92] C. Thiel, M. Stubenvoll, B. Schäfer und T. A. Krol, „Reliable Beam Positioning for Metal-based Additive Manufacturing by Means of Focal Shift Reduction“, *Proceedings of Lasers in Manufacturing Conference*, 2015.

[93] J. C. Fox, S. P. Moylan und B. M. Lane, „Effect of Process Parameters on the Surface Roughness of Overhanging Structures in Laser Powder Bed Fusion Additive Manufacturing“, *Procedia CIRP*, Jg. 45, 3-4, S. 131–134, 2016, doi: 10.1016/j.procir.2016.02.347.

[94] H. Yeung, B. Lane und J. Fox, „Part geometry and conduction-based laser power control for powder bed fusion additive manufacturing“, *Additive Manufacturing*, Jg. 30, S. 100844, 2019, doi: 10.1016/j.addma.2019.100844.

[95] T. Grimm, G. Wiora und G. Witt, „Characterization of typical surface effects in additive manufacturing with confocal microscopy“, *Surf. Topogr.: Metrol. Prop.*, Jg. 3, Nr. 1, S. 14001, 2015, doi: 10.1088/2051-672X/3/1/014001.

[96] A. B. Spierings, N. Herres und G. Levy, „Influence of the particle size distribution on surface quality and mechanical properties in AM steel parts“, *Rapid Prototyping Journal*, Jg. 17, Nr. 3, S. 195–202, 2011.

[97] L. Bürger, *Charakterisierung der Oberflächentopographie von Laser Powder Bed Fusion erzeugten IN718-Proben*. Dissertation, 2020.

[98] Z. Chen, X. Wu, D. Tomus und C. H. Davies, „Surface roughness of Selective Laser Melted Ti-6Al-4V alloy components“, *Additive Manufacturing*, Jg. 21, S. 91–103, 2018, doi: 10.1016/j.addma.2018.02.009.

[99] G. Jacob, C. U. Brown und A. Donmez, „The influence of spreading metal powders with different particle size distributions on the powder bed density in laser-based powder bed fusion processes“, 2018.

[100] Q. B. Nguyen, D. N. Luu, S. Nai, Z. Zhu, Z. Chen und J. Wei, „The role of powder layer thickness on the quality of SLM printed parts“, *Archives of Civil and Mechanical Engineering*, Jg. 18, Nr. 3, S. 948–955, 2018, doi: 10.1016/j.acme.2018.01.015.

[101] C. Qiu, C. Panwisawas, M. Ward, H. C. Basoalto, J. W. Brooks und M. M. Attallah, „On the role of melt flow into the surface structure and porosity development during selective laser melting“, *Acta Materialia*, Jg. 96, S. 72–79, 2015, doi: 10.1016/j.actamat.2015.06.004.

[102] R. Esmaeilizadeh, U. Ali, A. Keshavarzkermani, Y. Mahmoodkhani, E. Marzbanrad und E. Toyserkani, „On the effect of spatter particles distribution on the quality of Hastelloy X parts made by laser powder-bed fusion additive manufacturing“, *Journal of Manufacturing Processes*, Jg. 37, S. 11–20, 2019, doi: 10.1016/j.jmapro.2018.11.012.

[103] L. Hitzler, C. Janousch, J. Schanz, M. Merkel, F. Mack und A. Öchsner, „Non-destructive evaluation of AlSi10Mg prismatic samples generated by selective laser melting: Influence of manufacturing conditions“, *Mat.-wiss. u. Werkstofftech*, Jg. 47, 5-6, S. 564–581, 2016, doi: 10.1002/mawe.201600532.

[104] D. Dai und D. Gu, „Effect of metal vaporization behavior on keyhole-mode surface morphology of selective laser melted composites using different protective atmospheres“, *Applied Surface Science*, Jg. 355, S. 310–319, 2015, doi: 10.1016/j.apsusc.2015.07.044.

[105] S. Rott, A. Ladewig, K. Friedberger, J. Casper, M. Full und J. H. Schleifenbaum, „Surface roughness in laser powder bed fusion – Interdependency of surface orientation and laser incidence“, *Additive Manufacturing*, Jg. 36, Nr. 7, S. 101437, 2020, doi: 10.1016/j.addma.2020.101437.

[106] D. Dai und D. Gu, „Tailoring surface quality through mass and momentum transfer modeling using a volume of fluid method in selective laser melting of TiC/AlSi10Mg powder“, *International Journal of Machine Tools and Manufacture*, Jg. 88, S. 95–107, 2015, doi: 10.1016/j.ijmachtools.2014.09.010.

[107] D. Gu, M. Xia und D. Dai, „On the role of powder flow behavior in fluid thermodynamics and laser processability of Ni-based composites by selective laser melting“, *International Journal of Machine Tools and Manufacture*, Jg. 137, Nr. 8, S. 67–78, 2019, doi: 10.1016/j.ijmachtools.2018.10.006.

[108] G. Strano, L. Hao, R. M. Everson und K. E. Evans, „Surface roughness analysis, modelling and prediction in selective laser melting“, *Journal of Materials*

Processing Technology, Jg. 213, Nr. 4, S. 589–597, 2013, doi: 10.1016/j.jmatprotec.2012.11.011.

[109] M. A. Eisen, *Optimierte Parameterfindung und prozessorientiertes Qualitätsmanagement für das Selective-Laser-Melting-Verfahren*. Dissertation. Aachen: Shaker-Verl., 2010.

[110] J. T. Sehrt, *Möglichkeiten und Grenzen bei der generativen Herstellung metallischer Bauteile durch das Strahlschmelzverfahren*. Dissertation. Aachen: Shaker, 2010.

[111] *DIN EN ISO/ASTM 52942:2020-12, Additive Fertigung - Grundsätze der Qualifizierung - Prüfung von Anlagenbedienern für pulverbettbasierte Laserstrahlanlagen und Ausrüstung für metallische Werkstoffe für Luft- und Raumfahrtanwendungen (ISO/ASTM 52942:2020); Deutsche Fassung EN ISO/ASTM 52942:2020*, Berlin.

[112] IPG Photonics Corporation, Hg., „YLR-1070 Series: Ytterbium Fiber Lasers“, 2020.

[113] Sill Optics GmbH & Co. KG, Hg., „Data sheet S4LFT0430/526: standard F-Theta“, 2018.

[114] SCANLAB GmbH, Hg., „intelliSCAN“, 2019.

[115] MTU Aero Engines AG, *Bürstendichtung: Additive Fertigung.* [Online]. Verfügbar unter: https://www.mtu.de/de/engines/services/buerstendichtungen/anwendungen/additive-fertigung/ (Zugriff am: 1. August 2021).

[116] Elektror Airsystems GmbH, Hg., „Elektror-Hochdruckventilatoren“, 2016.

[117] ULT AG, Hg., „Absaug- und Filtertechnologie für Laserrauch: Absaugen. Filtern. Dranbleiben.“, 2019.

[118] Oerlikon Metco AG, Hg., „Material Product Data Shee: Nickel Chromium Superalloy Thermal Spray Powders“, 2017.

[119] Special Metals Corporation, Hg., „Inconel alloy 718“, 2007.

[120] Y. Zhang, J. R. G. Evans und S. Yang, „Corrected Values for Boiling Points and Enthalpies of Vaporization of Elements in Handbooks“, *J. Chem. Eng. Data*, Jg. 56, Nr. 2, S. 328–337, 2011, doi: 10.1021/je1011086.

[121] Y. N. Zhang, X. Cao, P. Wanjara und M. Medraj, „Oxide films in laser additive manufactured Inconel 718“, *Acta Materialia*, Jg. 61, Nr. 17, S. 6562–6576, 2013, doi: 10.1016/j.actamat.2013.07.039.

[122] K. C. Mills, *Recommended values of thermophysical properties for selected commercial alloys*. Cambridge: Woodhead, 2002.

[123] Q. Jia und D. Gu, „Selective laser melting additive manufactured Inconel 718 superalloy parts: High-temperature oxidation property and its mechanisms“, *Optics & Laser Technology*, Jg. 62, S. 161–171, 2014, doi: 10.1016/j.optlastec.2014.03.008.

[124] L. C. Ardila *et al.*, „Effect of IN718 Recycled Powder Reuse on Properties of Parts Manufactured by Means of Selective Laser Melting“, *Physics Procedia*, Jg. 56, S. 99–107, 2014, doi: 10.1016/j.phpro.2014.08.152.

[125] T. Maiwald-Immer, T. Göhler, A. Fischersworring-Bunk, C. Körner, F. Osmanlic und A. Bauereiß, „Application of ICME Methods for the Development of Rapid Manufacturing Technologies“, *Proceedings of the World Congress on Integrated Computational Materials Engineering (ICME)*, Jg. 2, S. 75–80, 2016, doi: 10.1007/978-3-319-48194-4_12.

[126] T. T. Roehling *et al.*, „Modulating laser intensity profile ellipticity for microstructural control during metal additive manufacturing“, *Acta Materialia*, Jg. 128, S. 197–206, 2017, doi: 10.1016/j.actamat.2017.02.025.

[127] A. B. Anwar und Q.-C. Pham, „Selective laser melting of AlSi10Mg: Effects of scan direction, part placement and inert gas flow velocity on tensile strength“, *Journal of Materials Processing Technology*, Jg. 240, Nr. 2, S. 388–396, 2017, doi: 10.1016/j.jmatprotec.2016.10.015.

[128] P. Hanzl, M. Zetek, T. Bakša und T. Kroupa, „The Influence of Processing Parameters on the Mechanical Properties of SLM Parts“, *Procedia Engineering*, Jg. 100, S. 1405–1413, 2015, doi: 10.1016/j.proeng.2015.01.510.

[129] A. M. Mancisidor, F. Garciandia, M. S. Sebastian, P. Álvarez, J. Díaz und I. Unanue, „Reduction of the Residual Porosity in Parts Manufactured by Selective Laser Melting Using Skywriting and High Focus Offset Strategies“, *Physics Procedia*, Jg. 83, S. 864–873, 2016, doi: 10.1016/j.phpro.2016.08.090.

[130] D. Surek und S. Stempin, *Technische Strömungsmechanik: Für Studium, Examen und Praxis: Mit ausführlichen Beispielen, zahlreichen Aufgaben + Lösungen und Musterklausuren,* 3. Aufl. Wiesbaden: Springer Vieweg, 2017. [Online]. Verfügbar unter: http://dx.doi.org/10.1007/978-3-658-18757-6

[131] Linde AG, Hg., „Produktdatenblatt Argon flüssig 5.0“, 2008.

[132] SENSORE Electronic GmbH, Hg., „Datenblatt Sauerstoffsensor“, 2015.

[133] Michell Instruments GmbH, Hg., „Feuchte- und Taupunktmessgeräte: SF52 - Taupunkt Transmitter bis 20 bar“, 2011.

[134] Vaisala Oyj, Hg., „Humidity conversion formulas: Calculation formulas for humidity“, 2013.

[135] P. W. Atkins, J. de Paula und R. Ludwig, *Kurzlehrbuch physikalische Chemie,* 4. Aufl. Weinheim: Wiley-VCH, 2008.

[136] B. A. Younglove, *Thermophysical properties of fluids. I. Argon, ethylene, parahydrogen, nitrogen, nitrogen triflouride, and oxygen*. New York: American Inst. of Physics, 1982.

[137] *DIN EN ISO 11146-1:2005-04, Laser und Laseranlagen - Prüfverfahren für Laserstrahlabmessungen, Divergenzwinkel und Beugungsmaßzahlen - Teil 1: Stigmatische und einfach astigmatische Strahlen (ISO 11146-1:2005); Deutsche Fassung EN ISO 11146-1:2005*, Berlin.

[138] PRIMES GmbH, Hg., „Originalbetriebsanleitung FocusMonitor FM+: LaserDiagnosticsSoftware 2.98“, 2018.

[139] PRIMES GmbH, Hg., „Kurzanleitung FocusMonitor FMW+: Zusatzdokumentation zur Betriebsanleitung FocusMonitor FM+“, 2018.

[140] *DIN EN ISO 11554:2017-12, Optik und Photonik - Laser und Laseranlagen - Prüfverfahren für Leistung, Energie und Kenngrößen des Zeitverhaltens von Laserstrahlen (ISO 11554:2017); Deutsche Fassung EN ISO 11554:2017*, Berlin.

[141] PRIMES GmbH, Hg., „Originalbetriebsanleitung Cube M: LaserDiagnosticsSoftware LDS“, 2019.

[142] *ISO 13322-2:2006-11, Partikelgrößenanalyse - Bildanalyseverfahren - Teil 2: Dynamische Bildanalyseverfahren*, Berlin.

[143] Microtrac Retsch GmbH, Hg., „Dynamische Bildanalyse zur Bestimmung von Partikelgröße und Partikelform: Camsizer X2“, 2020.

[144] Micro-Epsilon Messtechnik GmbH & Co. KG, Hg., „Betriebsanleitung scanCONTROL 29xx“, 2018.

[145] *DIN EN ISO 5167-1:2004-01, Durchflussmessung von Fluiden mit Drosselgeräten in voll durchströmten Leitungen mit Kreisquerschnitt - Teil 1: Allgemeine Grundlagen und Anforderungen (ISO 5167-1:2003); Deutsche Fassung EN ISO 5167-1:2003*, Berlin.

[146] McCrometer, Inc., Hg., „Advanced Differential Pressure Flowmeter Technology: Installation Operation & Maintenance Manual“, 2017.

[147] McCrometer, Inc., Hg., „Specification Sheet Precision Tube Series: Model VB“, 2018.

[148] W. Nitsche und A. Brunn, *Strömungsmesstechnik,* 2. Aufl. Berlin, Heidelberg: Springer-Verlag Berlin Heidelberg, 2006. [Online]. Verfügbar unter: http://dx.doi.org/10.1007/3-540-32487-9

[149] PCO AG, Hg., „pco.edge 5.5: cooled sCMOS cameras“, 2020.

[150] H. Krauss, *Qualitätssicherung beim Laserstrahlschmelzen durch schichtweise thermografische In-Process-Überwachung*. Dissertation. München: Herbert Utz Verlag GmbH, 2017.

[151] A. Gögelein, A. Ladewig, G. Zenzinger und J. Bamberg, „Process Monitoring of Additive Manufacturing by Using Optical Tomography“, *Quantitative Infra-Red Thermography Conference*, Jg. 14, S. 266–272, 2018.

[152] EOS GmbH, Hg., „EOSTATE Exposure OT: Monitoringsoftware für Laser-Sinter-Systeme“, 2019.

[153] K. Schiebold, *Zerstörungsfreie Werkstoffprüfung - Ultraschallprüfung*. Berlin: Springer Vieweg, 2015. [Online]. Verfügbar unter: http://dx.doi.org/10.1007/978-3-662-44700-0

[154] L. ScanMaster Systems (IRT), Hg., „Industrial Ultrasonic Scanning Systems: LS-200 Series“, 2005.

[155] *DIN EN ISO 16810:2014-07, Zerstörungsfreie Prüfung - Ultraschallprüfung - Allgemeine Grundsätze (ISO 16810:2012); Deutsche Fassung EN ISO 16810:2014*, Berlin.

[156] UTX, Inc., Hg., „IX-139: G.E. Approved Immersion Transducer NDT-111B, Group A“, 2017.

[157] Y. Song, X. Zi, Y. Fu, X. Li, C. Chen und K. Zhou, „Nondestructive testing of additively manufactured material based on ultrasonic scattering measurement“, *Measurement*, Jg. 118, S. 105–112, 2018, doi: 10.1016/j.measurement.2018.01.020.

[158] A. Townsend, N. Senin, L. Blunt, R. K. Leach und J. S. Taylor, „Surface texture metrology for metal additive manufacturing: a review“, *Precision Engineering*, Jg. 46, S. 34–47, 2016, doi: 10.1016/j.precisioneng.2016.06.001.

[159] *DIN EN ISO 25178-2:2012-09, Geometrische Produktspezifikation (GPS) - Oberflächenbeschaffenheit: Flächenhaft - Teil 2: Begriffe und Oberflächen-Kenngrößen (ISO 25178-2:2012); Deutsche Fassung EN ISO 25178-2:2012*, Berlin.

[160] topometric GmbH, Hg., „Optische Mikrokoordinatenmesstechnik und Rauheitsmessung“, 2016.

[161] *DIN EN ISO 16610-61:2020-05, Geometrische Produktspezifikation (GPS) - Filterung - Teil 61: Lineare Flächenfilter: Gauß-Filter (ISO 16610-61:2015 + Amd 1:2019); Deutsche Fassung EN ISO 16610-61:2015 + A1:2020*, Berlin.

[162] J. Hedderich und L. Sachs, *Angewandte Statistik: Methodensammlung mit R*, 16. Aufl. Berlin, Germany: Springer Spektrum, 2018.

[163] L. Fahrmeir, T. Kneib, S. Lang und B. Marx, *Regression: Models, Methods and Applications*. Dordrecht: Springer, 2013. [Online]. Verfügbar unter: http://gbv.eblib.com/patron/FullRecord.aspx?p=1082796

[164] D. J. Olive, *Linear regression*. Cham: Springer, 2017.

[165] L. Fahrmeir, C. Heumann, R. Künstler, I. Pigeot und G. Tutz, *Statistik: Der Weg zur Datenanalyse*, 8. Aufl. Berlin, Heidelberg: Springer Spektrum, 2016. [Online]. Verfügbar unter: http://dx.doi.org/10.1007/978-3-662-50372-0

[166] K. Siebertz, D. van Bebber und T. Hochkirchen, *Statistische Versuchsplanung: Design of Experiments (DoE)*. Heidelberg: Springer, 2010. [Online]. Verfügbar unter: http://site.ebrary.com/lib/alltitles/docDetail.action?docID=10391819

[167] D. B. Hann, J. Iammi und J. Folkes, „A simple methodology for predicting laser-weld properties from material and laser parameters“, *J. Phys. D: Appl. Phys.*, Jg. 44, Nr. 44, S. 445401, 2011, doi: 10.1088/0022-3727/44/44/445401.

[168] A. M. Rubenchik, W. E. King und S. S. Wu, „Scaling laws for the additive manufacturing“, *Journal of Materials Processing Technology*, Jg. 257, S. 234–243, 2018, doi: 10.1016/j.jmatprotec.2018.02.034.

[169] W. E. King *et al.*, „Observation of keyhole-mode laser melting in laser powder-bed fusion additive manufacturing“, *Journal of Materials Processing Technology*, Jg. 214, Nr. 12, S. 2915–2925, 2014, doi: 10.1016/j.jmatprotec.2014.06.005.

[170] U. Scipioni Bertoli, A. J. Wolfer, M. J. Matthews, J.-P. R. Delplanque und J. M. Schoenung, „On the limitations of Volumetric Energy Density as a design parameter for Selective Laser Melting“, *Materials & Design*, Jg. 113, Nr. 1, S. 331–340, 2017, doi: 10.1016/j.matdes.2016.10.037.

[171] J. Bliedtner, H. Müller und A. Barz, *Lasermaterialbearbeitung: Grundlagen - Verfahren - Anwendungen - Beispiele*. München: Hanser, 2013. [Online]. Verfügbar unter: http://www.hanser-elibrary.com/action/showBook?doi=10.3139/9783446429291

[172] K. Godineau, S. Lavernhe und C. Tournier, „Calibration of galvanometric scan heads for additive manufacturing with machine assembly defects consideration", *Additive Manufacturing*, Jg. 26, 1-3, S. 250–257, 2019, doi: 10.1016/j.addma.2019.02.003.

[173] *DIN EN ISO 3954:2007-11, Pulver für die Pulvermetallurgie - Probenahme (ISO 3954:2007); Deutsche Fassung EN ISO 3954:2007*, Berlin.

[174] *ISO 13320:2020-01, Partikelgrößenanalyse - Partikelmessung durch Laserlichtbeugung*, Berlin.

[175] Horiba Instruments, Inc., Hg., „A Guidebook to Particle Size Analysis", 2017.

[176] Y. Mahmoodkhani *et al.*, „On the measurement of effective powder layer thickness in laser powder-bed fusion additive manufacturing of metals", *Prog Addit Manuf*, Jg. 4, Nr. 2, S. 109–116, 2019, doi: 10.1007/s40964-018-0064-0.

[177] T. M. Wischeropp, C. Emmelmann, M. Brandt und A. Pateras, „Measurement of actual powder layer height and packing density in a single layer in selective laser melting", *Additive Manufacturing*, Jg. 28, S. 176–183, 2019, doi: 10.1016/j.addma.2019.04.019.

[178] H. Sigloch, *Technische Fluidmechanik*, 9. Aufl. Berlin: Springer Vieweg, 2014. [Online]. Verfügbar unter: http://dx.doi.org/10.1007/978-3-642-54292-3

[179] V. Griffiths, J. P. Scanlan, M. H. Eres, A. Martinez-Sykora und P. Chinchapatnam, „Cost-driven build orientation and bin packing of parts in Selective Laser Melting (SLM)", *European Journal of Operational Research*, Jg. 273, Nr. 1, S. 334–352, 2019, doi: 10.1016/j.ejor.2018.07.053.

[180] J.-P. Weberpals, *Nutzen und Grenzen guter Fokussierbarkeit beim Laserschweißen*. Dissertation. München: Herbert Utz Verlag GmbH, 2010.

[181] T. G. Spears und S. A. Gold, „In-process sensing in selective laser melting (SLM) additive manufacturing", *Integr Mater Manuf Innov*, Jg. 5, Nr. 1, S. 16–40, 2016, doi: 10.1186/s40192-016-0045-4.

[182] G. Zenzinger, J. Bamberg, A. Ladewig, T. Hess, B. Henkel und W. Satzger, „Process monitoring of additive manufacturing by using optical tomography", *AIP Conference Proceedings*, Jg. 1650, S. 164–170, 2015, doi: 10.1063/1.4914606.

[183] H.-U. Baron und A. Ladewig, „From In-Process Monitoring to In-Process Control". 19th World Conference on Non-Destructive Testing. München, 2016.

[184] *ISO/ASTM 52941:2020-11, Additive Fertigung - Systemleistung und Betriebssicherheit - Standard Richtlinie zur Abnahmeprüfung von pulverbettbasierten Laserstrahlmaschinen für metallische Werkstoffe zur additiven Fertigung für Luft- und Raumfahrtanwendungen*, Berlin.

[185] *DIN EN ISO 17635:2017-04, Zerstörungsfreie Prüfung von Schweißverbindungen - Allgemeine Regeln für metallische Werkstoffe (ISO 17635:2016); Deutsche Fassung EN ISO 17635:2016*, Berlin.

[186] W.-H. Hucho, *Aerodynamik der stumpfen Körper: Physikalische Grundlagen und Anwendungen in der Praxis ; mit 56 Tabellen*, 2. Aufl. Wiesbaden: Vieweg+Teubner Verlag, 2012. [Online]. Verfügbar unter: http://dx.doi.org/10.1007/978-3-8348-8243-1

[187] M. Schniedenharn und J. H. Schleifenbaum, „On the Correlation of the Shielding Gas Flow in L-PBF Machines with Part Density", *Fraunhofer Direct Digital Manufacturing Conference: proceedings*, S. 289–295, 2018.

[188] P. Wen *et al.*, „Laser additive manufacturing of Zn porous scaffolds: Shielding gas flow, surface quality and densification", *Journal of Materials Science & Technology*, Jg. 35, Nr. 2, S. 368–376, 2019, doi: 10.1016/j.jmst.2018.09.065.

[189] J. de Irala, R. F.-C. Navajas und A. S. del Castillo, „Abnormally wide confidence intervals in logistic regression: interpretation of statistical program results", *Pan American Journal of Public Health*, 2 (4), S. 268–271, 1997.

[190] M. Hamadou, R. Fabbro und G. Caillibotte, „Effect of Gas Shielding Delivery Mode on High Power CO2 Laser Welding", *Proceedings of the International Congress on Applications of Lasers and Electro-Optics*, Jg. 23, 2004.

[191] G. Ming, Z. Xiaoyan und H. Qianwu, „Effects of gas shielding parameters on weld penetration of CO2 laser-TIG hybrid welding", *Journal of Materials Processing Technology*, Jg. 184, 1-3, S. 177–183, 2007, doi: 10.1016/j.jmatprotec.2006.11.019.

[192] L. E. Criales, Y. M. Arısoy, B. Lane, S. Moylan, A. Donmez und T. Özel, „Laser powder bed fusion of nickel alloy 625: Experimental investigations of effects of process parameters on melt pool size and shape with spatter analysis", *International Journal of Machine Tools and Manufacture*, Jg. 121, Nr. 1, S. 22–36, 2017, doi: 10.1016/j.ijmachtools.2017.03.004.

[193] R. Li, J. Liu, Y. Shi, L. Wang und W. Jiang, „Balling behavior of stainless steel and nickel powder during selective laser melting process", *Int J Adv Manuf Technol*, Jg. 59, 9-12, S. 1025–1035, 2012, doi: 10.1007/s00170-011-3566-1.

[194] C. Tang, J. L. Tan und C. H. Wong, „A numerical investigation on the physical mechanisms of single track defects in selective laser melting", *International Journal of Heat and Mass Transfer*, Jg. 126, Nr. 1, S. 957–968, 2018, doi: 10.1016/j.ijheatmasstransfer.2018.06.073.

[195] Y. S. Lee und W. Zhang, „Mesoscopic Simulation of Heat Transfer and Fluid Flow in Laser Powder Bed Additive Manufacturing", *Proceedings of the Annual International Solid Freeform Fabrication Symposium*, Jg. 26, S. 1154–1165, 2015.

[196] X. Zhou *et al.*, „3D-imaging of selective laser melting defects in a Co–Cr–Mo alloy by synchrotron radiation micro-CT", *Acta Materialia*, Jg. 98, S. 1–16, 2015, doi: 10.1016/j.actamat.2015.07.014.

[197] C. Körner, E. Attar und P. Heinl, „Mesoscopic simulation of selective beam melting processes“, *Journal of Materials Processing Technology*, Jg. 211, Nr. 6, S. 978–987, 2011, doi: 10.1016/j.jmatprotec.2010.12.016.

[198] C. Panwisawas *et al.*, „Mesoscale modelling of selective laser melting: Thermal fluid dynamics and microstructural evolution“, *Computational Materials Science*, Jg. 126, Nr. 4, S. 479–490, 2017, doi: 10.1016/j.commatsci.2016.10.011.

[199] S. Das, „Physical Aspects of Process Control in Selective Laser Sintering of Metals“, *Adv. Eng. Mater.*, Jg. 5, Nr. 10, S. 701–711, 2003, doi: 10.1002/adem.200310099.

[200] M. Lutter-Günther, M. Bröker, T. Mayer, S. Lizak, C. Seidel und G. Reinhart, „Spatter formation during laser beam melting of AlSi10Mg and effects on powder quality“, *Procedia CIRP*, Jg. 74, S. 33–38, 2018, doi: 10.1016/j.procir.2018.08.008.

[201] R. Lin, H. Wang, F. Lu, J. Solomon und B. E. Carlson, „Numerical study of keyhole dynamics and keyhole-induced porosity formation in remote laser welding of Al alloys“, *International Journal of Heat and Mass Transfer*, Jg. 108, S. 244–256, 2017, doi: 10.1016/j.ijheatmasstransfer.2016.12.019.

[202] A. Charles, A. Elkaseer, L. Thijs, V. Hagenmeyer und S. Scholz, „Effect of Process Parameters on the Generated Surface Roughness of Down-Facing Surfaces in Selective Laser Melting“, *Applied Sciences*, Jg. 9, Nr. 6, S. 1256, 2019, doi: 10.3390/app9061256.

[203] J. Reijonen, A. Revuelta, T. Riipinen, K. Ruusuvuori und P. Puukko, „On the effect of shielding gas flow on porosity and melt pool geometry in laser powder bed fusion additive manufacturing“, *Additive Manufacturing*, Jg. 32, Nr. 9, S. 101030, 2020, doi: 10.1016/j.addma.2019.101030.

[204] J. Feldhusen und K.-H. Grote, Hg., *Konstruktionslehre: Methoden und Anwendung erfolgreicher Produktentwicklung,* 8. Aufl. Berlin, Heidelberg: Springer Vieweg, 2013.

[205] M. Letenneur, A. Kreitcberg und V. Brailovski, „The Average Grain Size and Grain Aspect Ratio in Metal Laser Powder Bed Fusion: Modeling and Experiment“, *JMMP*, Jg. 4, Nr. 1, S. 25, 2020, doi: 10.3390/jmmp4010025.

[206] O. Gokcekaya, T. Ishimoto, S. Hibino, J. Yasutomi, T. Narushima und T. Nakano, „Unique crystallographic texture formation in Inconel 718 by laser powder bed fusion and its effect on mechanical anisotropy“, *Acta Materialia*, Jg. 212, S. 116876, 2021, doi: 10.1016/j.actamat.2021.116876.

[207] G. Schuh und S. Klappert, *Technologiemanagement,* 2. Aufl. Berlin: Springer, 2011.

[208] M. Hirsch *et al.*, „Targeted rework strategies for powder bed additive manufacture“, *Additive Manufacturing*, Jg. 19, 1–3, S. 127–133, 2018, doi: 10.1016/j.addma.2017.11.011.

[209] S. Moylan, J. Slotwinski, A. Cooke, K. Jurrens und M. A. Donmez, „Lessons learned in establishing the NIST metal additive manufacturing laboratory", 2013.

[210] H. Shen, P. Rometsch, X. Wu und A. Huang, „Influence of Gas Flow Speed on Laser Plume Attenuation and Powder Bed Particle Pickup in Laser Powder Bed Fusion", *JOM*, Jg. 72, Nr. 3, S. 1039–1051, 2020, doi: 10.1007/s11837-020-04020-y.

[211] J. K. Calautit, H. N. Chaudhry, B. R. Hughes und L. F. Sim, „A validated design methodology for a closed-loop subsonic wind tunnel", *Journal of Wind Engineering and Industrial Aerodynamics*, Jg. 125, Nr. 3, S. 180–194, 2014, doi: 10.1016/j.jweia.2013.12.010.

[212] Y. S. Lee und W. Zhang, „Modeling of heat transfer, fluid flow and solidification microstructure of nickel-base superalloy fabricated by laser powder bed fusion", *Additive Manufacturing*, Jg. 12, S. 178–188, 2016, doi: 10.1016/j.addma.2016.05.003.

[213] J. Yin *et al.*, „Correlation between forming quality and spatter dynamics in laser powder bed fusion", *Additive Manufacturing*, Jg. 31, S. 100958, 2020, doi: 10.1016/j.addma.2019.100958.

[214] A. B. Anwar und Q.-C. Pham, „Study of the spatter distribution on the powder bed during selective laser melting", *Additive Manufacturing*, Jg. 22, Nr. 1, S. 86–97, 2018, doi: 10.1016/j.addma.2018.04.036.

[215] H. Chen und W. Yan, „Spattering and denudation in laser powder bed fusion process: Multiphase flow modelling", *Acta Materialia*, Jg. 196, S. 154–167, 2020, doi: 10.1016/j.actamat.2020.06.033.

[216] J. Yin *et al.*, „High-power laser-matter interaction during laser powder bed fusion", *Additive Manufacturing*, Jg. 29, S. 100778, 2019, doi: 10.1016/j.addma.2019.100778.

[217] M. Stieß, *Partikeltechnologie,* 3. Aufl. Berlin: Springer, 2009. [Online]. Verfügbar unter: http://deposit.dnb.de/cgi-bin/dokserv?id=2784345&prov=M&dok_var=1&dok_ext=htm

[218] A. Haider und O. Levenspiel, „Drag Coefficient and Terminal Velocity of Spherical and Nonspherical Particles", *Powder Technology*, Jg. 58, S. 63–70, 1989.

10 Anhang

Abschließend werden im Anhang diverse Messergebnisse der Ausgangssituation sowie der Homogenisierungskonzepte, die einzelnen Regressionsmodelle für Diskontinuitätskennwerte und Flächenrauheitskennwerte, Ergebnisse der Nutzwertanalyse sowie ein Verzeichnis der betreuten Studienarbeiten dargestellt.

Inhaltsverzeichnis des Anhangs

10.1 Tabellenverzeichnis des Anhangs

10.2 Messergebnisse der Ausgangssituation

Nachfolgend werden in Tabelle A1 bis Tabelle A38 die Messergebnisse der Ausgangssituation dargestellt.

Tabelle A1 – Messwerte des Laserstrahlpolarwinkels ψ für die Ausgangssituation

Position mit Angaben in °	Messergebnis 1	Messergebnis 2	Messergebnis 3
A0	13,97	13,97	14,16
A1	11,03	11,07	11,04
A2	9,88	9,90	9,77
A3	11,14	11,17	10,83
A4	14,18	14,14	13,79
B0	11,23	11,22	11,00
B1	7,01	7,03	7,02
B2	4,91	4,90	4,97
B3	7,03	6,97	7,06
B4	11,12	11,15	11,17
C0	10,00	9,99	10,01
C1	5,00	4,98	5,01
C2	0,00	0,00	0,00
C3	4,92	5,04	5,04
C4	10,00	9,99	10,00
D0	11,05	11,08	11,31
D1	7,03	6,99	7,03
D2	4,90	4,95	4,93
D3	7,04	7,01	7,01
D4	11,16	11,14	11,14
E0	13,93	13,90	14,29
E1	11,06	11,04	11,04
E2	9,85	9,85	9,85
E3	11,04	11,07	11,04
E4	14,02	14,04	14,05

Tabelle A2 – Messwerte der Ellipsenhalbachse w_a für die Ausgangssituation

Position mit Angaben in µm	Messergebnis 1	Messergebnis 2	Messergebnis 3
A0	41,05	41,04	41,60
A1	40,70	40,84	40,72
A2	40,73	40,79	40,27
A3	41,11	41,19	39,97
A4	41,66	41,54	40,49
B0	41,06	41,03	40,22
B1	40,26	40,34	40,30
B2	40,00	39,91	40,54
B3	40,34	40,00	40,57
B4	40,68	40,76	40,86
C0	40,63	40,57	40,65
C1	40,17	40,02	40,27
C2	40,00	40,00	40,00
C3	39,48	40,51	40,47
C4	40,63	40,59	40,64
D0	40,42	40,54	41,35
D1	40,39	40,16	40,36
D2	39,93	40,32	40,20
D3	40,41	40,26	40,24
D4	40,81	40,76	40,75
E0	40,91	40,82	41,96
E1	40,81	40,73	40,73
E2	40,61	40,58	40,61
E3	40,71	40,84	40,71
E4	41,19	41,23	41,28

Tabelle A3 – Messwerte der Laserleistung P_L für die Ausgangssituation

Position mit Angaben in W	Messergebnis 1	Messergebnis 2	Messergebnis 3
A0	285,9	285,8	286,0
A1	282,6	282,4	282,4
A2	284,4	284,2	283,1
A3	285,7	285,6	285,4
A4	283,6	283,6	283,4
B0	286,7	286,8	286,7
B1	285,1	284,8	284,9
B2	286,4	286,3	286,2
B3	284,9	284,8	284,8
B4	285,8	285,7	285,4
C0	284,5	284,2	284,2
C1	287,0	286,9	286,8
C2	285,5	285,7	285,3
C3	286,7	286,4	286,2
C4	285,0	284,7	284,7
D0	286,7	286,4	286,3
D1	284,2	284,0	284,3
D2	286,6	286,3	286,3
D3	285,3	285,0	284,8
D4	285,4	285,3	285,2
E0	283,5	283,0	283,0
E1	286,9	286,8	286,8
E2	285,6	285,4	285,3
E3	286,2	286,1	286,1
E4	283,8	283,7	283,6

Tabelle A4 – Messwerte der Scangeschwindigkeit v_L für die Ausgangssituation

Position mit Angaben in mm × s^{-1}	Messergebnis 1	Messergebnis 2	Messergebnis 3
A0	959,2	959,5	959,8
A1	959,3	959,7	959,3
A2	959,7	959,0	959,5
A3	959,5	958,6	959,0
A4	959,5	959,8	960,0
B0	959,4	959,5	958,6
B1	960,5	960,2	959,6
B2	958,7	959,8	959,5
B3	959,1	958,9	958,7
B4	960,0	958,3	959,4
C0	959,7	958,4	959,4
C1	959,8	959,5	959,5
C2	959,3	960,2	959,1
C3	959,6	959,6	958,9
C4	960,0	959,1	959,1
D0	959,4	960,2	959,1
D1	958,3	958,6	960,1
D2	959,1	959,8	959,1
D3	958,4	959,7	959,0
D4	959,2	958,8	958,3
E0	958,7	959,2	959,0
E1	959,3	959,2	959,1
E2	958,8	958,6	958,7
E3	959,8	958,9	959,5
E4	959,1	960,7	959,3

Tabelle A5 – Messwerte des Partikeldurchmessers d_{v10} für die Ausgangssituation

Position mit Angaben in µm	Messergebnis 1	Messergebnis 2	Messergebnis 3
A0	32,95	32,87	32,84
A1	32,79	32,76	32,67
A2	32,68	32,56	32,58
A3	32,52	32,61	32,58
A4	32,34	32,22	32,41
B0	32,73	32,81	32,89
B1	32,86	32,64	32,67
B2	32,54	32,73	32,55
B3	32,44	32,63	32,74
B4	32,36	32,30	32,29
C0	32,74	32,98	32,78
C1	32,76	32,73	32,81
C2	32,71	32,55	32,52
C3	32,62	32,57	32,60
C4	32,29	32,25	32,39
D0	32,80	32,78	32,80
D1	32,78	32,54	32,78
D2	32,58	32,63	32,44
D3	32,68	32,55	32,55
D4	32,35	32,32	32,23
E0	32,75	32,86	32,94
E1	32,81	32,70	32,73
E2	32,43	32,66	32,70
E3	32,55	32,64	32,54
E4	32,32	32,26	32,37

Tabelle A6 – Messwerte des Partikeldurchmessers d_{v50} für die Ausgangssituation

Position mit Angaben in µm	Messergebnis 1	Messergebnis 2	Messergebnis 3
A0	39,81	39,90	40,05
A1	39,76	39,91	39,82
A2	39,68	39,35	39,73
A3	39,40	39,39	39,45
A4	39,01	38,54	39,02
B0	39,79	40,02	40,18
B1	39,85	39,54	39,74
B2	39,37	39,57	39,45
B3	39,39	39,42	39,53
B4	38,90	38,61	38,88
C0	39,79	40,28	39,93
C1	39,88	39,73	39,94
C2	39,50	39,45	39,27
C3	39,50	39,28	39,32
C4	38,70	38,93	38,95
D0	39,76	39,93	40,02
D1	39,74	39,39	39,84
D2	39,47	39,41	39,31
D3	39,74	39,28	39,51
D4	38,77	38,92	38,69
E0	39,74	39,90	40,16
E1	39,78	39,82	39,86
E2	39,07	39,52	39,62
E3	39,37	39,33	39,36
E4	38,76	38,60	38,85

Tabelle A7 – Messwerte des Partikeldurchmessers d_{v90} für die Ausgangssituation

Position mit Angaben in µm	Messergebnis 1	Messergebnis 2	Messergebnis 3
A0	48,69	48,96	49,17
A1	48,97	49,01	48,99
A2	48,57	48,41	48,61
A3	48,26	48,56	48,61
A4	47,75	47,72	48,14
B0	48,72	49,01	49,19
B1	48,87	48,42	48,74
B2	48,35	48,32	48,35
B3	48,37	48,41	48,39
B4	48,16	47,77	48,27
C0	48,79	49,11	48,78
C1	48,99	48,72	48,85
C2	48,55	48,36	48,58
C3	48,58	48,22	48,41
C4	48,10	48,19	48,14
D0	48,92	48,65	49,18
D1	48,58	48,57	48,90
D2	48,65	48,46	48,61
D3	48,57	48,43	48,38
D4	48,17	48,02	48,05
E0	48,73	49,04	49,04
E1	48,78	48,74	48,74
E2	48,26	48,56	48,76
E3	48,27	48,58	48,64
E4	47,78	47,95	48,03

Tabelle A8 – Messwerte der Partikelspannweite Ξ für die Ausgangssituation

Position mit Angaben in 1	Messergebnis 1	Messergebnis 2	Messergebnis 3
A0	0,40	0,40	0,41
A1	0,41	0,41	0,41
A2	0,40	0,40	0,40
A3	0,40	0,40	0,41
A4	0,40	0,40	0,40
B0	0,40	0,40	0,41
B1	0,40	0,40	0,40
B2	0,40	0,39	0,40
B3	0,40	0,40	0,40
B4	0,41	0,40	0,41
C0	0,40	0,40	0,40
C1	0,41	0,40	0,40
C2	0,40	0,40	0,41
C3	0,40	0,40	0,40
C4	0,41	0,41	0,40
D0	0,41	0,40	0,41
D1	0,40	0,41	0,40
D2	0,41	0,40	0,41
D3	0,40	0,40	0,40
D4	0,41	0,40	0,41
E0	0,40	0,41	0,40
E1	0,40	0,40	0,40
E2	0,41	0,40	0,41
E3	0,40	0,41	0,41
E4	0,40	0,41	0,40

Tabelle A9 – Messwerte der effektiven Schichthöhe h_{eff} für die Ausgangssituation bei einer Plattformbelegung Γ von 25 %

Position mit Angaben in µm	Messergebnis 1	Messergebnis 2	Messergebnis 3
A0	140	139	139
A1	144	144	143
A2	150	153	151
A3	159	160	159
A4	166	167	164
B0	159	159	156
B1	158	158	156
B2	166	166	165
B3	173	172	173
B4	176	176	175
C0	131	131	131
C1	131	130	131
C2	137	136	136
C3	145	143	144
C4	150	149	149
D0	133	134	133
D1	143	144	142
D2	153	153	152
D3	160	161	159
D4	149	148	146
E0	131	129	131
E1	142	142	141
E2	152	152	153
E3	159	159	159
E4	149	147	150

Tabelle A10 – Messwerte der effektiven Schichthöhe h_{eff} für die Ausgangssituation bei einer Plattformbelegung Γ von 50 %

Position mit Angaben in µm	Messergebnis 1	Messergebnis 2	Messergebnis 3
A0	158	157	159
A1	161	160	161
A2	166	165	166
A3	172	173	173
A4	171	172	172
B0	173	173	174
B1	175	175	175
B2	185	184	185
B3	188	188	188
B4	184	184	184
C0	132	131	130
C1	136	136	134
C2	144	144	144
C3	152	151	152
C4	143	142	142
D0	119	119	117
D1	133	133	131
D2	142	142	141
D3	150	150	148
D4	123	124	123
E0	112	105	101
E1	132	125	122
E2	141	135	132
E3	149	144	140
E4	126	119	117

Tabelle A11 – Messwerte der effektiven Schichthöhe h_{eff} für die Ausgangssituation bei einer Plattformbelegung Γ von 75 %

Position mit Angaben in µm	Messergebnis 1	Messergebnis 2	Messergebnis 3
A0	169	167	174
A1	161	160	161
A2	168	168	168
A3	178	178	177
A4	167	171	182
B0	172	169	172
B1	167	165	167
B2	175	173	175
B3	179	178	179
B4	177	176	177
C0	156	155	155
C1	157	156	155
C2	165	163	163
C3	169	168	168
C4	164	162	162
D0	112	113	107
D1	126	125	119
D2	135	134	128
D3	141	141	134
D4	120	119	114
E0	114	113	112
E1	128	127	126
E2	136	135	134
E3	144	143	142
E4	124	123	122

Tabelle A12 – Messwerte der Prozessnebenproduktthöhe h_{spat} für die Ausgangssituation bei einer Plattformbelegung Γ von 25 %

Position mit Angaben in µm	Messergebnis 1	Messergebnis 2	Messergebnis 3
A0	10	10	12
A1	23	23	25
A2	12	19	18
A3	28	31	32
A4	35	41	39
B0	23	16	23
B1	21	21	25
B2	23	18	24
B3	26	25	30
B4	38	37	40
C0	24	24	24
C1	26	29	29
C2	30	29	29
C3	34	33	32
C4	36	34	33
D0	26	30	27
D1	29	34	32
D2	32	35	34
D3	34	36	35
D4	31	31	30
E0	32	35	40
E1	42	46	47
E2	43	46	51
E3	43	46	49
E4	39	40	46

Tabelle A13 – Messwerte der Prozessnebenproduktthöhe h_{spat} für die Ausgangssituation bei einer Plattformbelegung Γ von 50 %

Position mit Angaben in µm	Messergebnis 1	Messergebnis 2	Messergebnis 3
A0	33	26	50
A1	57	47	67
A2	50	37	59
A3	61	48	68
A4	61	45	67
B0	66	32	53
B1	71	38	62
B2	67	36	57
B3	76	44	64
B4	81	51	67
C0	37	31	33
C1	45	35	38
C2	47	34	38
C3	52	39	42
C4	48	38	41
D0	27	28	26
D1	33	30	32
D2	37	35	35
D3	37	37	37
D4	28	28	28
E0	15	11	15
E1	27	23	21
E2	28	25	23
E3	25	23	22
E4	11	6	19

Tabelle A14 – Messwerte der Prozessnebenprodukthöhe h_{spat} für die Ausgangssituation bei einer Plattformbelegung Γ von 75 %

Position mit Angaben in µm	Messergebnis 1	Messergebnis 2	Messergebnis 3
A0	48	46	45
A1	81	80	81
A2	71	69	69
A3	77	78	77
A4	63	65	65
B0	54	55	59
B1	64	66	69
B2	59	61	65
B3	64	65	67
B4	68	70	72
C0	39	40	42
C1	44	45	45
C2	43	43	45
C3	45	48	49
C4	50	50	51
D0	21	23	19
D1	29	30	26
D2	30	31	27
D3	34	35	29
D4	24	25	22
E0	14	14	15
E1	15	17	18
E2	16	18	18
E3	16	18	19
E4	15	18	18

Tabelle A15 – Messwerte der Strömungsgeschwindigkeit u für die Ausgangssituation

Position mit Angaben in $m \times s^{-1}$	Messergebnis in Mediandarstellung	Messergebnis in 95 %-Quantildarstellung
A0	0,991	1,078
A1	0,854	1,046
A2	1,01	1,139
A3	1,098	1,276
A4	0,961	1,052
B0	0,869	1,01
B1	0,763	0,82
B2	0,902	1,044
B3	0,981	1,053
B4	0,977	1,191
C0	0,66	0,842
C1	0,565	0,673
C2	0,733	0,925
C3	0,749	0,949
C4	0,965	1,382
D0	0,291	0,568
D1	0,239	0,431
D2	0,383	0,628
D3	0,447	0,664
D4	0,755	1,434
E0	-0,079	0,011
E1	-0,062	-0,003
E2	-0,035	0,083
E3	0,032	0,195
E4	0,401	1,149

Tabelle A16 – Messwerte der Strömungsgeschwindigkeit v für die Ausgangssituation

Position mit Angaben in $m \times s^{-1}$	Messergebnis in Mediandarstellung	Messergebnis in 95 %-Quantildarstellung
A0	0,203	0,254
A1	0,131	0,211
A2	-0,126	-0,027
A3	-0,293	-0,261
A4	-0,286	-0,241
B0	0,197	0,213
B1	0,093	0,183
B2	-0,18	-0,066
B3	-0,228	-0,167
B4	-0,17	-0,023
C0	0,149	0,208
C1	0,002	0,138
C2	-0,157	-0,121
C3	-0,114	-0,057
C4	-0,073	0,176
D0	0,079	0,109
D1	-0,071	0,034
D2	-0,134	-0,072
D3	-0,015	0,06
D4	0,034	0,305
E0	0,065	0,095
E1	-0,029	0,041
E2	-0,03	0,103
E3	0,173	0,313
E4	0,143	0,337

Tabelle A17 – Messwerte der Strömungsgeschwindigkeit *w* für die Ausgangssituation

Position mit Angaben in $m \times s^{-1}$	Messergebnis in Mediandarstellung	Messergebnis in 95 %-Quantildarstellung
A0	0,228	0,498
A1	0,093	0,428
A2	0,105	0,431
A3	0,188	0,482
A4	0,145	0,404
B0	0,063	0,123
B1	-0,059	0,031
B2	-0,005	0,058
B3	0,047	0,090
B4	0,111	0,183
C0	0,001	0,063
C1	-0,025	-0,003
C2	0,028	0,076
C3	-0,003	0,072
C4	0,166	0,247
D0	-0,060	0,015
D1	-0,061	-0,016
D2	-0,027	0,024
D3	-0,072	-0,001
D4	0,169	0,309
E0	-0,127	-0,102
E1	-0,128	-0,103
E2	-0,110	-0,060
E3	-0,102	-0,058
E4	0,115	0,268

Tabelle A18 – Messwerte des Schweißrichtungswinkels υ für die Ausgangssituation

Position mit Angaben in °	Messergebnis der linken Seitenfläche	Messergebnis der oberen Seitenfläche	Messergebnis der rechten Seitenfläche	Messergebnis der unteren Seitenfläche
A0	135,0	45,0	45,0	135,0
A1	116,6	26,6	63,4	153,4
A2	90,0	0,0	90,0	180,0
A3	63,4	26,6	116,6	153,4
A4	45,0	45,0	135,0	135,0
B0	153,4	63,4	26,6	116,6
B1	135,0	45,0	45,0	135,0
B2	90,0	0,0	90,0	180,0
B3	45,0	45,0	135,0	135,0
B4	26,6	63,4	153,4	116,6
C0	180,0	90,0	0,0	90,0
C1	180,0	90,0	0,0	90,0
C2	180,0	90,0	0,0	90,0
C3	0,0	90,0	180,0	90,0
C4	0,0	90,0	180,0	90,0
D0	153,4	116,6	26,6	63,4
D1	135,0	135,0	45,0	45,0
D2	90,0	180,0	90,0	0,0
D3	45,0	135,0	135,0	45,0
D4	26,6	116,6	153,4	63,4
E0	135,0	135,0	45,0	45,0
E1	116,6	153,4	63,4	26,6
E2	90,0	180,0	90,0	0,0
E3	63,4	153,4	116,6	26,6
E4	45,0	135,0	135,0	45,0

Tabelle A19 – Messwerte des Oberflächen-Laserstrahl-Relationswinkels ζ für die Ausgangssituation bei einem Oberflächenpolarwinkel α von 100°

Position mit Angaben in °	Messergebnis der linken Seitenfläche	Messergebnis der oberen Seitenfläche	Messergebnis der rechten Seitenfläche	Messergebnis der unteren Seitenfläche
A0	109,7	90,0	90,0	109,7
A1	104,8	90,1	94,9	109,8
A2	99,9	90,1	99,9	109,9
A3	94,9	90,1	104,8	109,8
A4	90,0	90,0	109,7	109,7
B0	109,9	94,9	90,0	104,8
B1	104,9	95,0	95,0	104,9
B2	100,0	95,1	100,0	104,9
B3	95,0	95,0	104,9	104,9
B4	90,0	94,9	109,9	104,8
C0	110,0	99,8	90,0	99,8
C1	105,0	100,0	95,0	100,0
C2	100,0	100,0	100,0	100,0
C3	95,0	100,0	105,0	100,0
C4	90,0	99,8	110,0	99,8
D0	109,9	104,8	90,0	94,9
D1	104,9	104,9	95,0	95,0
D2	100,0	104,9	100,0	95,1
D3	95,0	104,9	104,9	95,0
D4	90,0	104,8	109,9	94,9
E0	109,7	109,7	90,0	90,0
E1	104,8	109,8	94,9	90,1
E2	99,9	109,9	99,9	90,1
E3	94,9	109,8	104,8	90,1
E4	90,0	109,7	109,7	90,0

Tabelle A20 – Messwerte des Oberflächen-Laserstrahl-Relationswinkels ζ für die Ausgangssituation bei einem Oberflächenpolarwinkel α von 115°

Position mit Angaben in °	Messergebnis der linken Seitenfläche	Messergebnis der oberen Seitenfläche	Messergebnis der rechten Seitenfläche	Messergebnis der unteren Seitenfläche
A0	124,4	104,7	104,7	124,4
A1	119,5	105,0	109,7	124,8
A2	114,6	105,1	114,6	124,9
A3	109,7	105,0	119,5	124,8
A4	104,7	104,7	124,4	124,4
B0	124,8	109,7	104,9	119,5
B1	119,9	109,9	109,9	119,9
B2	114,9	110,1	114,9	119,9
B3	109,9	109,9	119,9	119,9
B4	104,9	109,7	124,8	119,5
C0	125,0	114,6	105,0	114,6
C1	120,0	114,9	110,0	114,9
C2	115,0	115,0	115,0	115,0
C3	110,0	114,9	120,0	114,9
C4	105,0	114,6	125,0	114,6
D0	124,8	119,5	104,9	109,7
D1	119,9	119,9	109,9	109,9
D2	114,9	119,9	114,9	110,1
D3	109,9	119,9	119,9	109,9
D4	104,9	119,5	124,8	109,7
E0	124,4	124,4	104,7	104,7
E1	119,5	124,8	109,7	105,0
E2	114,6	124,9	114,6	105,1
E3	109,7	124,8	119,5	105,0
E4	104,7	124,4	124,4	104,7

Tabelle A21 – Messwerte des Oberflächen-Laserstrahl-Relationswinkels ζ für die Ausgangssituation bei einem Oberflächenpolarwinkel α von 130°

Position mit Angaben in °	Messergebnis der linken Seitenfläche	Messergebnis der oberen Seitenfläche	Messergebnis der rechten Seitenfläche	Messergebnis der unteren Seitenfläche
A0	139,0	119,5	119,5	139,0
A1	134,1	120,0	124,4	139,7
A2	129,3	120,1	129,3	139,9
A3	124,4	120,0	134,1	139,7
A4	119,5	119,5	139,0	139,0
B0	139,7	124,4	119,9	134,2
B1	134,8	124,9	124,9	134,8
B2	129,8	125,1	129,8	134,9
B3	124,9	124,9	134,8	134,8
B4	119,9	124,4	139,7	134,2
C0	140,0	129,3	120,0	129,3
C1	135,0	129,8	125,0	129,8
C2	130,0	130,0	130,0	130,0
C3	125,0	129,8	135,0	129,8
C4	120,0	129,3	140,0	129,3
D0	139,7	134,2	119,9	124,4
D1	134,8	134,8	124,9	124,9
D2	129,8	134,9	129,8	125,1
D3	124,9	134,8	134,8	124,9
D4	119,9	134,2	139,7	124,4
E0	139,0	139,0	119,5	119,5
E1	134,1	139,7	124,4	120,0
E2	129,3	139,9	129,3	120,1
E3	124,4	139,7	134,1	120,0
E4	119,5	139,0	139,0	119,5

Tabelle A22 – Messwerte der normierten Wärmeleitungsbedingung $\delta_{\%}$ für die Ausgangssituation

Position mit Angaben in %	Messergebnis der linken Seitenfläche	Messergebnis der oberen Seitenfläche	Messergebnis der rechten Seitenfläche	Messergebnis der unteren Seitenfläche
A0	50	100	50	0
A1	50	100	50	0
A2	50	100	50	0
A3	50	100	50	0
A4	50	100	50	0
B0	50	100	50	0
B1	50	100	50	0
B2	50	100	50	0
B3	50	100	50	0
B4	50	100	50	0
C0	50	100	50	0
C1	50	100	50	0
C2	50	100	50	0
C3	50	100	50	0
C4	50	100	50	0
D0	50	100	50	0
D1	50	100	50	0
D2	50	100	50	0
D3	50	100	50	0
D4	50	100	50	0
E0	50	100	50	0
E1	50	100	50	0
E2	50	100	50	0
E3	50	100	50	0
E4	50	100	50	0

Tabelle A23 – Messwerte des Scan-Strömung-Relationswinkels φ_ω für die Ausgangssituation

Position mit Angaben in °	Messergebnis der linken Seitenfläche	Messergebnis der oberen Seitenfläche	Messergebnis der rechten Seitenfläche	Messergebnis der unteren Seitenfläche
A0	0	90	180	90
A1	0	90	180	90
A2	0	90	180	90
A3	0	90	180	90
A4	0	90	180	90
B0	0	90	180	90
B1	0	90	180	90
B2	0	90	180	90
B3	0	90	180	90
B4	0	90	180	90
C0	0	90	180	90
C1	0	90	180	90
C2	0	90	180	90
C3	0	90	180	90
C4	0	90	180	90
D0	0	90	180	90
D1	0	90	180	90
D2	0	90	180	90
D3	0	90	180	90
D4	0	90	180	90
E0	0	90	180	90
E1	0	90	180	90
E2	0	90	180	90
E3	0	90	180	90
E4	0	90	180	90

Tabelle A24 – Messwerte der Diskontinuitätskennwerte für die Ausgangssituation bei einer Plattformbelegung Γ von 25 %

Position mit Angaben in %	Messergebnis des Diskontinuitätskennwerts $RS_{20\,\%}$	Messergebnis des Diskontinuitätskennwerts $RS_{80\,\%}$	Messergebnis des Diskontinuitätskennwerts $OT_{40\,\%}$	Messergebnis des Diskontinuitätskennwerts $OT_{50\,\%}$
A0	0,00	0,00	0,00	0,00
A1	0,00	0,00	0,00	0,00
A2	0,00	0,00	0,00	0,00
A3	0,00	0,00	0,00	0,00
A4	0,00	0,00	0,00	0,00
B0	0,00	0,00	0,00	0,00
B1	0,00	0,00	0,00	0,00
B2	0,00	0,00	0,00	0,00
B3	0,00	0,00	0,00	0,00
B4	0,00	0,00	0,00	0,00
C0	0,00	0,00	0,00	0,00
C1	0,00	0,00	0,00	0,00
C2	0,00	0,00	0,00	0,00
C3	0,00	0,00	0,00	0,00
C4	0,00	0,00	0,00	0,00
D0	0,00	0,00	0,00	0,00
D1	0,00	0,00	0,00	0,00
D2	0,00	0,00	0,00	0,00
D3	0,00	0,00	0,00	0,00
D4	0,00	0,00	0,00	0,00
E0	0,00	0,00	0,00	0,00
E1	0,00	0,00	0,00	0,00
E2	0,00	0,00	0,00	0,00
E3	0,00	0,00	0,00	0,00
E4	0,00	0,00	0,00	0,00

Tabelle A25 – Messwerte der Diskontinuitätskennwerte für die Ausgangssituation bei einer Plattformbelegung Γ von 50 %

Position mit Angaben in %	Messergebnis des Diskontinuitätskennwerts $RS_{20\,\%}$	Messergebnis des Diskontinuitätskennwerts $RS_{80\,\%}$	Messergebnis des Diskontinuitätskennwerts $OT_{40\,\%}$	Messergebnis des Diskontinuitätskennwerts $OT_{50\,\%}$
A0	0,09	0,00	0,00	0,00
A1	0,16	0,00	0,02	0,00
A2	0,16	0,00	0,00	0,00
A3	0,00	0,00	0,00	0,00
A4	0,00	0,00	0,00	0,00
B0	0,00	0,00	0,00	0,00
B1	0,00	0,00	0,00	0,00
B2	0,00	0,00	0,00	0,00
B3	0,00	0,00	0,00	0,00
B4	0,00	0,00	0,00	0,00
C0	0,00	0,00	0,00	0,00
C1	0,00	0,00	0,00	0,00
C2	0,00	0,00	0,00	0,00
C3	0,00	0,00	0,00	0,00
C4	0,00	0,00	0,09	0,09
D0	0,00	0,00	0,02	0,00
D1	0,00	0,00	0,04	0,00
D2	0,00	0,00	0,00	0,00
D3	0,00	0,00	0,00	0,00
D4	0,00	0,00	1,94	1,40
E0	0,00	0,00	0,59	0,34
E1	0,00	0,00	0,11	0,04
E2	0,00	0,00	0,00	0,00
E3	0,00	0,00	0,00	0,00
E4	0,00	0,00	0,28	0,03

Tabelle A26 – Messwerte der Diskontinuitätskennwerte für die Ausgangssituation bei einer Plattformbelegung Γ von 75 %

Position mit Angaben in %	Messergebnis des Diskontinuitätskennwerts $RS_{20\,\%}$	Messergebnis des Diskontinuitätskennwerts $RS_{80\,\%}$	Messergebnis des Diskontinuitätskennwerts $OT_{40\,\%}$	Messergebnis des Diskontinuitätskennwerts $OT_{50\,\%}$
A0	11,92	0,24	4,94	2,84
A1	20,61	0,55	9,03	5,62
A2	5,24	0,00	1,07	0,60
A3	1,84	0,04	0,46	0,18
A4	0,61	0,00	0,08	0,00
B0	0,00	0,00	0,00	0,00
B1	0,00	0,00	0,00	0,00
B2	0,00	0,00	0,01	0,00
B3	0,00	0,00	0,00	0,00
B4	0,23	0,00	0,15	0,07
C0	0,00	0,00	0,00	0,00
C1	0,13	0,00	0,10	0,04
C2	0,00	0,00	0,00	0,00
C3	0,00	0,00	0,00	0,00
C4	0,00	0,00	1,22	0,45
D0	0,00	0,00	0,59	0,39
D1	0,00	0,00	0,32	0,09
D2	0,00	0,00	0,00	0,00
D3	0,00	0,00	0,00	0,00
D4	0,20	0,00	2,02	0,72
E0	0,16	0,00	0,94	0,50
E1	0,00	0,00	0,17	0,06
E2	0,00	0,00	0,00	0,00
E3	0,01	0,00	0,00	0,00
E4	2,35	0,16	3,22	2,17

Tabelle A27 – Messwerte des Flächenrauheitskennwerts S_a für die Ausgangssituation bei einem Oberflächenpolarwinkel α von 100°

Position mit Angaben in µm	Messergebnis der linken Seitenfläche	Messergebnis der oberen Seitenfläche	Messergebnis der rechten Seitenfläche	Messergebnis der unteren Seitenfläche
A0	9,93	7,66	8,09	10,01
A1	9,63	7,18	8,57	10,23
A2	9,23	7,81	9,41	9,92
A3	8,95	8,84	11,15	10,86
A4	7,89	9,29	11,55	10,50
B0	9,10	7,92	7,00	8,91
B1	9,41	7,43	7,92	8,88
B2	9,48	7,67	8,67	9,38
B3	7,66	8,00	9,69	9,78
B4	7,38	9,09	11,82	9,62
C0	9,67	8,38	6,90	8,72
C1	8,92	8,53	7,96	8,49
C2	9,40	8,54	8,63	8,49
C3	8,13	9,03	9,40	9,09
C4	6,95	8,85	9,83	9,12
D0	11,84	9,93	7,88	8,80
D1	9,71	9,30	7,99	7,97
D2	8,90	9,89	8,77	8,06
D3	7,87	9,42	9,26	8,49
D4	9,07	12,12	9,89	8,84
E0	14,40	14,45	9,31	9,48
E1	11,27	11,71	7,96	8,64
E2	10,71	10,77	8,63	8,11
E3	8,75	10,50	9,64	8,01
E4	13,44	21,65	10,64	9,11

Tabelle A28 – Messwerte des Flächenrauheitskennwerts S_a für die Ausgangssituation bei einem Oberflächenpolarwinkel α von 115°

Position mit Angaben in µm	Messergebnis der linken Seitenfläche	Messergebnis der oberen Seitenfläche	Messergebnis der rechten Seitenfläche	Messergebnis der unteren Seitenfläche
A0	22,88	9,94	11,93	17,55
A1	19,32	10,79	13,52	16,37
A2	15,22	11,39	16,59	15,66
A3	13,73	11,93	19,03	16,33
A4	10,85	13,20	22,04	16,14
B0	20,36	12,06	10,04	14,65
B1	17,19	12,05	12,63	14,35
B2	14,62	12,17	14,86	13,87
B3	12,35	13,03	17,66	13,93
B4	11,71	13,85	19,65	15,17
C0	21,86	14,24	10,05	13,08
C1	17,19	12,49	11,90	12,89
C2	14,41	14,26	13,18	12,30
C3	11,85	14,42	15,95	12,24
C4	10,10	14,88	18,21	13,87
D0	22,62	18,33	12,23	12,31
D1	18,37	16,05	10,68	12,07
D2	15,84	15,85	14,37	11,33
D3	13,12	15,98	15,97	11,01
D4	13,02	20,65	19,00	12,61
E0	24,23	24,90	13,43	12,94
E1	19,74	22,63	11,54	11,25
E2	18,51	21,86	14,84	9,76
E3	15,77	23,22	17,06	10,13
E4	20,82	31,34	21,30	12,14

Tabelle A29 – Messwerte des Flächenrauheitskennwerts S_a für die Ausgangssituation bei einem Oberflächenpolarwinkel α von 130°

Position mit Angaben in µm	Messergebnis der linken Seitenfläche	Messergebnis der oberen Seitenfläche	Messergebnis der rechten Seitenfläche	Messergebnis der unteren Seitenfläche
A0	53,19	22,26	26,42	35,47
A1	46,14	22,99	30,59	35,59
A2	41,99	23,76	40,30	33,27
A3	31,27	23,91	43,18	31,75
A4	24,69	23,76	45,70	31,71
B0	51,74	26,65	23,77	29,71
B1	46,04	26,21	30,47	30,39
B2	39,05	27,47	39,78	27,61
B3	32,72	29,25	42,47	29,34
B4	26,44	30,89	47,49	29,50
C0	48,99	36,71	24,47	26,76
C1	46,08	34,00	33,55	24,30
C2	39,33	32,41	36,13	23,95
C3	28,88	35,34	42,70	22,98
C4	24,57	35,49	47,03	23,59
D0	46,98	38,39	23,78	23,00
D1	43,52	44,42	30,71	21,33
D2	39,73	42,51	34,97	19,21
D3	33,26	43,44	40,70	18,71
D4	30,11	41,41	42,36	21,34
E0	41,24	47,16	24,61	21,47
E1	41,87	50,34	26,43	18,38
E2	38,76	46,63	34,69	17,37
E3	34,76	49,86	39,90	16,20
E4	30,60	44,39	38,88	19,16

Tabelle A30 – Messwerte des Flächenrauheitskennwerts S_{dq} für die Ausgangssituation bei einem Oberflächenpolarwinkel α von 100°

Position mit Angaben in %	Messergebnis der linken Seitenfläche	Messergebnis der oberen Seitenfläche	Messergebnis der rechten Seitenfläche	Messergebnis der unteren Seitenfläche
A0	64,3	59,4	62,8	72,7
A1	66,6	56,8	63,3	75,7
A2	68,7	64,6	70,8	73,3
A3	73,5	74,3	84,4	82,9
A4	61,6	74,8	82,6	74,9
B0	68,1	65,9	57,9	67,7
B1	77,0	61,6	63,8	72,2
B2	77,9	64,3	72,1	74,7
B3	61,6	69,9	78,0	78,5
B4	59,3	75,6	85,0	69,1
C0	74,1	63,5	56,9	68,8
C1	71,2	72,6	68,5	66,9
C2	78,4	73,4	69,9	66,7
C3	67,2	77,9	77,5	72,3
C4	56,8	69,2	74,1	67,2
D0	86,4	71,5	65,5	69,0
D1	79,7	74,8	66,5	66,0
D2	71,6	81,4	69,0	65,0
D3	63,4	75,8	76,5	70,9
D4	67,6	91,0	71,4	65,6
E0	101,2	98,9	74,9	74,2
E1	85,6	87,2	62,5	69,8
E2	81,5	78,9	64,5	67,7
E3	70,7	77,8	64,9	66,1
E4	102,5	146,7	73,3	69,4

Tabelle A31 – Messwerte des Flächenrauheitskennwerts S_{dq} für die Ausgangssituation bei einem Oberflächenpolarwinkel α von 115°

Position mit Angaben in %	Messergebnis der linken Seitenfläche	Messergebnis der oberen Seitenfläche	Messergebnis der rechten Seitenfläche	Messergebnis der unteren Seitenfläche
A0	138,6	63,8	82,6	113,4
A1	120,0	73,5	93,4	101,0
A2	101,0	79,1	117,3	106,7
A3	93,9	84,8	128,0	109,3
A4	77,2	96,6	132,9	102,4
B0	132,3	85,0	67,9	99,8
B1	118,3	84,4	88,5	100,3
B2	96,2	87,5	103,1	95,0
B3	85,9	92,6	115,9	94,5
B4	71,8	92,8	122,7	104,6
C0	136,0	91,9	73,0	86,3
C1	115,7	88,3	79,0	87,3
C2	96,8	94,3	87,6	85,2
C3	78,7	102,9	107,1	85,7
C4	68,3	101,2	115,6	91,8
D0	145,7	122,5	90,2	88,2
D1	124,7	110,5	76,3	86,3
D2	113,0	108,0	96,0	83,3
D3	91,4	106,5	106,9	81,6
D4	97,0	138,5	120,5	84,3
E0	150,5	159,7	100,4	93,2
E1	135,6	143,9	83,3	87,7
E2	127,6	139,5	101,4	74,9
E3	112,1	144,1	107,1	78,9
E4	146,9	204,9	129,7	92,2

Tabelle A32 – Messwerte des Flächenrauheitskennwerts S_{dq} für die Ausgangssituation bei einem Oberflächenpolarwinkel α von 130°

Position mit Angaben in %	Messergebnis der linken Seitenfläche	Messergebnis der oberen Seitenfläche	Messergebnis der rechten Seitenfläche	Messergebnis der unteren Seitenfläche
A0	271,5	128,4	166,4	212,1
A1	248,8	143,0	184,4	199,4
A2	234,4	141,9	225,2	191,5
A3	186,4	144,7	235,2	185,0
A4	140,5	141,3	234,6	184,6
B0	262,1	156,6	145,9	185,7
B1	247,4	149,7	175,4	180,0
B2	217,8	155,8	216,3	164,5
B3	193,0	172,0	228,9	174,9
B4	159,8	187,5	243,8	172,3
C0	256,8	199,3	138,7	161,4
C1	247,5	185,5	189,9	149,7
C2	210,1	181,3	207,2	148,9
C3	180,4	200,9	229,4	146,3
C4	147,7	199,1	241,8	146,3
D0	260,2	212,1	144,4	143,5
D1	240,8	226,8	176,9	141,1
D2	226,3	225,7	194,0	126,4
D3	198,0	228,1	215,6	125,6
D4	187,1	226,5	225,2	141,0
E0	237,9	246,0	154,6	142,5
E1	243,3	254,7	156,2	119,4
E2	221,5	234,3	191,6	111,3
E3	203,8	242,9	218,7	110,5
E4	188,4	248,3	206,2	124,3

Tabelle A33 – Messwerte des Flächenrauheitskennwerts S_{dr} für die Ausgangssituation bei einem Oberflächenpolarwinkel α von 100°

Position mit Angaben in %	Messergebnis der linken Seitenfläche	Messergebnis der oberen Seitenfläche	Messergebnis der rechten Seitenfläche	Messergebnis der unteren Seitenfläche
A0	17,45	15,24	17,00	22,27
A1	18,69	13,87	17,00	23,86
A2	20,12	17,85	21,13	22,65
A3	22,96	23,25	29,21	28,79
A4	16,44	23,07	27,34	22,97
B0	19,51	18,48	14,45	19,51
B1	24,66	16,21	17,29	22,07
B2	25,44	17,52	21,47	23,54
B3	16,43	20,46	24,84	25,84
B4	15,38	23,76	28,54	20,35
C0	22,47	17,16	13,94	20,22
C1	21,23	22,25	19,82	19,15
C2	25,45	22,45	20,39	19,07
C3	19,47	25,08	24,65	22,31
C4	14,28	20,15	22,73	19,38
D0	29,92	21,46	18,01	20,26
D1	25,38	23,39	18,57	18,67
D2	21,67	27,27	19,96	18,12
D3	17,34	23,75	24,17	21,20
D4	19,45	33,22	21,13	18,59
E0	40,03	38,41	22,93	22,85
E1	29,30	30,67	16,58	20,82
E2	26,84	25,62	17,70	19,39
E3	20,94	24,35	18,13	18,75
E4	41,43	80,30	22,43	20,48

Tabelle A34 – Messwerte des Flächenrauheitskennwerts S_{dr} für die Ausgangssituation bei einem Oberflächenpolarwinkel α von 115°

Position mit Angaben in %	Messergebnis der linken Seitenfläche	Messergebnis der oberen Seitenfläche	Messergebnis der rechten Seitenfläche	Messergebnis der unteren Seitenfläche
A0	70,15	17,39	27,76	49,79
A1	54,43	22,36	34,71	40,13
A2	40,06	25,54	52,94	44,46
A3	35,26	29,02	61,62	46,59
A4	24,70	36,66	65,28	41,06
B0	64,47	29,09	19,19	39,64
B1	52,39	28,78	30,91	40,07
B2	36,07	30,31	40,59	36,16
B3	29,58	34,16	50,80	35,68
B4	21,34	34,04	55,96	43,13
C0	66,62	33,76	22,00	30,37
C1	49,71	31,14	25,23	30,79
C2	36,57	35,06	30,43	29,64
C3	25,28	40,77	43,18	29,92
C4	19,52	39,41	50,07	34,06
D0	77,96	56,10	32,17	31,71
D1	57,91	47,22	23,75	30,56
D2	48,89	44,96	36,23	28,45
D3	33,37	44,07	43,73	27,42
D4	37,02	71,45	54,50	29,55
E0	83,81	92,64	39,90	34,89
E1	68,82	75,09	28,44	31,73
E2	61,36	70,47	40,46	23,62
E3	48,58	74,57	44,76	26,16
E4	81,11	148,30	63,26	34,79

Tabelle A35 – Messwerte des Flächenrauheitskennwerts S_{dr} für die Ausgangssituation bei einem Oberflächenpolarwinkel α von 130°

Position mit Angaben in %	Messergebnis der linken Seitenfläche	Messergebnis der oberen Seitenfläche	Messergebnis der rechten Seitenfläche	Messergebnis der unteren Seitenfläche
A0	244,97	61,59	97,73	157,20
A1	208,90	73,46	120,21	138,64
A2	185,11	73,14	172,67	128,61
A3	121,02	76,41	187,02	121,71
A4	71,85	72,64	186,93	118,62
B0	230,41	87,17	76,29	122,29
B1	204,89	79,26	108,55	114,99
B2	162,21	85,79	159,80	97,85
B3	129,60	103,83	178,67	108,68
B4	89,88	122,34	202,22	105,87
C0	225,05	136,53	69,70	93,71
C1	206,42	119,31	125,20	81,21
C2	151,93	114,42	146,59	81,19
C3	112,92	137,42	175,95	78,88
C4	78,67	137,53	198,15	79,09
D0	230,09	155,44	75,65	76,10
D1	197,33	175,47	108,21	73,26
D2	173,82	173,89	131,15	60,32
D3	135,23	178,94	159,32	59,79
D4	122,42	176,88	174,53	74,55
E0	195,00	204,71	86,75	74,71
E1	202,56	222,16	88,12	54,32
E2	167,86	187,68	128,41	48,26
E3	143,48	200,31	164,23	47,44
E4	127,30	208,08	144,40	58,97

Tabelle A36 – Messwerte des Flächenrauheitskennwerts S_z für die Ausgangssituation bei einem Oberflächenpolarwinkel α von 100°

Position mit Angaben in µm	Messergebnis der linken Seitenfläche	Messergebnis der oberen Seitenfläche	Messergebnis der rechten Seitenfläche	Messergebnis der unteren Seitenfläche
A0	151,8	142,6	158,5	160,3
A1	149,9	164,7	154,9	180,8
A2	234,1	287,4	165,9	158,3
A3	159,7	163,4	188,3	153,8
A4	233,0	159,9	184,7	264,5
B0	148,9	133,9	141,6	186,5
B1	162,2	129,8	131,6	167,6
B2	162,1	131,4	163,7	157,5
B3	156,4	147,6	199,6	184,2
B4	184,3	163,0	187,7	161,8
C0	171,8	123,1	126,4	158,7
C1	187,9	151,4	146,7	142,5
C2	181,4	142,5	140,3	149,6
C3	177,0	189,5	171,1	147,7
C4	139,7	187,3	198,7	149,3
D0	236,8	197,9	164,1	155,7
D1	278,5	158,5	143,5	158,6
D2	145,6	196,7	146,4	149,3
D3	131,3	182,6	162,5	222,2
D4	168,0	212,7	153,5	136,1
E0	194,6	192,8	205,1	209,9
E1	190,1	178,3	147,3	139,5
E2	190,7	174,6	137,9	250,4
E3	177,0	180,2	149,1	161,3
E4	230,0	241,4	180,8	178,3

Tabelle A37 – Messwerte des Flächenrauheitskennwerts S_z für die Ausgangssituation bei einem Oberflächenpolarwinkel α von 115°

Position mit Angaben in µm	Messergebnis der linken Seitenfläche	Messergebnis der oberen Seitenfläche	Messergebnis der rechten Seitenfläche	Messergebnis der unteren Seitenfläche
A0	305,9	157,6	196,9	222,4
A1	231,2	202,6	205,9	228,8
A2	197,9	216,6	222,1	242,1
A3	200,1	287,0	223,2	235,1
A4	175,7	207,5	228,8	237,3
B0	311,8	167,4	157,0	216,3
B1	242,5	216,8	189,8	189,3
B2	241,4	193,6	205,3	199,4
B3	213,4	201,6	212,1	208,5
B4	236,0	281,9	248,4	214,0
C0	283,5	247,4	166,6	182,9
C1	243,2	191,1	179,7	193,1
C2	201,6	260,4	214,7	186,6
C3	215,6	210,1	223,8	199,4
C4	195,7	238,9	251,3	232,7
D0	242,5	246,6	203,8	214,0
D1	263,0	221,7	171,1	654,0
D2	208,0	242,5	184,3	204,6
D3	191,6	233,2	234,4	182,4
D4	206,2	235,0	219,6	157,9
E0	285,4	296,2	182,2	229,8
E1	243,5	266,3	176,3	173,0
E2	245,7	264,0	193,4	141,1
E3	198,4	300,5	214,3	181,7
E4	282,1	306,4	271,6	182,7

Tabelle A38 – Messwerte des Flächenrauheitskennwerts S_z für die Ausgangssituation bei einem Oberflächenpolarwinkel α von 130°

Position mit Angaben in µm	Messergebnis der linken Seitenfläche	Messergebnis der oberen Seitenfläche	Messergebnis der rechten Seitenfläche	Messergebnis der unteren Seitenfläche
A0	435,7	260,3	280,2	329,4
A1	348,7	313,0	287,2	367,7
A2	365,3	317,0	358,9	325,9
A3	310,7	268,5	354,9	387,0
A4	308,0	266,7	400,1	343,7
B0	448,5	339,7	328,4	350,4
B1	395,3	290,7	295,5	307,5
B2	329,7	289,4	355,2	304,8
B3	325,9	336,6	398,2	309,3
B4	281,2	300,0	360,6	297,8
C0	398,5	340,1	256,5	295,8
C1	380,3	309,7	306,8	278,2
C2	409,1	311,5	340,8	311,0
C3	275,0	328,0	326,0	292,1
C4	296,0	333,6	355,0	268,7
D0	342,7	322,9	277,0	264,8
D1	361,5	348,0	306,3	292,4
D2	351,2	412,1	323,9	240,8
D3	302,4	347,5	344,2	250,6
D4	302,1	374,0	352,8	246,9
E0	342,1	373,0	262,4	336,0
E1	331,5	410,8	273,4	224,9
E2	312,5	400,9	296,4	212,2
E3	324,4	369,9	348,1	273,6
E4	323,4	355,7	327,1	259,6

10.3 Messergebnisse der Homogenisierungskonzepte

Nachfolgend werden in Tabelle A39 bis Tabelle A49 die Messergebnisse der Homogenisierungskonzepte dargestellt.

Tabelle A39 – Messwerte der effektiven Schichthöhe h_{eff} für das Homogenisierungskonzept strömungsführender Komponenten bei einer Plattformbelegung Γ von 75 %

Position mit Angaben in µm	Mess-ergebnis 1	Mess-ergebnis 2	Mess-ergebnis 3
A0	80	82	83
A1	77	79	80
A2	85	86	88
A3	97	100	100
A4	108	109	110
B0	161	165	164
B1	160	164	163
B2	168	173	172
B3	171	176	174
B4	172	177	177
C0	121	134	133
C1	120	131	131
C2	129	140	140
C3	136	147	147
C4	133	145	144
D0	110	102	112
D1	117	108	119
D2	127	120	129
D3	134	126	136
D4	119	112	124
E0	103	100	101
E1	114	112	114
E2	119	117	119
E3	132	131	132
E4	124	123	122

Tabelle A40 – Messwerte der Prozessnebenproduktthöhe h_{spat} für das Homogenisierungskonzept strömungsführender Komponenten bei einer Plattformbelegung Γ von 75 %

Position mit Angaben in µm	Messergebnis 1	Messergebnis 2	Messergebnis 3
A0	55	49	44
A1	57	53	50
A2	55	53	49
A3	54	51	48
A4	47	43	41
B0	58	61	58
B1	56	59	57
B2	52	56	54
B3	56	59	55
B4	60	63	61
C0	45	54	53
C1	44	49	49
C2	42	48	48
C3	44	50	50
C4	47	54	53
D0	52	38	50
D1	41	28	37
D2	40	27	36
D3	41	27	38
D4	34	22	34
E0	36	29	25
E1	30	26	24
E2	28	23	19
E3	35	32	28
E4	42	38	33

Tabelle A41 – Messwerte der Strömungsgeschwindigkeit u für das Homogenisierungskonzept strömungsführender Komponenten

Position mit Angaben in $m \times s^{-1}$	Messergebnis in Mediandarstellung	Messergebnis in 95 %-Quantildarstellung
A0	0,993	1,118
A1	1,028	1,121
A2	1,14	1,173
A3	0,989	1,142
A4	0,914	1,081
B0	1,01	1,091
B1	1,022	1,097
B2	1,067	1,134
B3	0,862	0,999
B4	0,855	0,942
C0	0,847	0,983
C1	0,841	0,979
C2	0,855	1,009
C3	0,641	0,831
C4	0,66	0,784
D0	0,399	0,658
D1	0,283	0,577
D2	0,292	0,605
D3	0,153	0,429
D4	0,221	0,48
E0	-0,086	0,012
E1	-0,143	0,014
E2	-0,138	-0,025
E3	-0,205	-0,04
E4	-0,181	-0,018

Tabelle A42 – Messwerte der Strömungsgeschwindigkeit v für das Homogenisierungskonzept strömungsführender Komponenten

Position mit Angaben in $m \times s^{-1}$	Messergebnis in Mediandarstellung	Messergebnis in 95 %-Quantildarstellung
A0	-0,043	0,023
A1	0,059	0,086
A2	0,081	0,105
A3	0,042	0,103
A4	0,081	0,12
B0	-0,079	-0,002
B1	0,066	0,125
B2	0,098	0,134
B3	0,061	0,103
B4	0,096	0,129
C0	-0,164	-0,062
C1	0,106	0,211
C2	0,149	0,22
C3	0,052	0,089
C4	0,08	0,13
D0	-0,185	-0,128
D1	0,058	0,21
D2	0,164	0,219
D3	0,033	0,073
D4	0,088	0,117
E0	-0,132	-0,071
E1	-0,022	0,121
E2	0,012	0,137
E3	-0,003	0,034
E4	0,075	0,115

Tabelle A43 – Messwerte der Strömungsgeschwindigkeit w für das Homogenisierungskonzept strömungsführender Komponenten

Position mit Angaben in $m \times s^{-1}$	Messergebnis in Mediandarstellung	Messergebnis in 95 %-Quantildarstellung
A0	0,135	0,386
A1	0,223	0,456
A2	0,328	0,562
A3	0,293	0,601
A4	0,247	0,508
B0	-0,010	0,118
B1	0,047	0,150
B2	0,147	0,230
B3	0,104	0,187
B4	0,107	0,175
C0	-0,063	0,147
C1	-0,081	0,033
C2	0,070	0,148
C3	0,016	0,129
C4	0,020	0,080
D0	-0,040	0,173
D1	-0,104	-0,027
D2	-0,051	0,039
D3	-0,070	0,018
D4	-0,070	0,020
E0	-0,114	0,066
E1	-0,149	-0,078
E2	-0,129	-0,059
E3	-0,141	-0,078
E4	-0,138	-0,041

Tabelle A44 – Messwerte der Diskontinuitätskennwerte für das Homogenisierungskonzept strömungsführender Komponenten bei einer Plattformbelegung Γ von 75 %

Position mit Angaben in %	Messergebnis des Diskontinuitätskennwerts $RS_{20\,\%}$	Messergebnis des Diskontinuitätskennwerts $RS_{80\,\%}$	Messergebnis des Diskontinuitätskennwerts $OT_{40\,\%}$	Messergebnis des Diskontinuitätskennwerts $OT_{50\,\%}$
A0	11,57	0,04	4,81	3,11
A1	20,11	0,09	9,08	5,01
A2	8,16	0,06	2,14	0,86
A3	1,77	0,00	0,47	0,19
A4	0,00	0,00	0,00	0,00
B0	0,25	0,00	0,00	0,00
B1	0,25	0,00	0,00	0,00
B2	0,36	0,00	0,01	0,00
B3	0,07	0,00	0,00	0,00
B4	0,06	0,00	0,00	0,00
C0	0,00	0,00	0,18	0,04
C1	0,00	0,00	0,01	0,01
C2	0,00	0,00	0,00	0,00
C3	0,00	0,00	0,00	0,00
C4	0,00	0,00	0,00	0,00
D0	0,00	0,00	0,28	0,01
D1	0,00	0,00	0,39	0,22
D2	0,00	0,00	0,36	0,07
D3	0,00	0,00	0,12	0,01
D4	0,00	0,00	0,84	0,25
E0	0,00	0,00	0,04	0,00
E1	0,00	0,00	0,41	0,28
E2	0,00	0,00	0,12	0,06
E3	0,00	0,00	0,07	0,01
E4	0,49	0,00	0,67	0,16

Tabelle A45 – Messwerte der effektiven Schichthöhe h_{eff} für das Homogenisierungskonzept der Entfernung von Prozessnebenprodukten bei einer Plattformbelegung Γ von 75 %

Position mit Angaben in µm	Messergebnis 1	Messergebnis 2	Messergebnis 3
A0	137	126	143
A1	119	109	125
A2	115	106	122
A3	120	108	125
A4	126	114	132
B0	188	193	193
B1	177	185	184
B2	180	188	189
B3	186	193	191
B4	181	188	187
C0	133	133	137
C1	131	131	136
C2	139	137	143
C3	144	143	148
C4	142	142	147
D0	83	81	80
D1	85	85	85
D2	102	102	101
D3	107	105	105
D4	98	94	90
E0	136	134	135
E1	137	135	135
E2	150	147	149
E3	158	157	159
E4	144	142	143

Tabelle A46 – Messwerte der Prozessnebenprodukthöhe h_{spat} für das Homogenisierungskonzept der Entfernung von Prozessnebenprodukten bei einer Plattformbelegung Γ von 75 %

Position mit Angaben in µm	Messergebnis 1	Messergebnis 2	Messergebnis 3
A0	0	0	0
A1	0	0	0
A2	0	0	0
A3	0	0	0
A4	0	0	0
B0	54	55	59
B1	64	66	69
B2	59	61	65
B3	64	65	67
B4	68	70	72
C0	39	40	42
C1	44	45	45
C2	43	43	45
C3	45	48	49
C4	50	50	51
D0	21	23	19
D1	29	30	26
D2	30	31	27
D3	34	35	29
D4	24	25	22
E0	14	14	15
E1	15	17	18
E2	16	18	18
E3	16	18	19
E4	15	18	18

Tabelle A47 – Messwerte der Diskontinuitätskennwerte für das Homogenisierungskonzept der Entfernung von Prozessnebenprodukten bei einer Plattformbelegung Γ von 75 %

Position mit Angaben in %	Messergebnis des Diskontinuitätskennwerts $RS_{20\,\%}$	Messergebnis des Diskontinuitätskennwerts $RS_{80\,\%}$	Messergebnis des Diskontinuitätskennwerts $OT_{40\,\%}$	Messergebnis des Diskontinuitätskennwerts $OT_{50\,\%}$
A0	0,75	0,00	0,10	0,04
A1	1,07	0,00	0,35	0,12
A2	0,22	0,00	0,04	0,00
A3	0,09	0,00	0,00	0,00
A4	0,00	0,00	0,00	0,00
B0	0,00	0,00	0,00	0,00
B1	0,00	0,00	0,00	0,00
B2	0,00	0,00	0,00	0,00
B3	0,00	0,00	0,00	0,00
B4	0,23	0,00	1,23	0,73
C0	0,00	0,00	0,00	0,00
C1	0,00	0,00	0,00	0,00
C2	0,00	0,00	0,00	0,00
C3	0,00	0,00	0,00	0,00
C4	0,29	0,00	2,52	1,44
D0	0,00	0,00	0,00	0,00
D1	0,00	0,00	0,06	0,00
D2	0,00	0,00	0,00	0,00
D3	0,00	0,00	0,00	0,00
D4	0,81	0,00	1,27	0,41
E0	0,00	0,00	0,00	0,00
E1	0,00	0,00	0,00	0,00
E2	0,00	0,00	0,00	0,00
E3	0,00	0,00	0,00	0,00
E4	1,21	0,08	0,65	0,40

Tabelle A48 – Messwerte des Oberflächenpolarwinkels α für das Homogenisierungskonzept der Bauteilorientierungsanpassung

Position mit Angaben in °	Messergebnis der linken Seitenfläche	Messergebnis der oberen Seitenfläche	Messergebnis der rechten Seitenfläche	Messergebnis der unteren Seitenfläche
A0	124,9	134,8	134,8	124,9
A1	127,4	134,9	132,3	125,0
A2	129,8	134,9	129,8	125,1
A3	132,3	134,9	127,4	125,0
A4	134,8	134,8	124,9	124,9
B0	125,0	132,3	134,9	127,3
B1	127,5	132,4	132,4	127,5
B2	130,0	132,5	130,0	127,5
B3	132,4	132,4	127,5	127,5
B4	134,9	132,3	125,0	127,3
C0	125,0	129,8	135,0	129,8
C1	127,5	130,0	132,5	130,0
C2	130,0	130,0	130,0	130,0
C3	132,5	130,0	127,5	130,0
C4	135,0	129,8	125,0	129,8
D0	125,0	127,3	134,9	132,3
D1	127,5	127,5	132,4	132,4
D2	130,0	127,5	130,0	132,5
D3	132,4	127,5	127,5	132,4
D4	134,9	127,3	125,0	132,3
E0	124,9	124,9	134,8	134,8
E1	127,4	125,0	132,3	134,9
E2	129,8	125,1	129,8	134,9
E3	132,3	125,0	127,4	134,9
E4	134,8	124,9	124,9	134,8

Tabelle A49 – Messwerte des Oberflächen-Laserstrahl-Relationswinkels ζ für das Homogenisierungskonzept der Bauteilorientierungsanpassung

Position mit Angaben in °	Messergebnis der linken Seitenfläche	Messergebnis der oberen Seitenfläche	Messergebnis der rechten Seitenfläche	Messergebnis der unteren Seitenfläche
A0	134,8	124,9	124,9	134,8
A1	132,3	125,0	127,4	134,9
A2	129,8	125,1	129,8	134,9
A3	127,4	125,0	132,3	134,9
A4	124,9	124,9	134,8	134,8
B0	134,9	127,3	125,0	132,3
B1	132,4	127,5	127,5	132,4
B2	130,0	127,5	130,0	132,5
B3	127,5	127,5	132,4	132,4
B4	125,0	127,3	134,9	132,3
C0	135,0	129,8	125,0	129,8
C1	132,5	130,0	127,5	130,0
C2	130,0	130,0	130,0	130,0
C3	127,5	130,0	132,5	130,0
C4	125,0	129,8	135,0	129,8
D0	134,9	132,3	125,0	127,3
D1	132,4	132,4	127,5	127,5
D2	130,0	132,5	130,0	127,5
D3	127,5	132,4	132,4	127,5
D4	125,0	132,3	134,9	127,3
E0	134,8	134,8	124,9	124,9
E1	132,3	134,9	127,4	125,0
E2	129,8	134,9	129,8	125,1
E3	127,4	134,9	132,3	125,0
E4	124,9	134,8	134,8	124,9

10.4 Regressionsmodelle

Nachfolgend werden sämtliche im Rahmen dieser Arbeit verwendeten Regressionsmodelle dargestellt. Die Tabellen beinhalten hierbei die exogene Variable x, den Regressionskoeffizienten b inklusive der dazugehörigen Angabe des 95 %-Konfidenzintervalls, den mittleren quadratischen und absoluten Fehler MSE und MAE sowie abschließend das arithmetische Mittel und die Stichprobenvarianz der exogenen Variable $\bar{x}$ und $s_x{}^2$. Für die Bezeichnung der exogenen Variablen wird auf das Abkürzungs- und Formelverzeichnis verwiesen. Die Angabe des Exponenten an den exogenen Variablen stellen die jeweilige Yeo-Johnson-Transformation gemäß Gleichung (3.13) dar. Die Darstellung der Regressionswerte erfolgt in wissenschaftlicher Notation.

10.4.1 Regressionsmodelle der Diskontinuitätskennwerte

Nachfolgend werden in Tabelle A50 bis Tabelle A65 die Regressionsmodelle sämtlicher Diskontinuitätskennwerte dargestellt.

Diskontinuitätskennwert $RS_{20\,\%}$

Tabelle A50 – Regressionsmodell V1 des Diskontinuitätskennwerts $RS_{20\,\%}$

x_i	b_i	MAE	MSE	$\bar{x}_i$	$s_{x_i}{}^2$
$const.$	-4,72E+0 ±2,11E+0	-	-	-	-
Γ	4,04E+0 ±2,17E+0	2,38E-1	1,23E-1	5,00E-1	2,04E-1
w_{q95}	4,05E+0 ±1,92E+0	1,49E-1	7,78E-2	1,38E-1	1,86E-1
v_{med}	-2,17E+0 ±1,29E+0	1,29E-1	6,92E-2	6,18E-1	3,69E-1

Tabelle A51 – Regressionsmodell V2 des Diskontinuitätskennwerts $RS_{20\,\%}$

x_i	b_i	MAE	MSE	$\overline{x_i}$	${s_{x_i}}^2$
$const.$	-5,49E+0 ±2,28E+0	-	-	-	-
Γ^{-2}	4,52E+0 ±2,33E+0	2,39E-1	1,23E-1	2,65E-1	6,46E-2
${w_{q95}}^{0,5}$	4,07E+0 ±1,67E+0	1,51E-1	7,83E-2	1,27E-1	1,71E-1
${v_{med}}^{-2}$	-2,97E+0 ±1,68E+0	1,24E-1	6,76E-2	2,64E-1	1,46E-1
${u_{q95}}^{-2}$	1,22E+0 ±9,46E-1	1,13E-1	5,96E-2	2,91E-2	1,62E-1
h_{spat}	1,16E+0 ±1,24E+0	1,04E-1	5,45E-2	3,84E+1	1,73E+1

Tabelle A52 – Regressionsmodell V3 des Diskontinuitätskennwerts $RS_{20\,\%}$

x_i	b_i	MAE	MSE	$\overline{x_i}$	${s_{x_i}}^2$
$const.$	-2,78E+0 ±8,50E-1	-	-	-	-
$\Gamma \times \psi$	2,67E+0 ±1,01E+0	1,75E-1	8,93E-2	4,65E+0	2,67E+0
$v_{q95} \times w_{med}$	8,17E-1 ±5,86E-1	1,64E-1	8,35E-2	6,01E-2	9,70E-2
$\psi \times d_{v50}$	-1,08E+0 ±1,15E+0	1,62E-1	8,55E-2	3,67E+2	1,36E+2

Tabelle A53 – Regressionsmodell V4 des Diskontinuitätskennwerts $RS_{20\,\%}$

x_i	b_i	MAE	MSE	$\overline{x_i}$	${s_{x_i}}^2$
$const.$	-2,01E+0 ±5,42E-1	-	-	-	-
$\Gamma^2 \times {w_{q95}}^{-2}$	2,11E+0 ±8,38E-1	1,82E-1	8,16E-2	5,50E-2	8,99E-2
$\Gamma^{-2} \times {v_{med}}^{0,5}$	-8,25E-1 ±8,92E-1	1,78E-1	8,15E-2	1,39E-1	9,00E-2

Diskontinuitätskennwert $RS_{80\,\%}$

Tabelle A54 – Regressionsmodell V1 des Diskontinuitätskennwerts $RS_{80\,\%}$ ohne Konfidenzangabe aufgrund vollständiger Separation innerhalb der Prädiktion

x_i	b_i	MAE	MSE	$\overline{x_i}$	${s_{x_i}}^2$
$const.$	-4,85E+2	-	-	-	-
w_{q95}	2,00E+2	8,59E-2	4,37E-2	1,38E-1	1,86E-1
Γ	2,64E+2	4,53E-2	2,40E-2	5,00E-1	2,04E-1
v_{med}	-1,51E+2	6,20E-6	2,96E-9	6,18E-1	3,69E-1

Tabelle A55 – Regressionsmodell V2 des Diskontinuitätskennwerts $RS_{80\,\%}$ ohne Konfidenzangabe aufgrund vollständiger Separation innerhalb der Prädiktion

x_i	b_i	MAE	MSE	$\overline{x_i}$	${s_{x_i}}^2$
$const.$	-1,41E+3	-	-	-	-
${w_{q95}}^2$	2,10E+2	8,57E-2	4,36E-2	1,65E-1	2,24E-1
Γ^{-2}	1,05E+3	4,49E-2	2,38E-2	2,65E-1	6,46E-2
${u_{med}}^0$	2,38E+2	3,45E-2	2,00E-2	-3,61E-2	1,52E-1
${u_{q95}}^{-2}$	-1,22E+2	1,12E-5	5,07E-9	2,91E-2	1,62E-1

Tabelle A56 – Regressionsmodell V3 des Diskontinuitätskennwerts $RS_{80\,\%}$

x_i	b_i	MAE	MSE	$\overline{x_i}$	${s_{x_i}}^2$
$const.$	-6,87E+0 ±3,22E+0	-	-	-	-
$\Gamma \times \psi$	2,88E+0 ±1,63E+0	7,03E-2	3,79E-2	4,65E+0	2,67E+0
$v_{q95} \times w_{mea}$	1,28E+0 ±1,10E+0	5,84E-2	3,09E-2	6,01E-2	9,70E-2

Tabelle A57 – Regressionsmodell V4 des Diskontinuitätskennwerts $RS_{80\,\%}$ ohne Konfidenzangabe aufgrund vollständiger Separation innerhalb der Prädiktion

x_i	b_i	MAE	MSE	$\overline{x_i}$	${s_{x_i}}^2$
$const.$	-4,74E+2	-	-	-	-
$\Gamma^{-2} \times \psi^0$	3,04E+2	6,99E-2	3,72E-2	5,91E-1	2,07E-1
${h_{spat}}^2 \times {w_{q95}}^2$	5,93E+1	4,32E-2	2,33E-2	2,08E+2	3,93E+2
$\psi^2 \times {u_{q95}}^{-2}$	4,94E+1	1,85E-4	7,44E-6	2,79E+0	1,30E+1

Diskontinuitätskennwert $OT_{40\,\%}$

Tabelle A58 – Regressionsmodell V1 des Diskontinuitätskennwerts $OT_{40\,\%}$

x_i	b_i	MAE	MSE	$\overline{x_i}$	${s_{x_i}}^2$
$const.$	-2,92E+0 ±1,18E+0	-	-	-	-
Γ	2,81E+0 ±1,12E+0	3,07E-1	1,58E-1	5,00E-1	2,04E-1
h_{eff}	-4,03E+0 ±1,67E+0	2,73E-1	1,45E-1	1,50E+2	1,98E+1
w_{med}	3,20E+0 ±1,43E+0	2,18E-1	1,16E-1	2,72E-2	1,04E-1
h_{spat}	3,53E+0 ±1,79E+0	1,83E-1	9,86E-2	3,84E+1	1,73E+1
v_{med}	-2,76E+0 ±1,80E+0	1,59E-1	8,26E-2	6,18E-1	3,69E-1

Tabelle A59 – Regressionsmodell V2 des Diskontinuitätskennwerts $OT_{40\,\%}$

x_i	b_i	MAE	MSE	$\overline{x_i}$	${s_{x_i}}^2$
$const.$	-1,55E+0 ±5,49E-1	-	-	-	-
$\Gamma^{0,5}$	1,92E+0 ±6,16E-1	3,07E-1	1,58E-1	4,44E-1	1,67E-1
${w_{q95}}^{-2}$	1,99E+0 ±8,45E-1	3,00E-1	1,54E-1	8,52E-2	1,20E-1
${v_{med}}^{-0,5}$	-1,96E+0 ±8,48E-1	2,49E-1	1,32E-1	3,90E-1	2,18E-1

Tabelle A60 – Regressionsmodell V3 des Diskontinuitätskennwerts $OT_{40\,\%}$

x_i	b_i	MAE	MSE	$\overline{x_i}$	${s_{x_i}}^2$
$const.$	-6,35E+3 ±8,12E+0	-	-	-	-
$\Gamma \times \psi$	7,47E+3 ±9,53E+0	2,57E-1	1,32E-1	4,65E+0	2,67E+0
$u_{med} \times u_{q95}$	-5,56E+3 ±6,96E+0	2,15E-1	1,14E-1	2,06E-2	2,39E-2
$\Gamma \times w_{q95}$	1,94E+4 ±1,89E+1	1,99E-1	1,05E-1	6,92E-2	1,04E-1
$h_{eff} \times w_a$	-8,10E+3 ±9,71E+0	1,56E-1	7,75E-2	6,10E+3	7,97E+2
$h_{spat} \times \Gamma$	1,30E+4 ±1,48E+1	1,35E-1	8,00E-2	2,03E+1	1,46E+1
$\psi \times v_{med}$	-1,42E+4 ±1,53E+1	1,30E-1	7,82E-2	5,65E+0	4,52E+0
$u_{q95} \times w_{med}$	1,03E+4 ±1,21E+1	1,21E-1	7,18E-2	9,73E-4	2,38E-2
$\Gamma \times d_{v90}$	-5,82E+3 ±6,84E+0	1,17E-1	7,62E-2	2,43E+1	9,91E+0
$h_{spat} \times u_{med}$	-9,08E+3 ±1,06E+1	9,91E-2	6,39E-2	-1,83E+0	7,01E+0
$\Gamma \times u_{q95}$	7,38E+3 ±8,30E+0	8,36E-2	6,27E-2	3,48E-2	9,05E-2
$v_{med} \times w_{q95}$	-6,69E+3 ±1,11E+1	7,40E-2	6,04E-2	1,37E-1	1,69E-1

Tabelle A61 – Regressionsmodell V4 des Diskontinuitätskennwerts $OT_{40\,\%}$ ohne Konfidenzangabe aufgrund vollständiger Separation innerhalb der Prädiktion

x_i	b_i	MAE	MSE	$\overline{x_i}$	${s_{x_i}}^2$
$const.$	-5,32E+3	-	-	-	-
$\Gamma^{-2} \times \psi^0$	4,29E+3	2,53E-1	1,31E-1	5,91E-1	2,07E-1
${u_{med}}^2 \times {u_{q95}}^2$	-4,78E+3	2,13E-1	1,13E-1	2,14E-2	2,44E-2
${h_{eff}}^{-1} \times P^0$	-2,08E+3	1,92E-1	9,95E-2	5,62E+0	6,97E-3
$\Gamma^2 \times {w_{med}}^2$	6,71E+3	1,60E-1	8,18E-2	2,12E-2	7,80E-2
${h_{eff}}^2 \times \psi^{0,5}$	-7,65E+3	1,37E-1	7,58E-2	4,96E+4	1,91E+4
${h_{spat}}^2 \times \Gamma^{-1}$	3,20E+3	1,35E-1	8,15E-2	3,23E+2	3,33E+2
${w_a}^0 \times {d_{v10}}^{-0,5}$	4,97E+3	9,72E-2	5,79E-2	6,17E+0	1,47E-2
${u_{med}}^{0,5} \times {w_{med}}^{-2}$	3,39E+3	9,32E-2	5,89E-2	-3,36E-3	1,53E-2
${h_{eff}}^2 \times {w_{med}}^2$	-3,69E+3	8,94E-2	6,76E-2	5,01E+2	1,29E+3
${h_{spat}}^2 \times {w_{q95}}^2$	3,98E+2	8,40E-2	6,77E-2	2,08E+2	3,93E+2
${h_{eff}}^2 \times \Gamma^{-2}$	3,29E+3	7,07E-2	5,70E-2	3,09E+3	1,17E+3
$\psi^2 \times {u_{q95}}^{-2}$	-3,01E+3	7,46E-2	6,71E-2	2,79E+0	1,30E+1
${u_{q95}}^0 \times {v_{q95}}^{-0,5}$	1,16E+3	7,10E-2	7,09E-2	2,21E-2	9,59E-2

Diskontinuitätskennwert $OT_{50\,\%}$

Tabelle A62 – Regressionsmodell V1 des Diskontinuitätskennwerts $OT_{50\,\%}$

x_i	b_i	MAE	MSE	$\overline{x_i}$	${s_{x_i}}^2$
$const.$	-6,63E+0 ±3,36E+0	-	-	-	-
Γ	4,62E+0 ±2,23E+0	2,72E-1	1,39E-1	5,00E-1	2,04E-1
h_{eff}	-6,09E+0 ±3,18E+0	2,31E-1	1,24E-1	1,50E+2	1,98E+1
w_{med}	5,22E+0 ±2,65E+0	1,57E-1	8,29E-2	2,72E-2	1,04E-1
h_{spat}	5,95E+0 ±3,64E+0	1,43E-1	7,68E-2	3,84E+1	1,73E+1
v_{med}	-5,52E+0 ±3,51E+0	1,24E-1	6,71E-2	6,18E-1	3,69E-1
u_{q95}	3,54E+0 ±2,65E+0	1,24E-1	6,94E-2	6,97E-2	1,65E-1
u_{med}	-2,33E+0 ±2,09E+0	1,17E-1	6,71E-2	-2,54E-2	1,47E-1
P	5,99E-1 ±7,78E-1	1,13E-1	6,59E-2	2,85E+2	1,21E+0

Tabelle A63 – Regressionsmodell V2 des Diskontinuitätskennwerts $OT_{50\,\%}$

x_i	b_i	MAE	MSE	$\overline{x_i}$	${s_{x_i}}^2$
$const.$	-5,83E+0 ±2,66E+0	-	-	-	-
Γ^{-2}	5,08E+0 ±2,61E+0	2,72E-1	1,38E-1	2,65E-1	6,46E-2
${h_{eff}}^{-2}$	-4,18E+0 ±2,22E+0	2,19E-1	1,16E-1	5,00E-1	6,58E-6
${w_{q95}}^{0,5}$	3,37E+0 ±1,53E+0	1,56E-1	8,16E-2	1,27E-1	1,71E-1
h_{spat}	2,94E+0 ±1,96E+0	1,53E-1	8,21E-2	3,84E+1	1,73E+1
${u_{q95}}^{-2}$	4,85E+0 ±2,55E+0	1,49E-1	8,26E-2	2,91E-2	1,62E-1
u_{med}	-3,73E+0 ±2,23E+0	1,20E-1	6,78E-2	-2,54E-2	1,47E-1
${v_{med}}^{-2}$	-2,19E+0 ±1,47E+0	1,02E-1	5,78E-2	2,64E-1	1,46E-1

Tabelle A64 – Regressionsmodell V3 des Diskontinuitätskennwerts $OT_{50\,\%}$

x_i	b_i	MAE	MSE	$\overline{x_i}$	${s_{x_i}}^2$
$const.$	-8,13E+0 ±4,24E+0	-	-	-	-
$\Gamma \times \psi$	2,31E+0 ±1,70E+0	2,22E-1	1,14E-1	4,65E+0	2,67E+0
$u_{med} \times u_{q95}$	-4,99E+0 ±2,74E+0	1,71E-1	9,26E-2	2,06E-2	2,39E-2
$v_{q95} \times w_{med}$	8,89E+0 ±5,02E+0	1,53E-1	8,22E-2	6,01E-2	9,70E-2
$v_{med} \times v_{q95}$	-1,14E+1 ±6,69E+0	1,41E-1	7,30E-2	6,47E-1	4,48E-1
$h_{spat} \times \Gamma$	4,38E+0 ±2,92E+0	1,24E-1	6,90E-2	2,03E+1	1,46E+1
$\psi \times v_{q95}$	4,16E+0 ±3,43E+0	1,24E-1	7,40E-2	7,69E+0	5,44E+0
d_{v50}	3,23E+0 ±2,14E+0	1,17E-1	6,96E-2	3,95E+1	4,17E-1
$h_{spat} \times u_{med}$	-5,72E+0 ±3,80E+0	1,14E-1	6,85E-2	-1,83E+0	7,01E+0
$\Gamma \times u_{q95}$	4,71E+0 ±3,15E+0	9,35E-2	5,89E-2	3,48E-2	9,05E-2

Tabelle A65 – Regressionsmodell V4 des Diskontinuitätskennwerts $OT_{50\,\%}$ ohne Konfidenzangabe aufgrund vollständiger Separation innerhalb der Prädiktion

x_i	b_i	MAE	MSE	$\overline{x_i}$	${s_{x_i}}^2$
$const.$	-3,08E+3	-	-	-	-
$\Gamma^{-2} \times \psi^0$	4,87E+3	2,19E-1	1,13E-1	5,91E-1	2,07E-1
${u_{med}}^2 \times {u_{q95}}^{0,5}$	-1,83E+3	1,75E-1	9,39E-2	2,02E-2	2,31E-2
${v_{q95}}^2 \times {w_{med}}^2$	2,28E+3	1,46E-1	7,81E-2	1,08E-1	1,68E-1
${h_{eff}}^2 \times \psi$	-3,57E+3	8,90E-2	4,60E-2	1,07E+5	4,75E+4
$\Gamma^2 \times {w_{med}}^2$	4,15E+3	8,08E-2	4,74E-2	2,12E-2	7,80E-2
${h_{eff}}^{0,5} \times {w_{q95}}^{-2}$	-2,82E+3	1,78E-2	1,78E-2	2,00E+0	2,74E+0

10.4.2 Regressionsmodelle der Flächenrauheitskennwerte

Nachfolgend werden in Tabelle A66 bis Tabelle A81 die Regressionsmodelle sämtlicher Flächenrauheitskennwerte dargestellt.

Flächenrauheitskennwert S_a

Tabelle A66 – Regressionsmodell V1 des Flächenrauheitskennwerts S_a

x_i	b_i	MAE	MSE	$\overline{x_i}$	${s_{x_i}}^2$
$const.$	1,94E+1 ±3,68E-1	-	-	-	-
ζ	7,71E+0 ±7,38E-1	4,70E+0	3,14E+1	1,15E+2	1,40E+1
α	3,23E+0 ±7,38E-1	4,46E+0	2,88E+1	1,15E+2	1,22E+1
$\delta_{\%}$	1,56E+0 ±3,68E-1	4,28E+0	2,64E+1	5,00E-1	3,54E-1
w_a	5,94E-1 ±3,78E-1	4,30E+0	2,60E+1	4,06E+1	3,65E-1
φ_{ω}	-5,66E-1 ±3,68E-1	4,29E+0	2,57E+1	9,00E+1	6,36E+1
v_{med}	-1,28E+0 ±9,16E-1	4,28E+0	2,55E+1	6,18E-1	3,69E-1
v_{q95}	8,58E-1 ±9,14E-1	4,26E+0	2,54E+1	8,26E-1	4,07E-1

Tabelle A67 – Regressionsmodell V2 des Flächenrauheitskennwerts S_a

x_i	b_i	MAE	MSE	$\overline{x_i}$	${s_{x_i}}^2$
$const.$	1,94E+1 ±3,35E-1	-	-	-	-
ζ^2	8,17E+0 ±6,69E-1	4,34E+0	2,69E+1	6,80E+3	1,62E+3
$\delta_{\%}$	1,56E+0 ±3,35E-1	4,14E+0	2,44E+1	5,00E-1	3,54E-1
α^2	2,95E+0 ±6,70E-1	3,93E+0	2,23E+1	6,80E+3	1,42E+3
${\varphi_\omega}^{0,5}$	-8,79E-1 ±3,35E-1	3,89E+0	2,16E+1	1,48E+1	9,10E+0
${v_{med}}^2$	-1,34E+0 ±6,49E-1	3,88E+0	2,14E+1	8,77E-1	5,56E-1
${w_{med}}^{-2}$	9,35E-1 ±6,59E-1	3,86E+0	2,11E+1	1,19E-2	9,67E-2
P^2	-2,59E-1 ±3,46E-1	3,86E+0	2,11E+1	4,10E+4	3,47E+2

Tabelle A68 – Regressionsmodell V3 des Flächenrauheitskennwerts S_a

x_i	b_i	MAE	MSE	$\overline{x_i}$	${s_{x_i}}^2$
$const.$	1,94E+1 ±3,35E-1	-	-	-	-
$\zeta \times \alpha$	1,07E+1 ±3,75E-1	4,15E+0	2,61E+1	1,33E+4	2,92E+3
$\delta_{\%} \times v$	1,25E+0 ±5,58E-1	3,96E+0	2,25E+1	4,50E+1	4,55E+1
w_a	7,54E-1 ±3,56E-1	3,97E+0	2,20E+1	4,06E+1	3,65E+1
$\varphi_\omega \times \zeta$	-7,13E-1 ±3,46E-1	3,95E+0	2,18E+1	1,03E+4	7,47E+3
$\delta_{\%} \times h_{spat}$	8,57E-1 ±5,73E-1	3,94E+0	2,17E+1	1,54E+1	1,23E+1
$\varphi_\omega \times u_{med}$	-1,20E+0 ±5,64E-1	3,94E+0	2,17E+1	-2,29E+0	1,62E+1
$h_{spat} \times u_{med}$	1,08E+0 ±5,58E-1	3,92E+0	2,13E+1	-9,91E-1	4,50E+0
$\zeta \times h_{spat}$	-4,13E-1 ±4,05E-1	3,91E+0	2,12E+1	3,54E+3	1,14E+3

Tabelle A69 – Regressionsmodell V4 des Flächenrauheitskennwerts S_a

x_i	b_i	MAE	MSE	$\overline{x_i}$	${s_{x_i}}^2$
$const.$	1,94E+1 ±2,11E-1	-	-	-	-
$\zeta^2 \times \alpha^2$	1,42E+1 ±6,60E-1	3,55E+0	2,02E+1	4,83E+7	2,03E+7
${\delta_{\%}}^{-2} \times \zeta^2$	5,80E+0 ±6,47E-1	3,13E+0	1,49E+1	1,58E+3	1,05E+3
$\alpha^{-2} \times P^{-2}$	-6,34E+0 ±6,57E-1	2,64E+0	1,08E+1	2,50E-1	4,08E-6
${\delta_{\%}}^{0,5} \times {h_{spat}}^{-0,5}$	-3,48E+0 ±6,10E-1	2,48E+0	9,45E+0	7,05E-1	4,80E-1
$\alpha^0 \times {w_a}^2$	1,27E+0 ±3,69E-1	2,44E+0	8,96E+0	4,11E+3	1,17E+2
$\varphi_\omega \times \zeta$	-6,86E-1 ±2,14E-1	2,39E+0	8,56E+0	1,03E+4	7,47E+3
$\zeta^{-1} \times {d_{v90}}^{0,5}$	-3,09E-1 ±2,50E-1	2,38E+0	8,46E+0	1,20E+1	5,18E-2
${d_{v50}}^{-0,5} \times {h_{spat}}^{-2}$	2,50E-1 ±2,30E-1	2,37E+0	8,44E+0	8,42E-1	1,24E-3
${\delta_{\%}}^2 \times {u_{med}}^0$	-1,89E-1 ±2,47E-1	2,38E+0	8,47E+0	-2,48E-2	1,34E-1

Flächenrauheitskennwert S_{dq}

Tabelle A70 – Regressionsmodell V1 des Flächenrauheitskennwerts S_{dq}

x_i	b_i	MAE	MSE	$\overline{x_i}$	${s_{x_i}}^2$
$const.$	1,22E+0 ±1,71E-2	-	-	-	-
ζ	3,64E-1 ±3,43E-2	2,23E-1	7,06E-2	1,15E+2	1,40E+1
α	1,67E-1 ±3,43E-2	2,11E-1	6,38E-2	1,15E+2	1,22E+1
$\delta_{\%}$	6,91E-2 ±1,71E-2	2,03E-1	5,91E-2	5,00E-1	3,54E-1
φ_ω	-3,74E-2 ±1,71E-2	2,02E-1	5,78E-2	9,00E+1	6,36E+1
w_a	2,73E-2 ±1,76E-2	2,02E-1	5,67E-2	4,06E+1	3,65E+1
v_{med}	-8,96E-2 ±4,26E-2	2,02E-1	5,57E-2	6,18E-1	3,69E+1
v_{q95}	6,25E-2 ±4,25E-2	2,01E-1	5,51E-2	8,26E-1	4,07E-1

Tabelle A71 – Regressionsmodell V2 des Flächenrauheitskennwerts S_{dq}

x_i	b_i	MAE	MSE	$\overline{x_i}$	${s_{x_i}}^2$
$const.$	1,22E+0 ±1,56E-2	-	-	-	-
ζ^2	3,82E-1 ±3,12E-2	2,06E-1	6,12E-2	6,80E+3	1,62E+3
α^2	1,56E-1 ±3,12E-2	1,96E-1	5,53E-2	6,80E+3	1,42E+3
$\delta_{\%}$	6,91E-2 ±1,56E-2	1,87E-1	5,05E-2	5,00E-1	3,54E-1
${\varphi_\omega}^{0,5}$	-5,18E-2 ±1,56E-2	1,84E-1	4,79E-2	1,48E+1	9,10E+0
${v_{med}}^2$	-7,76E-2 ±3,03E-2	1,83E-1	4,69E-2	8,77E-1	5,56E-1
${w_{med}}^{-2}$	5,01E-2 ±3,08E-2	1,83E-1	4,62E-2	1,19E-2	9,67E-2
P^2	-1,36E-2 ±1,61E-2	1,83E-1	4,61E-2	4,10E+4	3,47E+2

Tabelle A72 – Regressionsmodell V3 des Flächenrauheitskennwerts S_{dq}

x_i	b_i	MAE	MSE	$\overline{x_i}$	${s_{x_i}}^2$
$const.$	1,22E+0 ±1,52E-2	-	-	-	-
$\zeta \times \alpha$	5,40E-1 ±1,89E-2	1,98E-1	5,76E-2	1,33E+4	2,92E+3
$\delta_{\%} \times \upsilon$	4,04E-2 ±2,68E-2	1,87E-1	5,02E-2	4,50E+1	4,55E+1
$\varphi_{\omega} \times \zeta$	-9,37E-2 ±2,95E-2	1,86E-1	4,89E-2	1,03E+4	7,47E+3
w_a	6,56E-2 ±2,63E-2	1,85E-1	4,78E-2	4,06E+1	3,65E-1
$\delta_{\%} \times h_{spat}$	9,43E-2 ±4,13E-2	1,85E-1	4,76E-2	1,54E+1	1,23E+1
$\varphi_{\omega} \times u_{med}$	-5,38E-2 ±2,75E-2	1,84E-1	4,73E-2	-2,29E+0	1,62E+1
$h_{spat} \times u_{med}$	2,87E-2 ±3,00E-2	1,83E-1	4,59E-2	-9,91E-1	4,50E+0
$\varphi_{\omega} \times v_{med}$	6,96E-2 ±3,65E-2	1,82E-1	4,57E-2	5,56E+1	5,65E+1
$\psi \times v_{med}$	-6,60E-2 ±4,03E-2	1,82E-1	4,50E-2	5,65E+0	4,52E+0
$\zeta \times h_{spat}$	-5,03E-2 ±2,96E-2	1,82E-1	4,48E-2	3,54E+3	1,14E+3
$\delta_{\%} \times v_{med}$	-7,00E-2 ±4,30E-2	1,81E-1	4,47E-2	3,09E-1	3,14E-1
$\delta_{\%} \times w_{med}$	5,75E-2 ±3,62E-2	1,80E-1	4,45E-2	1,36E-2	6,44E-2
$v_{med} \times w_{med}$	-5,86E-2 ±4,61E-2	1,80E-1	4,42E-2	4,80E-2	7,44E-2
$v_{q95} \times w_{q95}$	3,98E-2 ±4,35E-2	1,79E-1	4,40E-2	1,73E-1	2,04E-1

Tabelle A73 – Regressionsmodell V4 des Flächenrauheitskennwerts S_{dq}

x_i	b_i	MAE	MSE	$\overline{x_i}$	${s_{x_i}}^2$
$const.$	1,22E+0 ±1,08E-2	-	-	-	-
$\zeta^2 \times \alpha^2$	6,72E-1 ±3,36E-2	1,71E-1	4,55E-2	4,83E+7	2,03E+7
${\delta_{\%}}^{-2} \times \zeta^2$	2,48E-1 ±3,29E-2	1,50E-1	3,52E-2	1,58E+3	1,05E+3
$\alpha^{-2} \times P^{-2}$	-2,82E-1 ±3,34E-2	1,30E-1	2,77E-2	2,50E-1	4,08E-6
${\delta_{\%}}^{0,5} \times {h_{spat}}^{-0,5}$	-1,46E-1 ±3,10E-2	1,24E-1	2,55E-2	7,05E-1	4,80E-1
$\varphi_{\omega} \times \zeta$	-4,37E-2 ±1,09E-2	1,21E-1	2,37E-2	1,03E+4	7,47E+3
$\alpha^0 \times {w_a}^2$	6,72E-2 ±1,88E-2	1,18E-1	2,25E-2	4,11E+3	1,17E+2
$\zeta^{-1} \times {d_{v90}}^{0,5}$	-1,84E-2 ±1,27E-2	1,18E-1	2,23E-2	1,20E+1	5,18E-2
${d_{v50}}^{-0,5} \times {h_{spat}}^{-2}$	2,03E-2 ±1,17E-2	1,18E-1	2,19E-2	8,42E-1	1,24E-3
${\delta_{\%}}^2 \times {u_{med}}^0$	-1,08E-2 ±1,25E-2	1,17E-1	2,20E-2	-2,48E-2	1,34E-1

Flächenrauheitskennwert S_{dr}

Tabelle A74 – Regressionsmodell V1 des Flächenrauheitskennwerts S_{dr}

x_i	b_i	MAE	MSE	$\overline{x_i}$	${s_{x_i}}^2$
$const.$	6,59E+1 ±2,10E+0	-	-	-	-
ζ	3,73E+1 ±4,21E+0	2,57E+1	9,55E+2	1,15E+2	1,40E+1
$\delta_{\%}$	7,18E+0 ±2,10E+0	2,50E+1	9,04E+2	5,00E-1	3,54E-1
α	1,24E+1 ±4,21E+0	2,43E+1	8,67E+2	1,15E+2	1,22E+1
φ_{ω}	-4,30E+0 ±2,10E+0	2,44E+1	8,50E+2	9,00E+1	6,36E+1
w_a	2,85E+0 ±2,16E+0	2,45E+1	8,39E+2	4,06E+1	3,65E-1
v_{med}	-8,18E+0 ±5,23E+0	2,45E+1	8,30E+2	6,18E-1	3,69E-1
v_{q95}	5,40E+0 ±5,21E+0	2,44E+1	8,27E+2	8,26E-1	4,07E-1

Tabelle A75 – Regressionsmodell V2 des Flächenrauheitskennwerts S_{dr}

x_i	b_i	MAE	MSE	$\overline{x_i}$	${s_{x_i}}^2$
$const.$	6,59E+1 ±1,94E+0	-	-	-	-
ζ^2	4,00E+1 ±3,88E+0	2,39E+1	8,36E+2	6,80E+3	1,62E+3
$\delta_{\%}$	7,18E+0 ±1,94E+0	2,33E+1	7,84E+2	5,00E-1	3,54E-1
${\varphi_{\omega}}^{0,5}$	-5,92E+0 ±1,94E+0	2,30E+1	7,51E+2	1,48E+1	9,10E+0
α^2	1,07E+1 ±3,88E+0	2,26E+1	7,23E+2	6,80E+3	1,42E+3
${v_{med}}^2$	-8,13E+0 ±3,72E+0	2,25E+1	7,13E+2	8,77E-1	5,56E-1
${w_{med}}^{-2}$	5,59E+0 ±3,72E+0	2,25E+1	7,07E+2	1,19E-2	9,67E-2

Tabelle A76 – Regressionsmodell V3 des Flächenrauheitskennwerts S_{dr}

x_i	b_i	MAE	MSE	$\overline{x_i}$	${s_{x_i}}^2$
$const.$	6,59E+1 ±1,93E+0	-	-	-	-
$\zeta \times \alpha$	5,08E+1 ±2,39E+0	2,38E+1	8,53E+2	1,33E+4	2,92E+3
$\delta_{\%} \times v$	5,95E+0 ±3,38E+0	2,28E+1	7,60E+2	4,50E+1	4,55E+1
$\varphi_{\omega} \times \zeta$	-9,83E+0 ±3,73E+0	2,28E+1	7,41E+2	1,03E+4	7,47E+3
w_a	5,19E+0 ±3,18E+0	2,28E+1	7,30E+2	4,06E+1	3,65E-1
$\varphi_{\omega} \times u_{med}$	-6,21E+0 ±3,46E+0	2,28E+1	7,28E+2	-2,29E+0	1,62E+1
$h_{spat} \times u_{med}$	5,10E+0 ±3,57E+0	2,27E+1	7,14E+2	-9,91E-1	4,50E+0
$\delta_{\%} \times h_{spat}$	7,93E+0 ±5,23E+0	2,27E+1	7,15E+2	1,54E+1	1,23E+1
$\varphi_{\omega} \times v_{med}$	6,51E+0 ±4,62E+0	2,27E+1	7,13E+2	5,56E+1	5,65E+1
$\psi \times v_{med}$	-6,02E+0 ±5,06E+0	2,27E+1	7,09E+2	5,65E+0	4,52E+0
$\zeta \times h_{spat}$	-4,96E+0 ±3,75E+0	2,26E+1	7,08E+2	3,54E+3	1,14E+3
$\delta_{\%} \times v_{med}$	-6,36E+0 ±5,37E+0	2,26E+1	7,08E+2	3,09E-1	3,14E-1
$\delta_{\%} \times w_{med}$	4,50E+0 ±4,42E+0	2,25E+1	7,08E+2	1,36E-2	6,44E-2

Tabelle A77 – Regressionsmodell V4 des Flächenrauheitskennwerts S_{dr}

x_i	b_i	MAE	MSE	$\overline{x_i}$	${s_{x_i}}^2$
$const.$	6,59E+1 ±1,34E+0	-	-	-	-
$\zeta^2 \times \alpha^2$	7,31E+1 ±4,17E+0	2,11E+1	6,92E+2	4,83E+7	2,03E+7
$\alpha^{-2} \times P^{-2}$	-3,87E+1 ±4,16E+0	1,74E+1	5,20E+2	2,50E-1	4,08E-6
${\delta_{\%}}^{-2} \times \zeta^2$	2,89E+1 ±4,09E+0	1,61E+1	4,12E+2	1,58E+3	1,05E+3
${\delta_{\%}}^{0,5} \times {h_{spat}}^{-0,5}$	-1,80E+1 ±3,86E+0	1,55E+1	3,76E+2	7,05E-1	4,80E-1
$\varphi_{\omega} \times \zeta$	-5,23E+0 ±1,35E+0	1,52E+1	3,52E+2	1,03E+4	7,47E+3
$\alpha^0 \times {w_a}^2$	6,71E+0 ±2,34E+0	1,50E+1	3,39E+2	4,11E+3	1,17E+2
${d_{v50}}^{-0,5} \times {h_{spat}}^{-2}$	1,63E+0 ±1,45E+0	1,51E+1	3,38E+2	8,42E-1	1,24E-3
$\zeta^{-1} \times {d_{v90}}^{0,5}$	-1,45E+0 ±1,58E+0	1,50E+1	3,37E+2	1,20E+1	5,18E-2

Flächenrauheitskennwert S_z

Tabelle A78 – Regressionsmodell V1 des Flächenrauheitskennwerts S_z

x_i	b_i	MAE	MSE	$\overline{x_i}$	${s_{x_i}}^2$
$const.$	2,40E+2 ±3,07E+0	-	-	-	-
ζ	3,83E+1 ±6,15E+0	3,15E+1	2,10E+3	1,15E+2	1,40E+1
α	2,88E+1 ±6,15E+0	2,92E+1	1,89E+3	1,15E+2	1,22E+1
φ_ω	-7,84E+0 ±3,07E+0	2,85E+1	1,83E+3	9,00E+1	6,36E+1
$\delta_{\%}$	6,49E+0 ±3,07E+0	2,76E+1	1,79E+3	5,00E-1	3,54E-1
w_a	4,83E+0 ±3,07E+0	2,72E+1	1,77E+3	4,06E+1	3,65E+1

Tabelle A79 – Regressionsmodell V2 des Flächenrauheitskennwerts S_z

x_i	b_i	MAE	MSE	$\overline{x_i}$	${s_{x_i}}^2$
$const.$	2,40E+2 ±2,94E+0	-	-	-	-
ζ^2	4,04E+1 ±5,87E+0	3,02E+1	1,98E+3	6,80E+3	1,62E+3
α^2	2,74E+1 ±5,88E+0	2,79E+1	1,80E+3	6,80E+3	1,42E+3
${\varphi_\omega}^{0,5}$	-8,11E+0 ±2,94E+0	2,70E+1	1,73E+3	1,48E+1	9,10E+0
P^2	-6,28E+0 ±3,03E+0	2,68E+1	1,69E+3	4,10E+4	3,47E+2
$\delta_{\%}$	6,49E+0 ±2,94E+0	2,58E+1	1,65E+3	5,00E-1	3,54E-1
${v_{med}}^2$	-1,12E+1 ±6,66E+0	2,58E+1	1,64E+3	8,77E-1	5,56E-1
${w_{med}}^{-2}$	8,93E+0 ±6,44E+0	2,56E+1	1,64E+3	1,19E-2	9,67E-2
${u_{q95}}^2$	-4,62E+0 ±3,45E+0	2,57E+1	1,63E+3	8,53E-2	1,75E-1

Tabelle A80 – Regressionsmodell V3 des Flächenrauheitskennwerts S_z

x_i	b_i	MAE	MSE	$\overline{x_i}$	${s_{x_i}}^2$
$const.$	2,40E+2 ±2,94E+0	-	-	-	-
$\zeta \times \alpha$	6,77E+1 ±3,34E+0	2,80E+1	1,80E+3	1,33E+4	2,92E+3
$\varphi_\omega \times \zeta$	-8,43E+0 ±3,00E+0	2,74E+1	1,74E+3	1,03E+4	7,47E+3
$\delta_{\%} \times \upsilon$	7,66E+0 ±3,09E+0	2,62E+1	1,69E+3	4,50E+1	4,55E+1
w_a	1,06E+1 ±4,36E+0	2,57E+1	1,67E+3	4,06E+1	3,65E-1
$\varphi_\omega \times u_{med}$	-7,10E+0 ±3,59E+0	2,56E+1	1,66E+3	-2,29E+0	1,62E+1
$\delta_{\%} \times w_{med}$	8,12E+0 ±4,60E+0	2,55E+1	1,65E+3	1,36E-2	6,44E-2
$v_{med} \times w_{med}$	-6,30E+0 ±6,32E+0	2,53E+1	1,63E+3	4,80E-2	7,44E-2
$\zeta \times h_{spat}$	-4,57E+0 ±4,28E+0	2,52E+1	1,63E+3	3,54E+3	1,14E+3
$\psi \times v_{med}$	-5,45E+0 ±6,23E+0	2,51E+1	1,62E+3	5,65E+0	4,52E+0

Tabelle A81 – Regressionsmodell V4 des Flächenrauheitskennwerts S_z

x_i	b_i	MAE	MSE	$\overline{x_i}$	${s_{x_i}}^2$
$const.$	2,40E+2 ±2,82E+0	-	-	-	-
$\zeta^2 \times \alpha^2$	7,30E+1 ±8,79E+0	2,63E+1	1,68E+3	4,83E+7	2,03E+7
${\delta_{\%}}^{-2} \times \zeta^2$	1,77E+1 ±8,62E+0	2,47E+1	1,61E+3	1,58E+3	1,05E+3
$\varphi_\omega \times \zeta$	-8,13E+0 ±2,86E+0	2,37E+1	1,55E+3	1,03E+4	7,47E+3
$\alpha^{-2} \times P^{-2}$	-1,92E+1 ±8,67E+0	2,34E+1	1,53E+3	2,50E-1	4,08E-6
$\alpha^0 \times {w_a}^2$	9,13E+0 ±4,68E+0	2,29E+1	1,52E+3	4,11E+3	1,17E+2
${\delta_{\%}}^2 \times {u_{med}}^0$	-4,25E+0 ±2,99E+0	2,30E+1	1,51E+3	-2,48E-2	1,34E-1
${\delta_{\%}}^{0,5} \times {h_{spat}}^{-0,5}$	-9,53E+0 ±8,13E+0	2,29E+1	1,50E+3	7,05E-1	4,80E-1

10.5 Verzeichnis betreuter Studienarbeiten

Im Rahmen dieser Dissertation entstanden unter wissenschaftlicher, fachlicher und inhaltlicher Anleitung des Autors die im Folgenden aufgeführten studentischen Arbeiten. In diesen Arbeiten wurde das Laserstrahlschmelzen hinsichtlich verschiedener Fragestellungen zu Prozessverständnis, -überwachung und -homogenisierung untersucht. Resultierende Ergebnisse sind teilweise in das vorliegende Dokument eingeflossen. Der Autor dankt allen Studierenden für ihr Engagement bei der Unterstützung dieser wissenschaftlichen Arbeit.

- Andresen, Annika: Ähnlichkeitsbetrachtungen zwischen Single- und Multi-Laser-Anlagen bei der Verarbeitung von IN718 mittels selektivem Laserstrahlschmelzen. Masterarbeit. Technische Universität München, 2018.
- Ass, Korbinian: Quantifizierung von singulären Pulverbettanomalien beim pulverbettbasierten Schmelzen von Metall mittels Laserstrahl. Bachelorabeit. Hochschule für angewandte Wissenschaften München, 2022.
- Full, Moritz: Quantifizierung lokal veränderlicher Oberflächenrauheiten des L-PBF-Verfahrens und Synthese möglicher Homogenisierungskonzepte. Bachelorarbeit. Hochschule für angewandte Wissenschaften Würzburg-Schweinfurt, 2018.
- Gutenberger, Anna: Vermeidung von beschichterinitiierten Prozessabbrüchen beim pulverbettbasierten Laserstrahlschmelzen durch adaptive Anpassung der Belichtungsstrategie. Bachelorarbeit. Hochschule für angewandte Wissenschaften München, 2022.
- Hawelka, Jonas: Charakterisierung und Übertragbarkeit additiver Fertigungsanlagen für die Anwendung in der Luftfahrtindustrie. Bachelorarbeit. Rheinisch Westfälische Technische Hochschule Aachen, 2017.
- Helmers, Hakon: Klassifizierung singulärer Prozessabweichungen des pulverbettbasierten Laserstrahlschmelzens mittels In-situ-Monitoring. Masterarbeit. Universität Bremen, 2022.
- Jansen, Lena: Identifikation systematischer lokaler Abweichungen im pulverbettbasierten Laserstrahlschmelzen mittels Prozessmonitoring. Bachelorarbeit. Universität Stuttgart, 2021.

- Maidl, Tobias: Einfluss der Schutzgasströmung auf die positionsabhängige Ausprägung von Fehlstellen beim pulverbettbasierten Laserstrahlschmelzen. Bachelorarbeit. Technische Hochschule Rosenheim, 2019.
- Meyer, Dominic: Quantifizierung von Prozessstörungen während des schichtweisen Aufbaus durch selektives Laserstrahlschmelzen und Analyse zur Fehlstellenreparatur. Bachelorarbeit. Hochschule für angewandte Wissenschaften München, 2018.
- Peis, Levi: Optische in-situ-Quantifizierung von Pulverbettcharakteristika des pulverbettbasierten Laser-Strahlschmelzens. Bachelorarbeit. Hochschule für angewandte Wissenschaften München, 2020.
- Pfitzner, Jan Gregor: Quantifizierung und Reduzierung von Balling-Effekten beim selektiven Laserstrahlschmelzen. Diplomarbeit. Technische Universität Dresden, 2018.
- Schiebel, Daniel: Positionsabhängige Quantifizierung des Pulverbetts und dessen Auswirkung auf Bauteileigenschaften beim pulverbettbasierten Laserstrahlschmelzen. Bachelorarbeit. Hochschule für angewandte Wissenschaften München, 2020.
- Urban, Sebastian: Quantifizierung der positionsabhängigen Ausbildung der Schmelzbadgeometrie beim selektiven Laserschmelzen. Bachelorarbeit. Hochschule für angewandte Wissenschaften München, 2019.
- Weigerstorfer, Andreas: Analyse der Belichtungsstrategie und des softwarebedingten Einflusses auf die Bauteilqualität beim selektiven Laserstrahlschmelzen. Bachelorarbeit. Duale Hochschule Baden-Württemberg Ravensburg, 2017.

MIX
Papier | Fördert gute Waldnutzung
FSC® C083411

Zeitfracht Medien GmbH
Ferdinand-Jühlke-Straße 7
99095 Erfurt, Deutschland
produktsicherheit@kolibri360.de